南京农业大学经济管理学院论丛
—— 博士论文卷 ——

# 基于产业链视角的猪肉质量安全管理研究

Research on the Pork Industry Safety Management From the Perspective of Agri-Chain

刘军弟◎著

U0226227

经济管理出版社
ECONOMY & MANAGEMENT PUBLISHING HOUSE

**图书在版编目（CIP）数据**

基于产业链视角的猪肉质量安全管理研究/刘军弟著 . —北京：经济管理出版社，2012. 6
ISBN 978 - 7 - 5096 - 1990 - 2

Ⅰ. ①基…　Ⅱ. ①刘…　Ⅲ. ①猪肉—食品工业—产业链—质量管理体系—研究—中国
Ⅳ. ①TS251. 5

中国版本图书馆 CIP 数据核字（2012）第 124467 号

组稿编辑：曹　靖
责任编辑：张　马
责任印制：杨国强
责任校对：曹　平

出版发行：经济管理出版社
　　　　　（北京市海淀区北蜂窝 8 号中雅大厦 A 座 11 层 100038）
网　　址：www. E - mp. com. cn
电　　话：（010）51915602
印　　刷：北京银祥印刷厂
经　　销：新华书店
开　　本：720mm × 1000mm/16
印　　张：15. 5
字　　数：287 千字
版　　次：2012 年 11 月第 1 版　　2012 年 11 月第 1 次印刷
书　　号：ISBN 978 - 7 - 5096 - 1990 - 2
定　　价：45. 00 元

# 编 委 会

# 总　序

　　南京农业大学是教育部直属的"211 工程"重点建设大学，经济管理学院的前身是金陵大学和中央大学农业经济系，历史悠久，源远流长。金陵大学农业经济系自 1920 年起招收农业经济学本科生，自 1936 年起招收农业经济学研究生。当时的系主任卜凯（John Lossing Buck）教授领导全系师生从事的中国农村土地利用制度和经济社会发展状况的系统调查和建立在调查基础上的分析、研究，是利用现代经济学理论研究中国农村问题的划时代成果，至今在国际学术界仍具有重大影响。

　　注重调查实证的传统在南京农业大学经济管理学院得到了发扬光大。经过数代人的努力，本院农业经济管理学科在全国同类学科中处于领先地位，继 1989 年首批被评为国家重点学科之后，2001 年、2006 年再次被评为国家重点学科。经济学、管理学等学科也得到很快发展，目前拥有农林经济管理及应用经济学两个一级学科博士点。作为全国最早获准招收硕士及博士研究生的单位，在研究生培养方面注重质量，取得了突出的成绩。在迄今为止的全国百篇优秀博士论文评选中，南京农业大学经济管理学院有三篇博士论文先后入选全国优秀博士论文。为了更好地传播科研成果，南京农业大学经济管理学院自 2001 年起资助编辑和出版一系列学术著作,《南京农业大学经济管理学院论丛——博士论文卷》就是其中的一种。我们希望通过这种方式鼓励研究生做出更多、更优秀的成果,也希望通过这种方式加强与学术界同行的交流,促进经济管理类学科的发展。

钟甫宁

南京农业大学经济管理学院

# 目　　录

# 第一章 导 论

## 第一节 问题的提出与研究意义

食品安全（Food Safety）问题是一个与人类生存密切相关的世界性问题。进入 20 世纪中后期以来，世界范围内的各种食品安全问题频发，如英国的"疯牛病"、比利时的"二噁英"、欧洲的"口蹄疫"、亚洲的"禽流感"；而我国的农产品食品安全问题更是引起社会的极大关注，"苏丹红"、"劣质奶粉"、"兽药残留"、"瘦肉精"、"注水肉"、"三聚氰胺"等严重危害消费者身体健康与生命安全的重大事故频频曝光，暴露出我国的食品安全问题极为严重。频发的食品安全事件已经对社会造成了巨大的、不可估量的损失，而且这种损失是多方面的，不仅对消费者的身心健康和生命安全构成潜在危害或已造成重大损害，严重挫伤了广大消费者的信心，而且一定程度上对社会产生了一系列不稳定因素，也抑制了我国农产品的出口，影响着我国相关产业的发展。

食品安全是消费者的基本需求，产业链实施质量安全管理可以有效保障农产品的安全供给。为了提高农产品的质量安全水平，世界各国通过多种途径和方式加强对农产品质量安全的监督和管理，增加安全、健康食品的供给。国外的相关研究和实践都证明，食品安全管理是个系统性工程，只有广泛实施"从农田到餐桌"（From Field To Table）的全程质量管理，才有可能在最终环节实现食品安全目标。正是在这种背景下，农业产业链管理（Agri – Chain Management）作为一种全新的管理模式和手段，能够建立统一的质量安全管理和控制体系，通过约束和保证产业链各个环节主体的生产和管理行为，并对产品的质量安全风险进行合理的评价和防范，能够有效实现"从田头到餐桌"的全过程质量安全管理。可以说，在产业链的各环节实施质量安全管理是提高食品安全供给的有效途径。

猪肉作为我国居民日常消费的最主要肉食品，其质量安全既备受消费者关注也备受消费者质疑。从消费市场来看，消费者对猪肉质量安全具有很大的潜在需求，且有部分消费者愿意为之付出更高的价格；从供给市场来看，生产者已经意识到加强质量安全管理的重要性，部分企业已经采用诸如 HACCP、GMP 等食品安全管理体系保证猪肉产品的质量。但从整体来看，部分生产者的努力似乎并未完全满足消费者对质量安全的需求，猪肉食品安全事件依然时有发生。仅以近几年为例，2005 年，四川发生"猪链球菌"疫情，对我国尤其是四川地区的猪肉出口造成严重影响[①]；2006 年，上海市在数日内连续发生"瘦肉精"事件，共计336 人中毒。仅以"瘦肉精"为例，据不完全统计，1998 年至今，我国共发生"瘦肉精"中毒事件18 起，1700 多人中毒，1 人死亡[②]。这些猪肉质量安全事件对整个社会造成了极为恶劣的影响。消费者对猪肉质量安全存在质疑，普遍期待生产者能进一步加强对猪肉产品的质量安全管理。

理论和实践都证明，产业链各环节实施质量安全管理可以有效保障猪肉的安全供给。猪肉产业链是从猪肉生产资料的供应、生猪育种、养殖、屠宰、加工、流通、销售和消费等环节相链接的有机整体。产业链管理能有效地链接和监控猪肉生产的各个环节，对猪肉质量安全能起到追踪（Tracking）和追溯（Tracing）的作用，这种链状（Chain）的新型管理模式要求实施"从田头到餐桌"的全过程质量安全管理，从产业链的源头如饲料和兽药生产环节开始，对生猪育种、养殖、屠宰、加工、流通、销售、消费等各环节进行严格的控制与管理。因而，基于产业链视角对我国猪肉产业链各环节的质量安全管理进行系统研究，探讨如何通过加强产业链各环节的质量安全管理来提高猪肉产品的质量安全水平，保障猪肉质量安全的有效供给。本书无疑具有较强的理论研究和现实指导意义。

从质量安全管理的角度来讲，产业链实施质量安全管理就是对分布在整个产业链范围内的产品质量安全的产生、形成和实现过程进行管理，从而实现产业链环境下产品质量控制与质量保证。产业链质量安全管理一般涉及行政管理部门、行业中介组织以及产业链条上的各环节成员（夏英、宋伯生，2001）等三类行为主体，它们各司其职，共同履行食品安全的质量管理职责。其中，行政管理部门和中介组织的职能主要体现为质量安全管理标准的制定、认证以及外部监督，产业链质量安全管理则由链条上的各环节成员具体实施[③]，即产业链质量安全管理是产业链各环节主体质量安全管理活动的整合。换言之，产业链质量安全管理立

---

① 中国国际招标网，http：//www. chinabidding. com/jksb. jhtml? method = detail&docId = 1990681。

② 新浪新闻网，http：//news. sina. com. cn/z/shouroujing/index. shtml。

③ 夏英，宋伯生. 食品安全保障——从质量标准体系到供应链综合管理［J］. 农业经济问题，2001（11）：61.

足于产业链的整体角度，从建立产业链质量安全管理体系的高度分析各环节质量安全管理活动，重点研究产业链各环节成员的质量安全管理行为。此外，消费者的需求变化作为产业链发展的指示器（Verbeke 和 Viance，1999），也是生产者实施质量安全管理的市场导向。通过研究消费者意愿可以有效获知消费者对猪肉质量安全管理的需求状况，对提高安全猪肉的有效供给、完善猪肉产业链的质量安全管理具有理论指导意义。所以，产业链的质量安全管理不仅要对生产者的质量安全管理行为进行分析，也要注重对消费者需求行为的研究。

因此，本书基于产业链的角度对当前我国猪肉产业链质量安全管理的现状、存在问题以及对猪肉产业链主要环节主体，实施的质量安全管理和安全消费行为进行研究。可以为加强我国的猪肉质量安全管理，提高我国猪肉产品的质量安全水平提供研究依据。

# 第二节　研究目标、范围与内容

## 一、研究目标

本书以保障安全猪肉①的供给和消费为目标，基于产业链的视角，对当前我国的猪肉产业链的质量安全管理进行系统研究。本书以产业链管理理论和食品安全理论为依据，在对我国猪肉产业的基本概况进行分析的基础上，探讨产业链质量安全管理的内涵与特征，系统地论述了我国猪肉产业链实施质量安全管理的现状、存在问题，而后进一步具体对产业链关键环节的安全生产行为、质量安全管理体系以及安全消费行为进行实证和案例研究，并提出完善我国猪肉产业链质量安全管理体系、保障猪肉产品质量安全供给的政策建议。本书通过对猪肉产业链各关键环节实施的质量安全管理进行分析，探讨产业链管理对保障猪肉质量安全的内在机理，论证在生产实践中实施产业链质量安全管理的必要性和重要性。

## 二、研究范围

猪肉产业链条较长，涉及饲料和兽药等投入物品的生产、生猪育种、养殖、

---

① 目前对安全猪肉并无统一定义。一般狭义理解只将"无公害猪肉"、"绿色猪肉"、"有机猪肉"称为安全猪肉；事实上，只有品质可靠、质量安全的猪肉才可以进入市场流通。因此，从广义的角度来讲，安全猪肉是指猪肉在生产过程中严格按照国家相关法律的规定及标准，从种猪培育到商品猪的饲养管理、饲料生产、疫病防治、屠宰加工、储存、运输等各个环节进行严格而有效的管理控制，使感官指标、营养指标，尤其是安全卫生指标均达到或超过国家及国际质量标准的猪肉。此处意指广义的安全猪肉。

屠宰、加工、流通、销售以及消费等众多环节,任何一个环节主体的行为都会影响到产业链质量安全管理的整体绩效。但是,在我国现有的猪肉产业结构下,养殖、屠宰、加工、流通、销售以及消费等环节是影响猪肉产业链实施质量安全管理的关键环节。其中,养殖、屠宰和加工、流通和销售环节的质量安全管理是猪肉产业链质量安全管理的有机构成和关键组成部分,而消费者需求是产业链发展和实施质量安全管理的指示器,消费者行为会对产业链各环节的质量安全管理产生间接影响。因此,在研究对猪肉产业链实施的质量安全管理体系进行整体论述的基础上,着重选择对养殖、屠宰和加工、流通和销售环节实施的质量安全管理行为和消费环节的安全消费行为进行研究,见图 1 - 1。

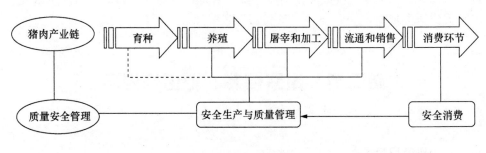

**图 1 - 1  研究范围**

### 三、研究思路与研究内容

1. 研究思路

首先,在借鉴产业链管理和食品安全管理现有研究成果的基础上,从产业链的视角对我国猪肉产业的基本概况进行分析,为后文研究奠定理论基础和产业框架;其次,对产业链质量安全管理的基本内涵和目标进行探讨,并对我国猪肉产业链质量安全管理体系以及猪肉产业链实施质量安全管理的现状及其存在问题进行系统论述,从整体上对猪肉产业链的质量安全管理状况进行把握;再次,重点对猪肉产业链实施质量安全管理的关键环节——养殖环节、屠宰加工环节、流通销售环节的质量安全管理行为和质量安全管理体系以及消费环节的安全消费行为进行研究,探讨影响产业链质量安全管理的关键因素;最后,提出相关研究结论与完善我国猪肉产业链质量安全管理,保障猪肉产品质量安全供给的政策建议。

2. 研究内容

基于以上研究思路,本书的研究内容主要包括以下五个部分:

第一部分:概括、总结与产业链管理和食品安全管理相关的理论和最新研究进展。通过理论分析和文献整理，论述与本书相关领域的国内外最新研究进展和动态，揭示本书的相关理论基础与背景、研究趋势和方向。

第二部分：基于产业链的视角阐述当前我国猪肉产业的概况。从产业链的角度出发，重点分析猪肉产业链育种、养殖、屠宰、加工、流通、销售以及消费等主要环节的产业状况，为后文的研究构建产业分析框架。

第三部分：论述我国猪肉产业链质量安全管理的现状及其存在问题。在探讨产业链质量安全管理的基本内涵和目标的基础上，从监管体制、国家法规、质量标准等三个方面对我国猪肉产业链质量安全管理体系进行系统论述，而后就产业链各环节对质量安全管理法规、标准的执行情况以及质量信息的交换和利用情况进行分析。

第四部分：重点对猪肉产业链实施质量安全管理的关键环节——养殖环节、屠宰加工环节、流通销售环节的质量安全管理行为和质量安全管理体系，以及消费环节的安全消费行为进行研究，探讨影响产业链质量安全管理的关键因素。

在养殖环节，本书基于农户安全生产行为的研究视角，以影响生猪安全养殖的关键因素——动物疫病防治为例，构建 Logistic 模型对养殖户在生猪饲养过程中的疫病防治行为、防疫意愿及其影响因素进行实证研究，并为政府提出促进养殖户做好动物疫病防治工作的政策建议。

在屠宰加工环节，本书在论述屠宰加工企业对猪肉产业链实施质量安全管理的核心作用和保障机制的基础上，从组织体系构建、产品质量安全计划的策划与制定、生猪屠宰工艺流程分析、产品检验检疫控制流程分析、危害分析与关键控制点确定以及 HACCP 计划制定等方面对猪肉屠宰加工企业实施的 HACCP 质量安全管理体系进行系统案例分析。

在流通销售环节，本书首先分析猪肉产业链流通和销售体系的现状及其基本特征，以及主要流通和销售渠道的质量安全管理现状及其存在的主要问题，归纳提出冷链管理和信息追溯管理是猪肉流通和销售环节质量安全管理的最重要内容；而后分别从冷链管理和信息追溯管理两方面对猪肉流通和销售环节的质量安全管理进行详细论述和案例分析。

在消费环节，本书对产业链终端环节的消费者行为及其需求意愿进行研究。消费者需求是产业链发展的"指示器"，本书以有机猪肉作为调研载体，在分析消费者对安全猪肉认知水平与消费现状的基础上，采用条件价值评估法（Contingent Valuation Method，CVM）构建 Logistic 模型就消费者对安全猪肉的消费行为、支付意愿及其影响因素进行实证分析。

第五部分：提出相关研究结论与完善我国猪肉产业链质量安全管理，保障猪肉产品质量安全供给的政策建议。

## 四、技术路线图

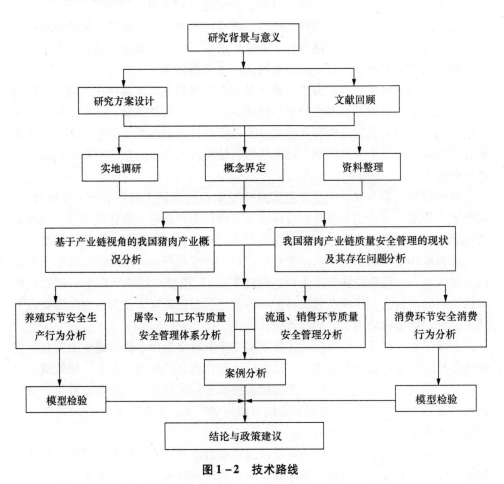

研究背景与意义

研究方案设计　　　文献回顾

实地调研　　概念界定　　资料整理

基于产业链视角的我国猪肉产业概况分析　　我国猪肉产业链质量安全管理的现状及其存在问题分析

养殖环节安全生产行为分析　　屠宰、加工环节质量安全管理体系分析　　流通、销售环节质量安全管理分析　　消费环节安全消费行为分析

案例分析

模型检验　　　模型检验

结论与政策建议

图1-2　技术路线

# 第三节　研究方法与数据、资料来源

## 一、研究方法

1. 理论分析的方法

本书综合运用农业产业链管理和食品安全理论构建本书的理论基础，并系统整理国内外有关农业产业链管理、农户安全生产行为、企业组织行为、农产品食

品安全、消费者行为等方面的研究和资料，通过分类比较为本书提供理论分析框架。

2. 案例分析的方法

本书选择三条典型猪肉产业链作为案例调研对象（苏食集团的冷鲜肉产业链、雨润集团的屠宰加工一体化产业链以及上海 Hermel 公司的深加工产业链）。分别以苏食、雨润、上海 Hermel 等三个核心企业为中心追溯其上下游最重要的合作伙伴，依次递推，选择确定三条典型猪肉产业链的案例调研企业。调研企业主要包括饲料生产、育种、养殖、兽医、运输、屠宰、加工、零售等环节主体。对典型产业链进行案例剖析，是本书分析当前我国猪肉产业链质量安全管理体系以及产业链各环节主体实施质量安全管理现状及其存在问题的主要方法。

3. 计量模型分析方法

本书通过构建二元选择 Logistic 模型，对养殖户的安全生产行为和消费者安全消费行为进行实证研究。由于安全养殖是猪肉产业链质量安全管理的关键环节，而动物疫病防治是养殖户安全生产的重要方面，因此本书采用 Logistic 模型着重对养殖户生猪饲养过程中的疫病防治行为、防治意愿及其影响因素进行实证分析。同时，消费者的需求变化是农业产业链发展的指示器，为了解消费者对安全猪肉的消费倾向，本书以有机猪肉为调研载体，选用单向递增的多界二分选择询价法（Multiple Bounded Dichotomous Choice，MBDC）进行问卷调研，应用条件价值评估法（Contingent Valuation Method，CVM）构建 Logistic 模型就消费者对安全猪肉的消费意愿及其影响因素进行实证研究。

**二、数据、资料的来源**

本书涉及的数据和资料主要来自以下两种途径：

1. 统计年鉴、权威网站以及相关文献

这部分数据和资料主要用于分析猪肉产业的基本情况。这部分数据的主要来源包括历年国家的统计年鉴，相关政府职能部门、企业的工作报告、公告，协会的统计数据，权威网站的统计数据，以及通过文献整理所获取的资料，等等。这部分数据和资料的出处详见文中具体注释。

2. 社会调查

（1）专家访谈。专家访谈的主要目的是为了准确把握我国猪肉产业和猪肉产业链质量安全管理体系的基本情况，以及产业链各环节实施质量安全管理的现状与存在的主要问题，并确定下一步研究的重点。所选访谈专家主要来自相关政府管理部门、高校科研机构以及相关企业等三个领域。政府管理部门的访谈专家主要包括：南京和常州地区农林局、生猪定点屠宰办公室、畜牧兽医站以及质检局的相关负责人；高校科研机构的访谈专家主要包括：南京农业大学经济管理学院、动物科学院和动物医学院相关领域的专家；企业领域的访谈专家主要包括：双汇、雨润、金锣、上海 Hermel 公司、苏食集团、上食五丰集团所在产业链的育种、养殖、屠宰、加工、零售企业的负责人，以及常州康乐农牧育种公司、苏果超市、家乐福超市和双汇专卖店的负责人、山东省肉类协会负责人，等等。

（2）问卷调查。围绕安全养殖和安全消费展开大规模实地调研，获取第一手数据。本书于 2007 年 10～12 月在江苏省南京、常州、淮安、宿迁以及连云港等养猪比较集中的地区对养猪户生猪饲养过程中的疫病防治意愿及其影响因素进行随机抽样的问卷调查；于 2008 年 6～7 月以上海与南京的消费者为调研对象，以有机猪肉为调研载体，就消费者对安全猪肉的认知水平、消费现状、消费意愿及其影响因素进行问卷调查。

# 第四节　可能的创新与不足

## 一、可能的创新

（1）构建 Logistic 模型对养猪户的动物疫病防治行为、意愿及其影响因素进行实证研究。生猪的安全养殖是猪肉产业链质量安全管理的关键，而动物疫病防治是安全养殖的关键。详细而准确地把握养殖户当前的疫病防治意愿及其影响因素对政府引导养殖户做好防疫工作至关重要。生猪作为我国最大的畜禽养殖产业，疫病防治工作意义重大，对养猪户的疫病防治意愿进行研究具有广泛的代表性，但相关实证研究较少。因此，本书以江苏省 268 个养猪户的调查数据为依据，从农户安全生产行为的角度出发，对养猪户的防疫意愿及其影响因素进行实证分析，从而为政府制定促进养猪户做好动物疫病防治工作的政策提供研究依据。

（2）应用条件价值评估法构建 Logistic 模型，就消费者对有机猪肉的支付意愿及其影响因素进行实证研究。消费者意愿是产业链发展的指示器，研究消费者支付意愿可以有效获知消费者对安全食品的需求状况，对提高安全食品的有效供给、完善食品安全管理体系建设具有理论指导意义。因此，基于上海与南京的调查数据，以有机猪肉为调研载体，在分析消费者对安全猪肉认知水平与消费现状的基础上，采用条件价值评估法（CVM）构建 Logistic 模型就消费者对安全猪肉的消费行为、支付意愿及其影响因素进行实证研究。

### 二、不足之处

（1）猪肉产业链的质量安全管理涉及众多产业链环节，影响产业链质量安全管理的因素也很多，限于研究精力和侧重点，本书只对关键环节的质量安全管理行为以及关键环节的关键因素进行了研究，而忽略了对其他环节和其他因素的探讨，因而未能对猪肉产业链的质量安全管理进行全面研究。

（2）本书所需的大部分数据和资料是通过专家访谈和实地调研而得，调研所得数据和资料其准确性受问卷设计、被访者素质等诸多因素的影响，可能会对研究结论造成一定影响。专家访谈和典型产业链案例调研所得结论虽具有代表性，但仍可能存在一定程度的片面性。

（3）支付意愿（Willingness To Pay，WTP）一般应用于对无法进行市场交易的物品进行货币估价，但是由于目前尚无更好的研究方法替代，因此支付意愿（WTP）也被应用于具有市场价格物品的研究之中。本书选用有机猪肉为调研载体对消费者意愿进行研究出于以下考虑：第一，消费者对有机猪肉的认知程度甚低，可近似视为不具有市场交易价格的物品；第二，有机猪肉营养、安全、味美等诸多优良品质是无法进行市场交易的，是可以作为 WTP 的研究对象的。事实上，通过情景描述，消费者愿意为有机猪肉支付溢价，就是对有机猪肉营养、安全、味美等诸多优良品质的购买。因而，有机猪肉作为 WTP 的研究对象比较符合研究方法的要求。尽管如此，毕竟存在一定程度的差异，虽不会影响研究结论的方向，但有可能影响研究结论的精度。

# 第二章　理论基础与文献综述

农业产业链管理理论与食品安全理论是本书的主要指导理论。农业产业链管理和食品安全理论具有很强的实践性，在指导和解决层出不穷的现实问题的过程中，理论本身得到了不断的发展和完善，并形成了基本的研究方法和框架。本章在简要论述农业产业链管理理论和食品安全理论基本框架的基础上，重点综述了与本书相关动态，为后文的分析奠定理论基础。

## 第一节　农业产业链管理理论及其国内外研究动态

农业产业链管理（Agricultural Chain Management）是供应链管理理论在农业领域的具体应用。农业产业链管理注重农户、加工企业、销售商之间的合作，其目标在于实现农产品的增值，以及通过环节之间的协作，实施全程质量安全管理，保障安全、优质、营养的农产品的供给。国内外学者的研究一致认为，农业产业链管理模式在组织分散农户、提高农户收益、提高农产品安全供给，促进农产品市场的形成方面起着积极的作用，是未来农业发展的方向。

### 一、农业产业链与农业产业链管理的相关研究

产业链管理理论在农业中应用兴起于 20 世纪 70 年代，是将供应链的管理思想应用于农业生产管理，对农产品的生产、加工和销售进行一体化管理的一种组织管理模式，是农业市场化发展到一定阶段的产物。国外研究并未对产业链和供应链进行严格区分，统称为"链科学"，以交易成本理论、网络理论等为基础。国外对产业链管理早期的研究主要集中于产业链的基本内涵及其组成，而后的研究将产业链管理看做是一种战略性的管理体系，重心转向物流、价值流、信息流

的整合问题，研究拓展到了所有加盟企业的长期合作关系①。之后，国外就农业产业链的产生动机（Frank 和 Henderson，1992；Zylbersztajn，1996）、链接形式和运作机制（Farina、Azevedo 和 Saes，1997）进行了大量的研究。Schary 和 Skjott - Larsen（1995）认为，产业链管理以核心企业为主体，通过物流管理、价值管理、信息管理等手段，可以有效整合、处理及控制产品从原料、生产制造到配送给顾客的一系列活动，可以最大程度地实现企业产品价值的增值。Johnson 和 Wood（2002）则认为，产业链是一种组织链接形式，核心企业通过组织涉及产品生产的上、中、下游厂商合成一个完整的产品和服务体系，通过信息、资金和物资的共享等手段来达到产品价值增值，并以满足消费者需求为最终目的。

当前国外对产业链的研究主要集中于"食品链"（Food - Chain）领域，即将产业链管理与食品安全供给和管理结合起来研究，通过产业链的运作和各环节主体的协作，实现"从农田到餐桌"的全过程质量管理，既保证食品供给的数量，也保证食品供给的质量。国外学者认为农产品供应链的出现能够有效地实现农产品溯源，在一定程度上缓解农产品食品安全问题（Linus U. Opara，2003；Jacques H. Trienekens，2004）。

与国外的研究相比，国内对农业产业链及其管理的研究起步较晚，始于 20 世纪 90 年代后期，研究主要集中在对农业产业链概念的介绍、农业产业化经营与农业产业链管理的区别（王凯、韩纪琴，2002；张晟义、张卫东，2002）。其中，王凯（2002）对农业产业链以及管理理论和实践进行了较为系统的研究，在借鉴国内外诸多研究理论和实践的基础上对农业产业链及农业产业链管理的概念和内涵进行了系统而清晰的界定，分析了产业链和产业化的区别与联系，提出了产业链管理的研究框架，即通过分析物流链、信息链、价值链和组织链来具体分析农业产业链。之后，众多学者基于该理论框架对具体的农产品产业链进行分类研究，如农业产业链对农产品物流的影响（朱毅华，2004）、对农业组织形式的影响（韩纪琴、王凯，2005），以及分品种的农业产业链管理案例的研究，如罗英姿（2002）对棉花产业链的研究，陈超（2003）对猪肉产业链组织模式与组织效率的研究，何志文、唐文金（2007）对名山县茶业产业链管理创新的探讨，徐晔、韩宇（2007）对中国水果产业链管理的实践研究等。

## 二、产业链管理与农产品质量安全保障的相关研究

目前，如何通过产业链管理保障产品的质量安全是产业链领域研究的热点问

---

① 王凯. 中国农业产业链管理的理论与实践研究 [M]. 中国农业出版社，2004：7.

题。随着产业链管理的普及，人们逐渐认识到产业链管理通过将产品生产、流通过程中的各环节连接成一个有机的整体，通过协作有效实施全程质量安全管理（Stevens，1989；Houlihuan，1998）。因而，产业链管理被国外部分学者（Rose，1995；Sterrenburg 和 Schwarz，1998）视为一种较为先进的质量管理模式，这种管理模式包括现有保障产品质量安全的措施，如食品召回制度和溯源体系以及政府监管（Mckenzie，2001；Golar 和 Krissoff，2004）。

农业产业链管理对完善食品安全保障机制最重要的贡献在于，引入了农产品追溯体制（Tracing of Agri – Food）（Van der Vorst，2003）。随着产业链管理与食品安全研究的深入，Gerrit 和 Jacques（1999）提出，把诸如 HACCP、ISO9000、GAP 等质量标准体系与产业链结合起来，形成一体化的质量保证体系，促进组织成员之间质量信息的交流，提高产业链管理的效率，保证产品质量和安全。事实上，也正是由于农业产业链管理，各种质量安全的认证标准才能有效地约束产业链中的参与主体（Luning，2002）。

随着国内农产品质量安全事件的不断曝光，国内学者也开始对农业产业链管理和农产品质量安全进行探索分析。夏英和宋伯生（2001）通过分析我国农产品在生产和养殖过程中受污染的原因后认为，引入和加强农产品产业链管理，落实和执行农产品的标准化、规范化，有利于保障农产品安全。陈超（2004）认为，当前我国的猪肉产业链管理体制难以保证产业链终端产品的质量和安全，其原因是猪肉产业化以及规模化程度太低。戴化勇（2007）以蔬菜产业链为例，对产业链管理与安全蔬菜生产和供给的关系进行实证研究，研究表明产业链管理能够有效提高蔬菜种植户和加工企业的质量安全管理效率，实施产业链管理能够有效地保障安全蔬菜的供给①。

# 第二节  食品安全理论及其国内外研究动态

国内外对食品安全的研究开展较早且较成熟，已经形成了相应的研究框架和方法。总体来说，与本书相关的食品安全管理问题的研究主要集中于四个方面：食品安全影响因素的研究、基于质量安全的生产者行为研究、基于质量安全的消费者行为研究以及政府的食品安全管制研究。

---

① 戴化勇 . 产业链管理对蔬菜质量安全的影响研究［D］. 南京农业大学博士论文，2007：18.

## 一、食品安全影响因素的相关研究

整体而言，影响食品安全的因素很多①。从检验检疫的角度来看，影响食品安全的因素主要有生物性污染、化学性污染以及物理性污染；从技术的角度来看，主要体现为应用新原料、新工艺对食品安全的影响，如转基因技术以及"瘦肉精"等。从产业链的角度来看，影响因素主要有：产地的环境污染、生产过程污染（如农药、兽药、重金属以及抗生素的污染）、加工过程的质量控制（如食品添加剂、食品包装容器）以及产品运输、储存、销售过程中的微生物污染。

国内外的众多学者都较早地对食品安全的影响因素这个问题进行了系统研究，但是发达国家和发展中国家对此问题研究的侧重点有所不同。目前，发达国家的研究主要关注：科技进步导致的新原料、新工艺的发展造成的食品安全不确定性问题，如转基因食品的安全性问题；境外食品安全的影响问题，如国际食品贸易给进口国的食品安全管理提出的挑战；以及生物入侵问题等。最近几年，美国等国家对食品生物恐怖袭击的研究有所关注。而国内学者的研究重点主要集中于环境污染，农业种植、养殖业的源头污染，食品添加剂（如防腐剂、瘦肉精等）等因素对食品安全的影响。

## 二、基于质量安全的生产者行为研究

生产者行为历来是经济学研究的重点，已形成以新古典经济学厂商理论和行为科学理论为主的理论体系。后来又引入计划行为理论②（Theory of Planned Behavior，TPB），从态度（Attitude Towards the Behavior）、主观规范（Subjective Norm Concerning the Behavior）、感知行为控制（Perceived Behavior Control）来预测并理解生产者的行为。计划行为理论一经应用于经济学研究，国内多位学者即应用 TPB 理论框架对生产者行为进行了研究（朱丽娟，2004；周洁红，2005）。当消费者和市场对产品的质量和安全具有一定的需求后，生产者的安全生产行为逐渐被研究者提出。目前，相关研究主要集中于生产者对安全农产品供给动机、安全生产对生产成本的影响以及生产者对质量安全管理的意愿等三个方面。

安全农产品供给动机方面，企业对安全产品的供给动机受企业规模及其市场结构的影响（Shavell，1987）。一般而言，企业实施安全生产主要因为市场驱动和食品安全管制的存在（Starbird，2000；Henson，2001）。安全生产措施对企业生产成本以及最终受益的影响决定企业是否采用安全生产措施。一般情况下，安

① 吴秀敏．我国猪肉质量安全管理体系研究——基于四川消费者、生产者行为的实证分析［D］．浙江大学博士论文，2006．

② 朱丽娟．食品生产者质量安全行为研究［D］．浙江大学硕士论文，2004．

全措施对企业市场最终受益的影响很难确定，因此，研究者主要通过分析安全生产措施采取前后企业绩效和生产成本的相对变化情况（Caswell，1998）。为此，许多学者对企业采用诸如 HACCP 等质量安全措施进行成本收益的研究，结论一般认为实施质量安全管理会导致较高的生产成本，短期内企业利润会下降（Jensen，1999；Antle，2000）；且同样采取相同的安全管理措施（如 HACCP），小企业增加的成本明显高于大企业（Goodwin，2002）。由此可见，质量安全管理措施具有规模效应。当前，我国的农产品生产普遍由小农户生产，实施质量安全管理措施意味着生产成本会增加很多，但是这部分增加的成本往往得不到市场的有效补偿，因而在我国小农经济条件下实施质量安全管理难度较大。国内学者对生产者所做的质量安全管理意愿的实证研究也证明了这一推论。张云华和马九杰（2004）对农户的农药使用研究显示，多数农户使用高毒农药，只有少数农户使用无公害和绿色农药。周洁红（2005）的研究显示，态度是影响蔬菜种植农户质量安全行为的最主要因素。影响农户对安全生产态度的因素也很多，其中包括受安全食品知识和安全生产意识的影响，但是，实施安全生产措施对农户最终受益变化的影响显然是决定农户是否采取安全生产措施的最主要因素。

### 三、基于质量安全的消费者行为研究

作为食品安全管理的最终受益者，消费者在食品安全问题上所体现出的态度与消费倾向，对政府的质量监管与食品生产者、加工者、销售商的质量安全管理产生深刻的影响，即消费者自身的食品安全实践在一定程度上决定着食品安全管理的有效程度（周洁红，2004）。消费者行为研究对于保障安全食品供给、完善食品安全管理体系建设具有极其重要的理论指导意义。

目前，消费者行为研究主要集中于消费者认知、消费行为以及支付意愿等三个方面。发达国家相关研究开展较早且细，许多学者以肉、蛋、奶、基因大豆、油、橙汁、柚子等具体产品为研究对象，分析不同人口特征指标下人们对安全食品需求的支付意愿及消费行为，以此研究食品营养与安全特性对消费者意愿与市场需求带来的影响[1]（Wessells 和 Anderson，1995；Nayga，1996；Latouche 等，1998；Henson 和 North，2000）。目前，国外的研究已经从单纯的食品安全态度、食品购买决策因素等的实证研究，转向了消费者的环保意识、消费者对政府的信任程度等综合性因素对消费者食品选购行为的影响，并据此制定消费者教育计划。

国内的研究主要集中在消费者食品安全认知、食品选购的影响因素等消费者行为的研究。近几年，国内学者的相关研究成果不少，具有代表性的研究有：王

---

① 周洁红，钱峰燕，马成武. 食品安全管理问题研究与进展［J］. 农业经济问题，2004（4）：27.

志刚（2003）、张晓勇等（2004）以天津市消费者为调查对象，分析了消费者对现存各类安全食品的认知水平与购买行为，并对相关特征进行统计描述；周应恒（2004、2006）实证分析了信息供给对消费者购买意愿的影响，并运用假象价值评估法（CVM）分析消费者对低残留青菜的支付意愿及其影响因素；周洁红（2004）利用浙江的调查数据就城市和城关镇消费者对安全蔬菜的态度、认知与购买行为进行地区差异分析；韩青（2008）分析了在不同经济发展水平和市场发育程度的环境下，生鲜食品质量信息对消费者购买行为的影响；靳明（2008）研究了具有不同个人和家庭特征的典型人群，对主要绿色农产品品种的消费意愿和消费行为特征；曾寅初（2008）利用分层模型实证超市因素与顾客因素对支付意愿的影响。上述研究表明，消费者对食品安全都较为关注，但是认知程度与消费意愿因个体差异而水平不一，强化食品安全信息可以提高消费者对安全食品的认知水平与购买意愿。

### 四、政府对食品安全的监管行为及其效率的相关研究

英国里丁大学的 R. Loader 和加拿大萨斯喀彻温大学的 J. E. Hobbs 指出，政府对食品安全进行监管是弥补市场失灵的必需手段。我国的学者（李功奎、应瑞瑶，2004）也从政府作为公众利益代理人的角度考虑政府对食品安全监管的必要性，由于产品质量存在严重的信息不对称而导致的市场失灵问题，解决市场失灵问题必须主要依靠政府监管。

政府对食品安全的监管研究与生产者行为和消费者行为研究关系密切，政府有效的食品安全监管行为基于对企业和消费者等微观行为的特征的有效认知的基础上，对与质量安全管理和保障有关的食品生产者行为通过法律、法规以及标准等多种途径进行约束。政府对食品行业常用的监管方式主要有：①发放各类生产许可证；②发布行政法规和命令；③进行处罚或奖励等；④制定各种质量标准和体系等；⑤安全教育和生产培训等。由于各国食品安全的形势、食品行业的特征、消费行为等方面多有不同，因此各国对食品行业的监管模式也有较大差异。具体监管模式有所差异，但是都建立了适合本国情况和国际接轨的食品质量管理体系。横向管理以各种法律法规、组织执行机构以及企业实施的"危害分析与关键点控制"的预防性控制体系为主；纵向管理体系主要实施"从田间到餐桌"的全过程质量管理；管理手段上强调制度手段和行政手段相结合（李生等，2003）。目前，发达国家对食品安全管制研究的热点是食品安全管制对利益相关方影响的评价，比如管制政策对消费者福利的影响、对食品行业的干预等。

与国外研究侧重点不同，我国对于政府食品安全管制行为的研究主要停留在宏观政策层面上，国内学者从完善立法、建立先进的标准体系、协调管制机构及

职能、建立认证制度、教育消费者等领域提出了监管的政策建议。如通过完善质量安全管理和标准体系、完善检查和检测体系、加强产品认证等措施提高政府监管效率（谢敏，2002；金发忠，2004；王华书，2004；霍丽玥，2004；张利国，2006）。也有学者从信息供给角度探讨了食品安全市场的信号和监管效率问题，如通过从食品产业链整体建立全国统一机构，促使食品安全的质量信号在产业链上有效传递，确保食品安全（王秀清，2002）。另外，通过产品认证、安全标识、市场准入、检查监测等信息显示方法来揭示质量安全信息，减少信息不对称和提供行为激励（周德翼、杨海娟，2002；周洁红、黄祖辉，2003）。也有学者以生鲜蔬菜或猪肉产业为例对政府监管的方式、效率及其影响因素进行研究，从管理现状、管理体系、法律法规体系、标准体系、质量认证体系、检测体系等诸多方面进行系统研究，并提出相应结论和对策（周洁红，2005；吴秀敏，2006）。此外，政府对食品安全监管的经济学分析以及政府在食品安全监管中的职能也是部分学者研究的热点。总体而言，通过运用不完备法律理论和监管成本收益分析可以得出，我国食品安全监管的制度仍然欠缺，完善监管法律和健全监管体制是食品安全监管制度的改进方向（刁琳琳、谢地，2007）；而在这个过程中，政府应起到主导和主要作用（李佳芮、马英林，2007）。

# 第三节　猪肉产业链及其相关领域的研究动态

本书所涉及的猪肉产业链管理理论是农业产业链管理理论在猪肉产业的具体应用，它是将饲料、兽药等生猪投入品的生产，种猪培育、生猪饲养、管理和疫病防治，生猪屠宰、加工、储存、流通、销售，以及主副产品深加工等环节链接成一个有机整体，并对其中的人、财、物、信息、技术等要素流动进行组织、协调与控制，以期获得猪肉或猪肉制品价值增值的活动过程（王凯，2002）。

### 一、猪肉产业链管理与安全供给的相关研究

由于近几年食品安全事件频发，消费者对食品安全格外关注，相关学者将产业链管理与安全供给结合起来进行研究，代表性的研究包括：卢凤君、叶剑、孙世民（2003，2006）对高品质猪肉供应链的合作模式、价格协商，特别是高品质猪肉供应链内加工企业和养猪场（户）的合作关系进行研究，提出以大型加工贸易企业为核心、适度规模的养猪场为养殖基地、超市或专卖店为销售商、中高收入的理性消费者为目标客户的供应链组织，是高档猪肉有效供给的理想组织模

式。陈超（2004）通过对猪肉供应链的组织模式和组织效率的研究，认为由于我国猪肉产业分散经营、组织化程度低等因素加大了猪肉质量安全管理的难度，很难保证供应链终端产品的安全。

此后，如何保障猪肉产品的安全供给成为相关研究的热点，相关学者从不同角度对这一问题进行了深入探讨。戴迎春、韩纪琴、应瑞瑶（2006）通过对新型猪肉供应链垂直协作关系的研究结论认为，屠宰阶段与零售阶段通过合同及垂直一体化等方式的有效整合在一定程度上解决了猪肉质量安全问题。而吴秀敏（2006）则对我国猪肉质量安全管理体系进行了系统研究，并对养猪户采用安全兽药的行为与意愿进行实证分析，研究表明养猪户对安全兽药的认知水平、产业组织与政府对农户的支持等因素对农户是否采用安全兽药具有重要影响。李晓红（2007）利用系统类变量分析法对猪肉产品质量形成的影响因素进行分析，从产业链管理的整体角度提出了保障猪肉质量安全的管理体系。季晨（2008）基于质量安全的角度对我国的猪肉产业链管理从组织、信息、物流三个方面进行具体研究，探求提高我国猪肉质量安全的途径。

此外，国内学者对国外发达国家先进生猪养殖模式和质量监管体系进行介绍，这方面的研究主要有：董银果和徐恩波（2005）对德国猪肉安全控制系统与对丹麦"放心猪肉"管理体系的介绍，阚保东和张子群（2005）对荷兰 IKB 体系的介绍，王爱国（2005）对瑞典养猪业疾病控制系统的介绍等。通过对这些国家猪肉质量控制体系经验的介绍，国内的学者相应的从法律体系、信息体系、技术体系、官方兽医制度建设、加强无疫病地区认证、建设超市连锁分销系统等方面提出了我国政府与企业可以借鉴的经验。梁田庚（2005）、光有英（2007）、李尚（2008）等从完善防疫体系的角度出发，定性论述我国动物防疫体系及其实践中存在的问题并提出相应对策而对养殖户的防疫行为、意愿及其影响因素的相关研究甚少。贺文慧等（2006）从农户个体特征、生产特征、社区特征三个方面对农户畜禽防疫服务的支付意愿及其影响因素进行分析，研究表明农户享受畜禽防疫服务的便利性对农户的防疫行为具有显著影响。

**二、猪肉质量安全的消费者行为研究**

猪肉产品的质量安全关系到消费者的健康和生命安全，开展猪肉质量安全的消费者行为研究意义重大。目前，猪肉质量安全的消费者行为研究主要集中于三个方面：消费者认知、消费者行为以及支付意愿。

国外对消费者行为的研究开展较早且较成熟，已经形成了相应的研究框架和方法，并且进行了大量的实证研究。Abdelmoneim 等（1992）对在不同的价格和技术参数条件下，消费者对不同脂肪含量猪肉的支付意愿进行了分析。Fox 等

（1995）应用实验拍卖方法，估算出在校大学生对含有沙门氏菌的低风险污染猪肉三明治的支付意愿为 0.5~1.4 美元。

借鉴国外的研究框架和方法，国内相关学者就消费者对猪肉质量安全的消费行为进行研究。在认知方面，消费者普遍认为目前猪肉的质量安全问题比较严重，消费者对此极为关注，但是消费者对有机、绿色、无公害等安全猪肉的理解只停留于表面，未能正确理解其内涵（吴秀敏，2006；王可山，2007）。在购买行为和支付意愿方面，吴秀敏（2006）的研究表明，消费者对安全猪肉的支付意愿随个体特征不同而各异，但多数消费者支付的溢价在 10% 以下。与此可比较的是，王可山等（2007）研究得出的支付溢价为 29.5%，影响该支付意愿的因素主要有消费者的受教育程度、猪肉的价格、消费者的收入以及消费者对标签标识的信任程度等。此外，价格和质量安全是影响消费者购买决策的主要因素，向消费者提供安全猪肉的相关信息可以有效提高消费者对安全猪肉的选购率。

# 第四节　相关研究的趋势及对本书的启示

通过总结上述研究成果可知：食品安全是消费者的基本需求。研究和实践都证明：食品安全管理是个系统性工程，只有对全过程实施质量安全管理才有可能在最终环节实现食品安全目标；产业链质量安全管理作为一种全新的管理模式和手段，通过链条节点主体的紧密合作，建立统一的质量安全管理和控制体系，能够有效实现"从田头到餐桌"的全过程质量安全管理。可以说，产业链质量安全管理是实现食品安全的有效途径。产业链的质量安全管理既要强调整体性，也要充分重视各环节主体的质量安全管理行为；既要考虑生产者实施质量安全管理的可能性，也要考虑消费者对安全农产品的需求水平。

另外，从研究的对象来看，不同种类的农产品其生产、加工、流通、销售以及消费过程对质量安全及其措施要求各不相同，对具有代表性的细分品类进行具体分析，其研究结论更具有针对性和实际指导意义。

# 第三章　我国猪肉产业现状分析
## ——基于产业链的视角

改革开放以来，我国的猪肉产业取得长足发展，已经形成产业化生产格局。产业化养猪始于 20 世纪 80 年代，其基本标志是借鉴国际先进的生产技术与管理经验，实施"菜篮子"计划，建设一大批产业化（规模化）猪场，初步实现集约化、规模化养殖、工厂化流水线式生产。由于投入的增加和技术进步，我国生猪养殖业迅猛发展，总量快速增长，猪肉供给量与消费量在国际市场上稳居世界第一，国内市场实现产销平衡。本章基于产业链的视角，首先从全球与本国层面介绍我国生猪生产与供给的基本情况，其次简要介绍我国猪肉产业链的基本模式及其环节，从育种、生猪养殖、屠宰加工、流通销售以及消费等产业链主要环节详细分析我国猪肉产业的现状。

## 第一节　我国猪肉产业的基本情况

我国是世界上最大的猪肉生产国，猪肉生产量自 20 世纪 60 年代开始就居世界第一。到 1990 年，年度生猪出栏量达到 3.6 亿头，占当年世界总量 8.57 亿头的 42.09%；年度猪肉总产量 2401.570 万吨，占当年世界总量 6087 万吨的 39.45%。与 1980 年相比，在 10 年的时间内翻了一番，从根本上改变了我国城乡居民猪肉食品长期短缺的状况，基本满足了市场的需求。至 2005 年，猪肉总产量增达 5120.215 万吨，占世界猪肉总产量的近 49.08%（FAO，2006），我国的养猪业发展有力地带动了世界养猪业的发展。世界各国产量及比例，见表 3-1。

从国内肉类产品的产量来看，猪肉产量依然稳居第一。从总体产量来看，猪肉产量的增长超过了其他任何肉类的产量增长，但是从肉类产量结构来看，猪肉

表3-1 选定年份猪肉产量的国家间比较（世界上10个主要的猪肉生产国）

| 年份 | 2005 | | 2000 | | 1995 | | 1990 | |
|---|---|---|---|---|---|---|---|---|
| | 产量（万吨） | 比例（%） | 产量（万吨） | 比例（%） | 产量（万吨） | 比例（%） | 产量（万吨） | 比例（%） |
| 世界总量 | 10433.330 | 100.00 | 9008.585 | 100.00 | 7880.612 | 100.00 | 6087.180 | 100.00 |
| 中国 | 5120.215 | 49.08 | 4140.563 | 45.96 | 3340.132 | 42.38 | 2401.570 | 39.45 |
| 美国 | 939.200 | 9.00 | 859.700 | 9.54 | 809.700 | 10.27 | 696.400 | 11.44 |
| 德国 | 449.999 | 4.31 | 398.190 | 4.42 | 360.240 | 4.57 | 445.799 | 7.32 |
| 巴西 | 314.017 | 3.01 | 260.001 | 2.89 | 280.000 | 3.55 | 105.000 | 1.72 |
| 西班牙 | 313.024 | 3.00 | 290.462 | 3.22 | 217.482 | 2.76 | 178.885 | 2.94 |
| 加拿大 | 261.757 | 2.51 | 200.273 | 2.22 | 141.696 | 1.80 | 119.192 | 1.96 |
| 越南 | 228.832 | 2.19 | 140.902 | 1.56 | 101.248 | 1.28 | 72.856 | 1.20 |
| 法国 | 227.774 | 2.18 | 231.200 | 2.57 | 214.400 | 2.72 | 172.680 | 2.84 |
| 丹麦 | 201.492 | 1.93 | 171.098 | 1.90 | 151.610 | 1.92 | 120.861 | 1.99 |
| 波兰 | 195.550 | 1.87 | 192.386 | 2.14 | 196.320 | 2.49 | 185.495 | 3.05 |

资料来源：FAO（1991、1995、2001、2006）。

在肉类产量中的比重呈下降趋势，而禽肉和牛羊肉的比重呈上升趋势。从表3-2可以看到1985～2005年肉类产量的构成及其增长的变化。1985年猪肉产量占肉类总产量的比重高达85.9%，1995年则下降为69.4%，2005年继续下降到64.7%；同期，禽肉和牛羊肉的比重分别由13.8%上升到29.5%和33.7%。尽管猪肉产量持续增长，但是其他肉类产量的增长速度比猪肉快很多。特别是，在某些特定的时期内，牛肉的产量及其占肉类总产量的比重在主要肉类中增长最快

表3-2 选定年份中国主要肉类的产量　　　　　　单位：万吨

| 年份 | 1985 | | 1995 | | 2005 | |
|---|---|---|---|---|---|---|
| | 产量 | % | 产量 | % | 产量 | % |
| 猪肉 | 1655 | 85.9 | 3648 | 69.4 | 5010 | 64.7 |
| 禽肉 | 160 | 8.3 | 935 | 17.8 | 1464 | 18.9 |
| 牛肉 | 47 | 2.4 | 416 | 7.9 | 712 | 9.2 |
| 羊肉 | 59 | 3.1 | 202 | 3.8 | 436 | 5.6 |
| 其他肉类 | 6 | 0.3 | 60 | 1.1 | 122 | 1.6 |
| 肉类总产量 | 1927 | 100.0 | 5261 | 100.0 | 7744 | 100.0 |

资料来源：中国统计年鉴（1986、1996、2006）。

（Longworth 等，2001）。肉牛产量的快速增长归功于基因技术的进步、饲料的改进以及政府对肉牛养殖支持性措施的实施（Bean 和 Zhang，2007）。而生猪养殖属于粮食密集型产业，我国政府在有意识地促进生产结构的调整，促使生猪生产向其他畜禽生产转移。

从产品品质来看，猪肉市场从脂肪型、脂肉兼用型转变成为以瘦肉型为主导的格局，猪肉及其制品的买方市场初见端倪。为保证猪肉产品品质，我国相继从世界主要养猪技术先进的国家引进优良品质，并大规模开展猪种改良，将先进的工业化生产设备和工艺、科学的营养和全价饲料、繁殖技术革新、现代猪群健康控制理念和计算机管理等一系列现代化生产技术广泛地应用于生猪养殖。标志着生猪养殖生产水平的主要指标——出栏率达到 127.1%，已经接近世界领先水平 129.24%，上市猪的胴体瘦肉率通常都可以达到 65%[①]。我国的养猪业已经跻身于世界先进水平之列。

# 第二节　猪肉产业链及其主要环节

## 一、我国典型的猪肉产业链模式

农业产业链被描述为农产品沿着农户、加工企业、配送中心、批发商、零售商以及消费者运动的一个网状链条。猪肉产业链是一条具体的农产品链，典型的猪肉产业链如图 3-1 所示是由猪饲料的生产、育种、养殖、屠宰、加工、流通、销售、消费以及贯穿产业链始终的运输等环节构成。在我国，养殖和屠宰环节之间存在大量的生猪经纪人，他们从大量分散的养殖户手中收购生猪，而后再提供给屠宰企业的收购商，生猪经纪人有机地连接了养殖和屠宰环节。此外，猪肉产业链还涉及政府、行业协会、研究机构等辅助性主体，他们以不同的方式对猪肉产业的发展加以影响。

## 二、猪肉产业链的主要环节及其主体

我国的猪肉产业链链条较长，各环节参与主体众多，其主要环节包括育种、养殖、屠宰、加工、流通、销售、消费等环节：

育种环节——参与主体主要为种猪或仔猪企业，其职能主要为优良品种的引

---

① 中国畜牧业信息网，http：//www.caaa.cn/show/newsarticle.php？ID=1186。

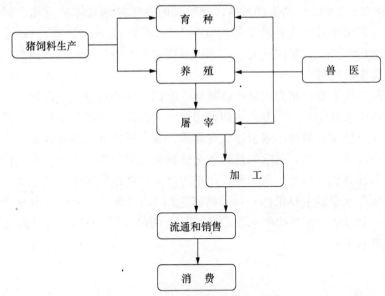

图 3 - 1　我国典型的猪肉产业链模式

进与改良、培育，并向下游养殖环节提供种猪或者饲养周期一般为 8～9 周，体重 50 公斤的仔猪及其服务。

养殖环节——参与主体为养殖户与养殖企业，养殖环节为下游屠宰环节供给饲养周期至少为 16 周、体重 100 公斤左右的生猪。在我国，80% 的猪肉来自农户散养，15% 来自专业养殖户，5% 来自规模养殖基地（场）。

屠宰环节——主体为屠宰加工企业与定点屠宰场，我国实行定点屠宰制度，屠宰企业都具备屠宰资格，主要对收购的生猪进行屠宰，并对屠宰后的胴体进行进一步分割，制成各种猪肉产品进行销售。屠宰与加工企业一般是该猪肉产业链的核心企业。

加工环节——主体为肉食品加工企业，对屠宰后的胴体进行进一步深加工，做成熟食出售，一般加工企业都具备屠宰资格，所以我国大型的猪肉加工企业往往实行屠宰、加工一体化经营，如双汇、雨润和金锣等企业。

流通和销售环节——主体主要为各级批发、零售以及流通企业，负责猪肉产品的流通与销售。中国猪肉的最主要零售渠道有农贸市场、超市、专卖店等，但是农贸市场仍然是最主要的销售渠道，其销售量超过总量的 50% 以上；超市正逐渐成为主要的零售渠道之一，超市的总份额约为 15%；另外，苏食、金锣等开始采用专卖店形式销售冷鲜猪肉，比例在 5%～10% [1]。

--------

① 专家访谈所得数据。

消费环节——猪肉一直是我国居民最主要的肉类消费品，但受民族、宗教信仰和消费习惯等众多因素的影响，各个省份的猪肉消费量有很大的不同。从全国来看，猪肉占人均肉类消费总量的比重为64%①。从产品结构来看，我国居民以消费生鲜猪肉为主。

### 三、猪肉产业链的其他环节及其相关主体

饲料生产环节——饲料生产企业也是猪肉产业链的重要主体，主要向育种与养殖环节供给饲料产品及其服务，是生猪的营养供应商。我国饲料生产企业规模小，行业集中度低。截至2006年，中国有15518家饲料企业，其中包括四川新希望、山东六和以及无锡正大等在内的前10名大企业的产量占整个饲料行业产量的25%，产销总量1800万吨，仅相当于美国中等规模饲料生产企业的产量②。由于上游企业多数终端客户都是散养户，客户对于技术服务、产品质量等方面的要求不高，市场竞争主要停留在价格层面，差异化程度较低。

运输环节——运输贯穿于产业链的全过程，是保障猪肉产品质量安全的重要环节。整体来看，猪肉产业链的运输主要分为活猪运输和猪肉产品运输两类，屠宰前主要是活猪运输，屠宰后主要为猪肉产品运输。活猪运输的方式随养殖模式不同而有所差异。通常，规模化养殖基地都配有专业化的运输车辆，自行负责活猪运输任务；或与屠宰企业协商，由屠宰企业委托专业化的运输企业或运输个体户承担运输任务。专业养殖大户一般自配运输车辆或委托个体运输户完成活猪运输；而散养农户一般不承担活猪运输任务，通常交由生猪经纪人负责。屠宰后的猪肉产品运输主要是冷链运输，多数规模以上屠宰加工企业和流通销售企业都按国家要求配有冷链运输设备，包括冷藏车、冷冻室、保鲜柜台等。

生猪收购环节——主要为生猪经纪人。在我国农村，经纪人扮演着重要的角色。一级经纪人穿梭于供货商和养殖户之间，从大量分散的养殖户手中收购生猪，并提供给供货商，二级经纪人则负责向一级经纪人提供有关猪源的消息，供货商有权与屠宰加工商签订合同，将收购来的生猪贩卖出去。

兽医——中国现行的兽医管理机构从中央到乡镇共五级。在县以上主要由畜牧兽医行政管理机构、行政执行性事业单位和技术性支撑单位共同组成；在乡镇，基本以乡镇畜牧兽医站为主构成基层兽医工作体系。我国兽医管理的最高行政机关为农业部下设的畜牧兽医局。根据工作分工的不同，农业部下设全国畜牧兽医总站、农业部动物检疫所和中国兽医药品监察所三个事业单位，业务上接受

---

① 新华网，http：//www.xinhuanet.com。

② 中国饲料工业信息网，http：//www.chinafeed.org.cn/cms/_code/government/itemdetail.php? column_id = 121&item_id = 85477。

畜牧兽医局的领导。

我国兽医服务人员目前主要包括四类：乡镇兽医站兽医诊疗人员、其他兽医诊疗场所兽医人员、饲料及兽药生产企业的兽医人员、协助基层防疫检疫人员从事动物免疫工作的乡村动物防疫员，兽医服务人员总数约为 42 万人，乡镇站约 10 万人，农民约 30 万人，企业员工、自由职业者、大学及科研院所兼职人员约 2 万人；人均诊治 767 个大动物单位①。

政府——政府为行业的健康、规范发展提供法律与法规保证。我国政府正越来越重视产品的质量安全、动物福利，重视畜禽饲养过程中对环境造成的污染和损害，并努力制定和实施一系列保障猪肉产业可持续发展的法规和政策。

行业协会——目前，我国存在着各式各样的猪肉行业协会，如中国畜牧业协会、中国肉业协会等。行业协会是猪肉产业自律管理、为相关企业提供信息、技术交流的平台。

研究机构——涉农专业的大学、研究所等机构为猪肉产业提供科研支持，如以南京农业大学为例，该校开设有中国重点学科预防兽医学，并建有中国农业部动物疾病诊断与免疫重点开放实验室、中国农业部动物生理生化重点开放实验室、中国农业部动物疫病防治高科技创新中心等多个实验室，并与相关企业长期合作，为猪肉产业发展提供良好的科研支持。

# 第三节　育种环节的产业状况

## 一、种猪市场的现状分析

目前，我国种猪市场仍处于初级发展阶段，育种企业（种猪场）规模参差不齐，种猪质量差别较大。据中国畜牧业年鉴统计，到 2004 年我国共有种猪场 3449 个，种猪企业可繁殖母猪近 101 万头，每年可提供种猪近 626 万头，从理论分析种猪供需基本趋于平衡②。但是，由于后备种猪淘汰率较高，优良种猪更新、更替加快，消费市场对优质猪肉需求不断增加，优良种猪的需求不断增加，市场供不应求。

虽然种猪企业数量众多，但育种工作未得到很好的重视，产能普遍较低，培

---

① 吴秀敏．我国猪肉质量安全管理体系研究——基于四川消费者、生产者行为的实证分析［D］．浙江大学博士论文，2006：194.

② 华经天众．中国肉制品行业发展研究报告［R］．2005.

育种猪或仔猪主要以供给当地市场为主。如华东地区最大的种猪基地康乐农牧（常州）有限公司年出栏种猪、苗猪和肉猪仅 7 万头。由于经济发展的带动，种猪企业的产业化发展存在很大的空间。

从地域分布来看，我国的种猪企业主要集中于长江中下游和华北地区；从发展趋势来看，以健康为标志的种猪质量受到行业格外关注，引进与培育高抗病性的健康种猪是养殖企业顺利发展和实现质量安全管理的基础（邵世义、刘德贵，2006）。

### 二、生猪产业育种目标的转变

过去，我国生猪产业的育种目标很简单，单纯考虑猪种的优良性状，如降低背膘厚、提高生长率。后来，随着国外育种理念的引进，猪的育种目标开始结合生物学和经济学方法而定义（Fewson，1994），即通过系统的育种措施，使培育的猪能在未来预期的生产条件下，获得尽可能高的经济效益。这种育种目标考虑两个问题：第一，选择目标性状；第二，计算目标性状的边际效益（或经济效益）①。

与以前育种目标相比，现在的育种目标制定以未来可预见形势为基础，着重考虑经济利益的最大化，根据市场生产趋势不断调整各目标性状的经济权重，从而控制群体遗传素质的变化。育种目标的转变在很大程度上促进了我国生猪育种产业的发展。

### 三、生猪产业的育种结构及其发展

我国生猪育种产业大都采用了国际上典型的金字塔式育种结构，即由核心群、繁殖群和商品群等组成。但这种结构不完整，各层之间不是很清晰，其中多数核心群选育采用封闭式育种。由于采用封闭式育种而丧失了引进优良基因的机会，从而使其遗传改良的速度相当缓慢。繁殖场与核心场界限不清，数量也不足，即使选育出了很优秀的猪群，也因不能及时扩散和大量繁殖，而丧失了商机。

为克服育种环节产业发展难题，我国制定了生猪育种的总体战略：建立能够长期进行瘦肉型种猪持续改良的繁育体系，实现"以种猪选育为基础，核心群种猪自给、有计划地少量引种、保持国际同期种猪水平"的总体目标。围绕这一目标，我国育种的总体策略是充分利用优良种猪资源，在北京、华南、华中、西南等种猪生产和研究的优势地区建立区域性联合育种体系；积极开展分子育种与遗传评估有机结合的现代育种的应用研究；建立以"引进种猪资源核心群→育种核心群→种猪扩繁群→种猪生产→商品肉猪生产"的种猪繁育生产体系，探索在现

---

① 中国养猪技术网，http：//www.sinoswine.com/zzjs/zzjs0005182.htm。

有种猪生产体系中，以大型养猪企业为依托的公司化育种体系，通过"技术中心＋育种公司＋种猪公司＋种猪专业户＋养猪户"的新模式，开展长期的种猪育种改良工作①。

为此，2006 年 10 月我国成立了全国猪育种联合组，共有包括国家畜牧总站在内的 69 个单位参加，并在全国范围内建立联合育种②的基本框架，初步建立了全国和区域性的种猪遗传评估体系。在北京、上海、四川、广东、河南和湖北等省（市）建立了区域遗传评估中心，在一些地区建立了中心测定站和人工授精服务中心③。通过联合育种，在全国范围内进行良种选育、推广，为下游养殖环节提供高品质的种猪和仔猪，有利于在源头保障猪肉产品的质量安全。

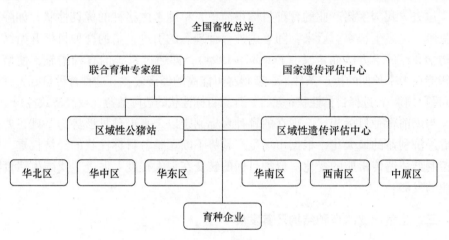

图 3 - 2　全国联合育种的基本框架

# 第四节　生猪养殖环节的产业状况

## 一、生猪养殖的主要模式

我国的生猪养殖主要有三种模式：传统的农户散养、专业化的养殖户养殖和

---

①　中国种猪信息网，http：//www.chinaswine.org.cn。

②　联合育种，即为实现种猪的跨场比较和选择，在一定范围（一个省、一个地区、全国）内进行跨场的联合种猪遗传评估。

③　全国种猪遗传评估中心，http：//www.swinegenetics.org.cn/。

规模养殖基地（养猪场）养殖。

1. 传统的农户散养模式

传统的农户散养模式也被称为非专业化的家庭式养殖，是我国生猪养殖的传统方式，也是当前我国生猪养殖的主要方式，为我国提供近80%的猪肉来源；其养殖规模一般在50头以下，事实上我国大多数农户的生猪饲养数量为十几头甚至几头，其中10头以下养殖规模的比例为52.8%。农户散养模式广泛地存在于我国的各个地方，尤其在中西部和东北部地区更为密集；与此相比，我国东南地区的生猪养殖则较为专业化和规模化（USDA - FAS，2005）。

传统的农户散养模式之所以长期存在，是因为和专业化的养殖户养殖模式和规模养殖基地（养猪场）养殖模式比较而言，传统的农户散养模式具有成本优势：第一，农村劳动力成本低廉：由于在农村地区没有工作的人很多，所以劳动力成本近乎为零；第二，建设生猪养殖场所的投资很低：因为农户自家的猪圈大部分都是泥墙、半露天式的，投资很小；第三，饲料的成本很低：这种生产方式下，农户使用的生猪饲料主要为自家的蔬菜、泔水、自制绿色草料，以及经过加工的复合饲料，而实际上饲料的成本占整个养猪成本的70%①。

正是具有上述成本优势，在未来一段时期内，农户散养模式依然是我国生猪养殖的主要方式。但是，由于散养模式在抵御市场风险、疫病防治、产品质量管理和控制等方面较弱，市场效益较低，其比重正在逐步降低。

2. 专业化的养殖户养殖模式和规模养殖基地（养猪场）养殖模式

这两种养殖模式属于产业化、规模化养殖，与农户散养模式相比，生猪规模化养殖模式具有如下优点：第一，有利于疫病的防、控、治，提高生产效率；第二，综合养殖效益相对较好且稳定；第三，能够长期、稳定地为社会提供相对安全的畜禽产品，有利于食品安全的监控；第四，提高我国畜禽产品的质量，有利于扩大我国畜禽产品出口（冯永辉，2006）。正是因为规模养殖具有技术优势、管理优势、信息优势以及产品优势（Pan 和 Kinsey，2002），为促进生猪产业的发展和满足消费者对猪肉质量安全的需求，我国各级政府出台了一系列的优惠政策，从资金、技术等多方面大力支持和鼓励发展生猪产业的规模养殖。

目前，通过专业化的养殖户和规模养殖基地（养猪场）养殖的生猪比重较小。从屠宰量来看，约有15%来源于专业化养殖户养殖模式，仅有5%来源于规模养殖基地（养猪场）（USDA - FAS，2006；Poon，2006）。在国家政策的鼓励与行业变革的推动下，小规模养殖正在逐步萎缩，专业化规模养殖的比重正在逐步增加（Hu，2007）。据相关研究预测，到2020年，小规模农户散养的比重将降到

---

① 张晓辉. 中国生猪生产结构、成本和效益比较研究［J］. 中国畜牧杂志，2006（4）：29.

30%，专业化的养殖户养殖和规模养殖基地（养猪场）养殖的比重将分别增加到40%和30%（Zhou，2006）。

表3-3 国内生猪养殖农场的规模和屠宰量

| 养殖规模（头） | 养殖户/农场数量（个） | 比例（%） | 养殖总量（万头） | 比例（%） |
| --- | --- | --- | --- | --- |
| 1~9 | 101963901 | 94.483 | 3477.31 | 52.867 |
| 10~49 | 4815474 | 4.462 | 1209.45 | 18.388 |
| 50~99 | 851429 | 0.789 | 589.99 | 8.970 |
| 100~499 | 249016 | 0.231 | 596.39 | 9.067 |
| 500~2999 | 33844 | 0.031 | 364.77 | 5.546 |
| 3000~9999 | 3388 | 0.003139 | 174.20 | 2.648 |
| 10000~49999 | 911 | 0.000844 | 141.81 | 2.156 |
| 50000及以上 | 30 | 0.000028 | 23.58 | 0.359 |
| 合计 | 107917993 | 100 | 6577.50 | 100 |

资料来源：USDA-FAS（2006）。

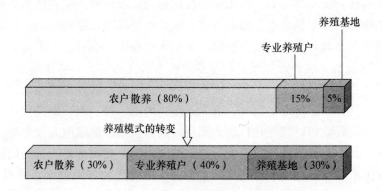

图3-3 我国生猪养殖模式趋势

资料来源：Zhou（2006）。

## 二、生猪养殖的主要区域

我国已经形成长江流域、北部、东南部、东北部等四个主要的生猪养殖区域，生猪产量约占全国总产量的80%。长江流域和中国北部区域是生猪养殖的关键区域，也是国内主要的出口区域，占全国生猪产量的比例分别为34.9%和22.9%。特别是长江流域，在生猪养殖和生猪供给中扮演的重要角色值得一提。20世纪90年代末，其生猪产量占全国的50%左右。在生猪养殖迅速发展的过程中，粮食紧缺逐渐成为一个主要的制约因素。粮食主产区也逐渐成为猪肉主产区，我国北部和南部的猪肉产量逐渐增加。我国东北部过去常因寒冷的天气而出现猪肉短缺的情况，但该区域现在已经逐渐可以自给自足并出口生猪到其他区域，其原因主要是当地盛产玉米，与其他地区相比，东北地区养殖饲料成本与运输成本较低（Wang，2006）。表 3－4 说明了我国 2005 年生猪养殖的区域分布情况。

表 3－4　2005 年我国生猪养殖区域分布

| 地区 | 省份 | 占全国生猪产量的比例（%） |
|---|---|---|
| 长江流域 | 四川、重庆、贵州、湖南、江西、浙江、江苏和安徽 | 34.9 |
| 北部 | 河北、山东和河南 | 22.9 |
| 东南部 | 福建、广州、云南和海南 | 13.4 |
| 东北部 | 辽宁、吉林和黑龙江 | 8.0 |

资料来源：中国统计年鉴（2006）。

表 3－5 比较了 1995 年和 2005 年生猪产量前 10 名的省份的产量。

表 3－5　1995 年和 2005 年猪肉产量前 10 名的省份

| 省份 | 1995 年（全国总产量：3648.4） | | | 省份 | 2005 年（全国总产量：5010.6） | | |
|---|---|---|---|---|---|---|---|
| | 产量（万吨） | 比例（%） | 累计比例（%） | | 产量（万吨） | 比例（%） | 累计比例（%） |
| 四川 | 526.3 | 14.43 | 14.43 | 四川 | 513.7 | 10.25 | 10.25 |
| 湖南 | 310.1 | 8.50 | 22.93 | 河南 | 440.8 | 8.80 | 19.05 |
| 山东 | 267.7 | 7.34 | 30.27 | 湖南 | 437.0 | 8.72 | 27.77 |
| 湖北 | 239.6 | 6.57 | 36.84 | 山东 | 367.1 | 7.33 | 35.10 |
| 河南 | 210.4 | 5.77 | 42.61 | 河北 | 337.4 | 6.73 | 41.83 |
| 江苏 | 195.9 | 5.37 | 47.98 | 湖北 | 256.3 | 5.12 | 46.95 |
| 广西 | 195.7 | 5.36 | 53.34 | 广东 | 256.3 | 5.12 | 52.07 |
| 广东 | 188.8 | 5.17 | 58.51 | 云南 | 244.2 | 4.87 | 56.94 |
| 江西 | 188.5 | 5.17 | 63.68 | 江苏 | 218.5 | 4.36 | 61.30 |
| 河北 | 187.4 | 5.14 | 68.82 | 安徽 | 215.6 | 4.30 | 65.60 |

注：用斜体字标注的省份表明了生猪主产区 10 年间的不同。

资料来源：中国统计年鉴（1996、2006）。

从表 3－5 我们可以看出，生猪主产区在过去的 10 年中并没有太大的变化，只是云南省和安徽省代替了原来的广西壮族自治区和江西省。专家认为云南省生猪养殖快速增长得益于中央政府和当地政府惠农政策实施，以及农业结构的不断调整和优化，边远地区和发达地区的经济互补、互动，多数边远地区畜牧业得到快速发展，生猪养殖成为当地农民增收的重要来源，云南省的养猪业得到快速发展。另外，该省生产良好的猪种和著名的宣威火腿，这也极大地带动了当地的生猪养殖产业。而安徽省除了有财政补助外，粮食产量较高，劳动力成本较低，因此生猪养殖的发展也十分迅速。

# 第五节　猪肉屠宰与加工环节的产业状况

## 一、猪肉屠宰与加工行业的发展

1985 年以前，屠宰部门处于国有垄断之下，屠宰经营和出口配给由综合食品公司（GFC）统一组织。为满足居民日益增长的肉食需求，20 世纪 80 年代后期至 90 年代初期，很多县政府出资兴建屠宰加工厂，这些工厂成为当地财政收入和发展基金的重要来源。同时，数量众多的镇级和村级的小型屠宰场也相继建立（Longworth 等，2001）。由于当时猪肉的供给与生产均较为便利且屠宰成本较低，个体屠宰户也迅速发展起来。虽然市场化促进了猪肉生产部门的发展，然而违法屠宰却导致了潜在的质量问题和安全问题，让居民吃上"放心肉"成为政府关注的重点。1998 年政府颁布了仔猪屠宰法案，实施定点屠宰制度，并在全国范围内对屠宰行业进行整合。到 2003 年，全国共有 4 万多个定点屠宰场，规模普遍较小且产能偏低（Pan，2003）。

近几年，通过行业整合，屠宰场数量有所减少。到 2006 年，肉类屠宰场已减少为 2.5 万个，其中，猪肉屠宰场占肉类屠宰场的 80%（Deng，2005）。据中国食品工业协会统计，2006 年全国规模以上屠宰及肉类加工企业 2673 家，其中畜禽屠宰企业 1606 家，肉制品及副产品加工企业 1067 家。畜禽屠宰业生产规模略大于肉制品加工业，但是肉制品加工业的经济效益优于畜禽屠宰业。多数规模以上屠宰企业同时也是肉产品加工企业。

## 二、猪肉屠宰与加工行业的结构分析

下面分别从生产规模、区域分布、所有制形式等三方面对猪肉屠宰加工环节进行结构分析。

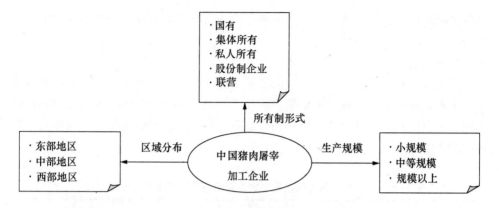

**图 3 - 4　我国猪肉屠宰加工企业结构**

资料来源：Longworth（2001）。

1. 生产规模

我国猪肉屠宰加工企业主要有三类：一是纳入国家统计局统计范围的规模以上企业（指年销售额 500 万元以上，也可视为大中型企业）。据中国肉类协会的数据，2005 年规模以上企业有 1476 家。二是县以上各级政府批准的畜禽定点屠宰企业，据商务部估计 2 万 ~3 万家。三是农民自宰自食和非法屠宰加工，这类屠宰加工数量超过肉类总产量的 40%。其中，规模以上屠宰加工企业的从业人员将近 600 万人，占整个食品产业从业人员总数的 12.6%（华经天众，2006）。

在我国，屠宰及肉类加工业属于高度竞争的行业，数量众多而企业规模和行业集中度较低，经营的区域性特点使得该行业内的企业呈高度分散格局。国内最大的 3 家肉类龙头企业——双汇、金锣、雨润占据肉制品市场 80% 左右的份额，合计销售收入约占全国肉类加工业销售总收入的 20%，屠宰总量却不到我国生猪屠宰总量的 5%，而美国前 3 家屠宰企业总体市场份额已超过 65%。同时，我国猪肉加工的行业集中度也非常低，行业前四强的加工总量也仅占全行业的 10%。而发达国家这一比重都很高，主要的猪肉生产国都在 50% 以上。另外，从肉类的深加工率看，2006 年该比例为 11.80%，发达国家一般在 50% 以上（中国肉类协会，2006；Rabobank，2006）。

我国的肉类产业正在经历一个巩固与调整的时期，随着国家有关食品安全法律法规的进一步健全和市场经济秩序整顿力度的加大，大中型屠宰加工企业也进一步发展。据中国动物产品加工协会主席周光宏教授预期，到 2020 年，大、中型肉类加工企业的市场份额将会从目前的 20% 上升到 70%。

通常而言，大、中型屠宰加工企业都具有先进的冷冻储藏设备，而小型屠宰场如村级屠宰场往往缺少相应的冷冻储藏设备，屠宰的生猪不得不以热鲜肉的产品形式迅速销往附近的城镇或农村市场。因此，提高肉类行业的集中度有助于改善猪肉产品的质量安全情况。

2. 区域分布

从地区来看，东部地区是我国肉类屠宰加工业的生产重点地区。东部地区屠宰加工业企业用占全行业六成的资产，生产出占全行业份额近六成的销售收入，实现了占全行业五成以上的利税和利润总额。东部地区的屠宰加工业大体为中部地区的2倍，为西部地区的4倍。

表3－6　东、中、西部地区屠宰加工企业主要经济指标占全国的比例　单位:%

|  | 总资产 | 产品销售收入 | 利税总额 | 利润总额 |
|---|---|---|---|---|
| 东部地区 | 61. 58 | 57. 55 | 52. 23 | 54. 30 |
| 中部地区 | 25. 51 | 28. 85 | 35. 27 | 35. 47 |
| 西部地区 | 12. 91 | 13. 60 | 12. 50 | 10. 23 |

资料来源: 中国食品工业协会（2006）。

从省份来看，全国肉类屠宰加工业产品销售收入前5位地区有：山东省、河南省、四川省、江苏省、河北省，以上五个省份产品销售收入占全行业份额74.87%。其中，山东、河南两省丰富的原料资料和独特的区位优势，使其成为国内肉类加工业的集中地。

3. 所有制类型

目前，通过行业整合与市场运作后，"股份制"、"外资"企业是国内肉类屠宰加工行业的主要力量，根据2006年中国食品行业协会对肉类加工企业的调查，"股份制"、"外资"企业，总资产、销售额、利税等经济指标完成情况占到全行业九成以上份额。其中，"股份制"加工企业用占全行业四成以上的资产，生产出占全行业五成的销售额，上缴国家超过五成的利税总额和利润总额，在肉制品加工业中占有突出的地位。

表3－7　2006年1~9月肉类生产企业的主要经济参数

| | 企业数量<br>（个） | 总资产<br>（亿元） | 销售周转率 | 总利润<br>和税收<br>（亿元） | 其中：总利润<br>（亿元） | 雇员数量<br>（万人） |
|---|---|---|---|---|---|---|
| 肉类产品及其副产品<br>加工企业 | 1084 | 621 | 1019.5 | 66.2 | 45.9 | 26.9 |
| 国有 | 52 | 19.3 | 16.1 | 0.7 | 0.4 | 1.1 |

续表

|  | 企业数量<br>（个） | 总资产<br>（亿元） | 销售周转率 | 总利润<br>和税收<br>（亿元） | 其中：总利润<br>（亿元） | 雇员数量<br>（万人） |
|---|---|---|---|---|---|---|
| 集体 | 34 | 5.0 | 13.4 | 0.8 | 0.5 | 0.3 |
| 股份制 | 619 | 284.6 | 519.6 | 37.6 | 24.7 | 13.3 |
| 外资 | 171 | 285.9 | 407.0 | 22.6 | 17.2 | 10.4 |
| 其他类型 | 172 | 26.2 | 63.4 | 4.5 | 3.1 | 1.8 |

资料来源：中国食品行业协会（2006）。

# 第六节　猪肉流通与销售环节的产业状况

## 一、主要的流通渠道及其特征

我国的猪肉生产主要供国内消费，猪肉出口仅为 1%～2%，国际市场几乎可以被忽略。目前，我国猪肉产品主要的流通和销售渠道为批发市场、露天市场、农贸市场、超市、专卖店等。农贸市场和超市是大多数城市消费者购买鲜肉的首选途径和渠道。在农村地区和小城镇，露天市场与农贸市场依然是最普遍的零售渠道。与农村市场相比，城市里设施较为完备的农贸市场一般都配有冷冻设备，保证所售猪肉的质量安全（Longworth，2001）。

此外，以超市、大卖场为代表的新型零售业态的迅速崛起，给传统肉制品的批发、零售渠道带来了巨大冲击，像上海、北京这样的城市的超市、大卖场成为消费者购买肉制品的主要消费场所，而传统的批发、零售渠道则逐渐退居次要位置。另外，二、三级城市超市、专卖店的实力也与日俱增（Reardon，2003；Bean，2003）。很多肉制品深加工产品和高温肉制品一般保质期较长，不存在货架周期的限制。冷鲜肉等低温肉制品在保存、品质方面对渠道提出了很高的要求，冷链的建设投资大，成为销售渠道中的关键，所以渠道越来越成为产业链条中重要的一环，也是行业利润较为集中的环节。图 3-5 描述了猪肉产品的主要流通渠道。

## 二、销售市场细分及其特征

我国的猪肉市场可以被细分成三部分：传统的当地市场、新兴的现代国内市

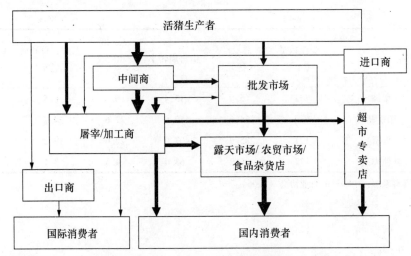

注：→ 箭头表示猪肉产品流动的方向，箭头的大小表示该渠道的相对重要性。

图3-5 我国猪肉流通市场结构

场以及国际市场。以下将从生产、销售、组织结构和质量安全要求等方面概述这三个细分市场的特征。

1. 传统的当地市场

这些市场在我国辽阔的农村地区最为常见，由小型的定点屠宰场和私人屠户组成。普遍的零售渠道即露天市场或者农贸市场。由于设备所限，活猪被屠宰后畜体分成两半。畜体不经过冷却处理就被运送到零售点。在买卖关系中传统的一次性交易或者口头合同被经常用到。屠宰场从小规模养猪农户购入活猪。由于运输不便，大多数活猪都是通过中间商集中收购。达到一定数量后，中间商再把活猪运送到屠宰场或者批发市场。因为对屠宰场而言，直接跟小农户交易的成本很高，所以中间商在联系活猪生产者跟市场之间扮演着重要角色。有关信息的交换和利用是不完备的，从而导致了买卖双方的信息不对称。由于中间商通常掌握更多的信息，生产者在交易中处于弱势地位。在传统的当地市场，竞争力主要取决于价格的高低。这些市场的特点是猪肉品质参次不齐、供求关系不稳定。

2. 国际市场

我国的猪肉出口的市场份额非常低（1%～2%），但由于猪肉出口通常比内销具有较高的利润率，因此以双汇、雨润为代表的大型肉类屠宰加工企业正在努力拓展猪肉的国际市场。但由于国际市场对猪肉的品质和质量安全设有严格标准，相关企业必须加大对质量管理的投资。买卖双方紧密联系，为了确保活猪（猪肉）来源的高品质，通常实行内部一体化的供应模式。

3. 新兴的现代国内市场

处于以上两种细分市场之间的新兴的现代国内市场，发展十分迅速。零售渠道包括超市以及由一些大中型屠宰加工企业在农贸市场、超市建立的品牌专卖店。虽然目前由超市和专卖店销售的猪肉产品比例只占 15%（Zhou，2006），但预计在未来 10 年将增长到 40%。与露天市场相比，超市和专卖店在技术和物流管理方面具有优势。它既满足了消费者对"一站式购物"便利性的需求，所售猪肉产品有保障，让消费者放心。尽管同国际市场相比，国内猪肉的产品质量和安全标准要低一些，但超市、专卖店还是向经过严格挑选的供货商选购猪肉产品，以满足消费者日益提高的质量和安全要求。因此，超市和专卖店所在的产业链上的各环节主体通常都采用较为紧密的合作方式。超市和专卖店一般对外出售三种猪肉产品类型：加工肉、冷鲜肉和冷冻肉。由于超市和专卖店具有冷链设施，其日常管理能够符合冷鲜肉的质量安全管理要求标准，因此，冷鲜肉通常是超市和专卖店出售的最有竞争力的猪肉产品，并且这些产品都是品牌猪肉。

# 第七节　猪肉消费环节的产业状况

## 一、我国的猪肉消费水平

我国是猪肉生产大国，也是消费大国，其消费总量一直稳居世界第一，大约为世界总量一半。但是，长期以来，我国人均猪肉消费量却一直低于世界平均水平。经过多年发展，中国人均猪肉消费量从 1990 年的 20 公斤上升到 2006 年的 39.6 公斤，16 年几乎翻了一番，已经超过世界平均水平[①]。

表 3 - 8　我国猪肉消费总量及其占世界消费总量的比例

| 年份 | 猪肉消费量（万吨） | | 比例（%） |
| --- | --- | --- | --- |
| | 中国 | 世界 | |
| 2001 | 4386.1 | 8373.0 | 52.38 |
| 2002 | 4529.9 | 8667.9 | 52.26 |
| 2003 | 4686.5 | 8909.7 | 52.60 |
| 2004 | 4855.3 | 9082.9 | 53.45 |

① 中国农业信息网，http：//www.agri.gov.cn/JJPS/t20070917_ 891323. htm。

续表

| 年份 | 猪肉消费量（万吨） | | 比例（%） |
| | 中国 | 世界 | |
| --- | --- | --- | --- |
| 2005 | 5029.7 | 9325.4 | 53.93 |
| 2006 | 5175.0 | 9620.9 | 53.78 |

资料来源：USDA – FAS（2007）。

长期以来，我国城乡居民肉类消费中，猪肉占据主要地位，其比例维持在60%~80%。从消费结构看，近年来随着居民收入水平的提高，猪肉的消费比例有所下降，牛、羊、禽肉消费比例不断上升。据统计，1985年，全国城市居民人均消费肉类中，猪肉占总量的75.96%，牛、羊、禽肉仅占24.04%；到2005年，猪肉所占比例下降为61.38%，而牛、羊、禽肉则上升为38.62%。

与城市居民同期相比，猪肉在农村居民主要肉类消费中所占比例更大。1985年，全国农村居民人均消费肉类中，猪肉所占比例高达86.00%，牛、羊、禽肉仅占14%；到2005年，猪肉所占比例有所下降，但仍高达75.24%。

表3-9 我国城市居民主要肉类的人均消费量及其比例 单位：公斤,%

| 年份 | 1985 | | 1995 | | 2005 | |
| | 消费量 | 比例 | 消费量 | 比例 | 消费量 | 比例 |
| --- | --- | --- | --- | --- | --- | --- |
| 猪肉 | 16.68 | 75.96 | 17.24 | 72.89 | 20.15 | 61.38 |
| 牛肉 | 1.22 | 5.56 | 1.47 | 6.21 | 2.28 | 6.94 |
| 羊肉 | 0.82 | 3.73 | 0.97 | 4.10 | 1.43 | 4.36 |
| 禽肉 | 3.24 | 14.75 | 3.97 | 16.78 | 8.97 | 27.32 |
| 合计 | 21.96 | 100.00 | 23.65 | 100.00 | 32.83 | 100.00 |

资料来源：FAO（1986、1996、2006）。

表3-10 我国农村居民主要肉类的人均消费量及其比例 单位：公斤,%

| 年份 | 1985 | | 1995 | | 2005 | |
| | 消费量 | 比例 | 消费量 | 比例 | 消费量 | 比例 |
| --- | --- | --- | --- | --- | --- | --- |
| 猪肉 | 10.32 | 86.00 | 10.58 | 80.64 | 15.62 | 75.24 |
| 牛肉 | 0.33 | 2.75 | 0.36 | 2.74 | 0.64 | 3.08 |
| 羊肉 | 0.32 | 2.67 | 0.35 | 2.67 | 0.83 | 4.00 |
| 禽肉 | 1.03 | 8.58 | 1.83 | 13.95 | 3.67 | 17.68 |
| 合计 | 12.00 | 100.00 | 13.12 | 100.00 | 20.76 | 100.00 |

资料来源：FAO（1986、1996、2006）。

从人均消费数量来看，城市居民的人均猪肉消费量显著高于农村居民的消费量。1985 年和 1995 年城市居民的猪肉消费量约为农村居民的 1.6 倍，到 2005 年缩小为 1.29 倍。虽然总体而言农村居民的人均猪肉消费量低于城镇居民，但是自 20 世纪 90 年代以来，农村居民的猪肉消费增长量一直高于城镇居民，城乡居民的猪肉消费差距逐渐缩小，猪肉消费量的增长主要来源于农村居民消费的增长。

## 二、猪肉消费的产品结构

消费者消费的肉制品可以分为生鲜肉与加工产品，生鲜猪肉包括热鲜肉、冷冻肉和冷鲜肉[①]。中国国家统计局资料显示：1994～2004 年，中国生鲜猪肉产品和加工猪肉产品的产量平均每年增长 5.9%（Foon，2006）。其中，70% 的猪肉产品以热鲜肉、冷冻肉、冷鲜肉三种形式销售，只有 30% 的猪肉产品进入了加工环节（Chen，2003）。猪肉加工产品主要有：腌肉、酱肉、熏肉、烤肉、煎肉、香肠、腊肠、火腿、培根，其中西式产品的比重超过 40%。火腿肠的产量达到了 80 万吨，占猪肉加工产品总产出的 30% 以上（Wang，2007）。

随着人民生活水平的不断提高，猪肉消费将进一步向数量增长与品质提高并举的方向发展。从发展趋势来看，冷鲜肉将逐步取代热鲜肉和冷冻肉。目前，我国居民消费的生鲜猪肉主要以热鲜肉和冷冻肉为主，尤其在广大农村与中小城镇地区，受消费习惯、供给能力等诸多因素的限制，热鲜肉是居民消费的主体。热鲜肉易受微生物污染而引发质量安全问题，冷冻肉会破坏产品的营养价值，而冷鲜肉吸收了热鲜肉和冷冻肉的优点，又排除了两者的缺陷。冷鲜肉具有安全卫生、肉嫩味美等优良品质，赢得了消费者特别是城市居民的认同。受价格、冷链设施等诸多条件限制，冷鲜肉的消费群体主要以城市居民为主。从长远来看，冷鲜肉必然会在全国普及。

近几年，随着乡镇农村超市的迅速成长，冷冻肉在乡镇农村地区的销售成为可能，并成为拉动冷冻肉消费的主要力量。2005 年，中国冷冻肉的销售量为 15.03 亿吨，销售额达到 327.38 亿元，分别增长了 7% 和 6%（Euromonitor International，2006；Foon，2006）。

此外，随着人们生活水平的提高和生活方式的现代化，营养、安全、方便易食的猪肉加工产品越来越受到消费者的青睐，尤其是经济发达地区。因此，高温产品的需求会不断增加。2005 年，我国高温产品的销售量为 36.5 万吨，销售额

---

① 热鲜肉，指宰杀后未经冷却处理直接上市销售的鲜肉；冷冻肉，即屠宰后以冻结状态销售的肉；冷鲜肉，将屠宰后的胴体在 0～4℃ 迅速冷却，并在后续加工、流通和销售过程中始终保持 0～4℃ 的生鲜肉。

为 118. 49 亿元（Euromonitor International，2006），增长较为快速。可以说，冷鲜肉与加工产品发展潜力巨大。

# 本章小结

我国的猪肉产业正进入稳步发展的阶段，同时也面临着行业整合。为满足消费者对猪肉产品日益增长的数量与质量需求，规模化与集约化是猪肉产业发展的必然趋势。规模化养殖是促进养殖、加工、流通、销售各环节有机联结，提高猪肉行业产业化经营水平的基础；屠宰加工企业是产业链整合的主导力量，提高行业集中度可以有效提升整体产业的经济效益；发展肉类产品的现代流通渠道，兴建冷链物流体系是保障猪肉安全供给的必要措施。

# 第四章 我国猪肉产业链的
# 质量安全管理

　　猪肉作为我国居民的主要肉食消费品，质量安全管理尤为重要。为了提高农产品的质量安全水平，世界各国纷纷加强对农产品质量安全的监管，增强对农产品各个环节的控制，广泛实施"从田头到餐桌"的全程质量管理。国外经验表明，农业产业链管理是"从田头到餐桌"的全过程管理，它能有效保证产业链中各个环节主体的行为，能够建立统一的质量管理和控制体系，能够对食品风险进行合理的评价和防范。因此，本章将在探讨产业链质量安全管理的基本内涵和目标的基础上，从监管体制、国家法规、质量标准三个方面对我国猪肉产业链质量安全管理体系进行论述，而后对产业链各环节对质量安全管理法规、标准的执行情况以及质量信息的交换和利用情况进行分析。

## 第一节 产业链质量安全管理的基本
## 内涵、目标及其特征①

### 一、产业链质量安全管理的基本内涵与目标

　　在产业链环境下，产品的生产、加工、销售需要由产业链成员共同完成，产品的质量安全客观上是由产业链全体成员共同保证和实现的，但产品质量安全的形成和实现过程实际上分布在整个产业链范围内。产业链质量安全管理就是对分布在整个产业链范围内的产品质量安全的产生、形成和实现过程进行管理，从而实现产业链环境下产品质量控制与质量保证。因此，构建一个完整有效的产业链质

---

① 参考与借鉴了麻书城（2001）、陈新平（2008）对供应链质量管理的研究和论述。

量安全保证体系，确保产业链具有持续而稳定的质量安全保证能力，能对客户和市场的需求快速响应，并提供优质的产品和服务，是产业链质量安全管理的基本内涵。

因此，产业链质量安全管理的目标就是通过把产业链的单个环节组织起来，构建一个完整有效的产业链质量安全保证体系，确保产业链具有持续而稳定的质量安全保证能力。

### 二、产业链质量安全管理的特征

产业链质量安全管理与单个企业内的质量安全管理有很大的不同，主要有以下几方面的特征：

（1）产业链质量安全管理立足于产业链的整体角度，从建立产业链质量安全管理体系的高度分析各环节质量安全管理活动，重点研究产业链各环节成员质量安全管理的集成。

（2）核心企业是产业链的组织者和发起者，同时也是产业链质量安全管理的主体，核心企业组织和构建产业链的过程，也是构建产业链质量安全管理体系的过程。

（3）产业链各环节成员本身都具有完整的质量安全管理体系，但是在基于特定产品的产业链中扮演着不同的角色，承担着不同的质量安全管理职能。

（4）成员企业是主权独立的实体，相互之间没有行政隶属关系，是共同合作的关系。

（5）成员之间充分重视并共享质量安全信息。信息质量安全的利用与交换对产业链各环节质量安全管理的整合至关重要。

（6）产业链质量安全管理注重对消费者需求的研究。在产业链质量安全管理中对消费者需求的研究是一项十分重要的活动。消费者是产业链实施质量安全管理的最终需求者。为了满足消费者对相关产品质量安全的需求，产业链成员必须不间断地广泛收集、获取消费者的需求信息。

# 第二节　我国猪肉产业链质量安全管理体系[①]

### 一、猪肉产业链质量安全的政府监管体制

1. 管理现状

猪肉产业链质量安全管理贯穿于育种、养殖、屠宰、加工、流通到消费等产

---

① 对相关专家、政府监管部门领导、企业负责人的访谈。

业链的每个环节，加之产业链上现代化的企业与传统的小农户并存、先进的流通方式与落后的流通方式并存、发达的城市市场与分散的农村市场并存，复杂的产业结构决定了政府对我国猪肉产业链质量安全的管理体制以法律法规为基础，由多部门分工协作、共同负责。

目前，我国已形成由国家食品药品监督管理局（State Food and Drug Administration，SFDA）协调，国家质量监督检验检疫总局（以下简称质检总局）、农业部、商务部、卫生部、公安部、国家工商行政管理总局（以下简称工商总局）、海关总署、国家环境保护总局（以下简称环保总局）九个部门分工协作、共同负责的管理体制。各部门（局）的管理职能见表4-1，其中，SFDA 负责各部门各环节的协调，公安部门对所有环节生产经营主体遵守国家法律法规进行监督和执法，这两个部门对产业链所有环节的质量安全管理进行监管。除此之外，其他七个部门分别负责产业链部分环节的质量安全监管工作。

此外，各部门（局）在省、市、县分别设置相应的管理机构，最终形成从国家到省、市、县的质量安全管理体系。其中，最主要的部门有农业部门、卫生防疫部门、兽医兽药部门、流通部门、质量监督部门、食品工业部门、饲料工业部门和进出口检验检疫部门。

表4-1　我国猪肉产业链质量安全的政府管理部门及其职能分配

| 部门 | 生产资料 | | | 养殖环节 | | 加工环节 | 流通环节 | 消费环节 | 进出口环节 |
|---|---|---|---|---|---|---|---|---|---|
| | 生产 | 进出口 | 流通 | 产地、环境 | 生产 | | | | |
| SFDA | √ | √ | √ | √ | √ | √ | √ | √ | √ |
| 公安部 | √ | √ | √ | √ | √ | √ | √ | √ | √ |
| 农业部 | √ | √ | √ | √ | √ | | | | |
| 商务部 | | | | | | √ | √ | | √ |
| 卫生部 | | | | | | | √ | √ | |
| 工商总局 | √ | | √ | | | √ | √ | | |
| 质检总局 | √ | | | | | √ | | | |
| 海关总署 | | √ | | | | | | | √ |
| 环保总局 | √ | | | √ | √ | | | | |

注：1. 各部门职能详见各自部门的政府网站；

2. 上表所列"生产资料"主要为生猪养殖过程中的投入品，如饲料、兽药等；

3. 加工环节包括屠宰环节。

2. 存在问题①

鉴于我国猪肉产业链的实际情况，我国政府建立了多部门共同负责的质量安

---

① 根据对江苏省南京市溧阳县质检局相关负责人的访谈整理所得。

全管理体制，该体系为保障我国猪肉产品的质量与安全起到了一定的作用。但是，多部门协同管理、各自依法行政，不可避免地造成了多头管理的问题。各部门职责分工不明，带来管辖权的混乱和重叠，执法标准不一，导致部门之间的协调难度大；部门各自为政，分别执法，常常会出现部门的重复惩罚等。这些问题的存在，在不同程度上导致了我国猪肉产业链质量安全管理的低效率，猪肉食品安全事件频发，导致国内外消费者对我国猪肉质量安全的信心不足。

从部门分工来看，由于部门之间存在分段管理、分别执法但又无法有效统一协调的问题，现行质量安全管理体制无法有效落实质检工作。SFDA虽然被赋予了全面协调全国食品监管机构工作的职责，但它并不代替农业、卫生、质检部门对食品安全监管的职能，食品方面的管理权限仍然分散在原来的各主管部门中。而且，SFDA没有执法权，仅能对重大食品安全事件负责查处。因此，在实际工作中，SFDA往往不能很好地协调各部门统一安排质量安全管理工作。这种情况在省、市地方表现更为明显。由于不具备执法资格，各级地方食品药品监督管理局在协调其他部门开展工作时常感无所适从。而其他部门则各司其职，只能对所属部分环节进行质量安全管理。如农林部门负责对饲料及饲料添加剂生产、经营以及养殖和屠宰过程中的检验检疫进行管理、监督和整治；质监部门负责辖区内肉制品加工企业（场点）的整治；工商部门负责辖区内批发市场、农贸市场、超市等流通环节肉类经营主体经营行为的监管；卫生部门负责对餐饮、集体伙食单位等消费环节及经营场所肉制品卫生状况的整治。同一产品在产业链环节的质量安全监管归属不同部门管理，但又没有明确的权、责、利界限，容易造成监管缺位与事故责任的相互推诿。

从猪肉产业链来看，我国现行质量安全管理体系在运行时对猪肉的售前环节，尤其是对生猪养殖与流通环节监管不足。由于我国生猪养殖以农户散养为主，在实际工作中，相关部门很难对与猪肉质量安全关系密切的饲料、添加剂、兽药的使用以及防疫等方面的安全生产措施进行监督与管理。尽管有6个部门涉及猪肉流通环节的监管，但其职能主要针对猪肉市场的管理，而对猪肉运输环节（主要是活猪运输与生猪屠宰后冷鲜肉及其产品的冷链运输）的管理明显不足。

可以说，我国猪肉产业链质量安全的政府监管与发达国家对食品安全的管理相比具有一定的差距，是影响我国的猪肉产品质量安全的重要因素。在发达国家，对猪肉等农产品的管理越来越重视"从农田到餐桌"的全过程管理，特别是对产品源头的管理、生猪屠宰的管理以及流通过程中的管理，并尽量将职权集中于处在食品源头的农业行政主管部门。这对我国改善猪肉产业链质量安全管理具有借鉴意义。

## 二、猪肉产业链质量安全管理的法律法规

### 1. 法律法规现状

法律法规是我国开展猪肉质量安全监管的基础和依据。为了更好地保护消费者的权益，国家近年来废止、修订或新制定了一些法律法规，加大了对食品及其相关行业质量安全的监管力度。其中，与猪肉质量安全管理有关的法律法规有：《中华人民共和国产品质量法》、《中华人民共和国食品卫生法》、《中华人民共和国畜牧法》、《中华人民共和国标准法》、《生猪屠宰管理条例》等，从多层面、多环节对猪肉产业链的质量安全管理进行了规定。猪肉产业链各环节需要遵守的法规情况见表4-2。

表4-2　猪肉产业链各环节质量安全管理的相关法律法规

| 产业链环节 | 法律法规 |
| --- | --- |
| 育种 | 《中华人民共和国动物防疫法》 |
| 饲料生产 | 《饲料和饲料添加剂管理条例》<br>《饲料标签标准》 |
| 生猪养殖 | 《中华人民共和国农产品质量安全法》<br>《中华人民共和国动物防疫法》<br>《重大动物疫情应急条例》 |
| 兽医 | 《执业兽医管理办法（草案）》、《中华人民共和国动物防疫法》 |
| 运输 | 《中华人民共和国动物防疫法》 |
| 屠宰 | 《中华人民共和国农产品质量安全法》<br>《国务院关于加强食品等产品安全监督管理的特别规定》<br>《中华人民共和国食品卫生法》<br>《生猪屠宰管理条例》<br>猪肉卫生标准（GB2707—1994）<br>个别省份开始实施《无公害猪肉质量标准》 |
| 加工 | 《中华人民共和国农产品质量安全法》<br>《国务院关于加强食品等产品安全监督管理的特别规定》<br>《中华人民共和国食品卫生法》<br>猪肉卫生标准（GB2707—1994）<br>QS认证标准<br>个别省份开始实施《无公害猪肉质量标准》 |
| 流通与销售 | 《国务院关于加强食品等产品安全监督管理的特别规定》<br>《中华人民共和国农产品质量安全法》 |

资料来源：笔者收集整理。

2. 存在问题①

（1）现行法律法规的系统性与完整性有待改进。发达国家一般都有一整套较为成熟的法律法规体系用于指导食品质量安全监管工作。但是，至今我国尚未制定出一部统一的农产品质量安全的通用法律法规。现行的《产品质量法》主要针对经过加工、制作后直接用于销售的产品，农业方面的生鲜产品和初级农畜产品并未包括在内。虽然我国政府已在猪肉产业链的各个环节制定了相应的质量安全管理法律法规，但是这些法律法规分散而不成体系，未能体现"从农田到餐桌"的全过程管理。

从猪肉产业链各环节来看，养殖、屠宰、加工等环节的法律法规条款较为完善，而育种、饲料生产、兽医、运输和销售流通等环节的法律法规制定则相对缺乏。局部环节的法律法规缺失导致执法时无法可依，造成猪肉质量安全管理出现漏洞。从法律法规内容来看，有关产品质量安全的规定和条款较为完备，而产品的可追溯性、动物福利和健康以及生产环境等方面的规定较少甚至仍为空白。而当前国际上已经普遍将产品可追溯性、动物福利和健康以及生产环境等方面作为考核产品质量安全的重要指标，尤其是各种质量标准认证体系。在实际执法过程中对相关重要指标的忽略，也是导致我国猪肉产品在国际市场上缺乏竞争力的因素之一。

（2）现行法律法规可操作性不强，难以满足实际需要。虽然现行法律法规对猪肉产业链质量安全管理方面做出了详细的规定，但是多数相关条款制定过于抽象而可操作性不强，过于阐述原则而缺失禁止性、义务性的规范，导致实际执法时无具体标准可依，法律法规形同虚设，难以满足实际工作需要。

主要体现在以下三个方面：

第一，规定过于笼统而缺少详细的说明或执法标准。以"注水肉"为例，现有法律法规对什么是"注水肉"，尚未给出明确判定标准。发现疑似案件，采样后送交质检部门检测，质检部门只会给出被检测样品的含水量。普通猪肉含水量的国家标准是77%，即便被检测样品的含水量超过国家标准，因为缺乏执法标准，也不能明确说明这就是"注水肉"。因此，实际执法对"注水肉"的判断依然依赖人的主观判断。此外，"注水肉"由哪个部门负责执法检查、如何检测、如何处罚并无明确规定，发现疑似事件不好处理。除非在现场抓到，否则往往难以定罪。猪肉进入市场后由工商部门负责，但具体由什么仪器检测、由谁出示凭证作为执法依据，也没有明确说明，这种情况普遍存在于产业链各环节的管理之中。

第二，缺乏相应的、具体的处罚措施。以《生猪管理条例》为例，由于外

---

① 根据对南京市生猪屠宰办公室主任的访谈整理所得。

运猪肉的质量最容易出现问题。因此，对于外运猪肉，法律法规规定当地政府不仅要求运输商出示产地的检疫合格证明，还必须到当地政府指定的肉类交易市场进行报检、换证、复检以后，取得"两证两章"再上市。但是执行这一规定出现了两个问题：一是报检有可能破坏猪肉的冷链系统；二是费用问题，即报检会增加猪肉运输成本。有的运输商为了节约这笔费用，会逃检漏检，但是法律法规并未对逃检漏检做出具体处罚和处理措施，因此，执法人员也没有办法对其进行处理。

第三，部分规定或条款制定不当，已经不能满足实际的需要。比如，在市场环节，法律法规规定猪肉进入市场需要"两证两章"，即动物产品检疫合格证、肉品品质检验合格证、动物产品检疫合格章和肉品品质检验合格章，均由定点屠宰场检测盖章。检疫保证动物没有疫病，检验保证猪肉没有质量问题。条例只规定了经肉品品质检验合格的生猪产品，定点屠宰场应当加盖肉品品质检验合格验讫印章，但并没有规定猪肉进入市场必须出示肉品品质检验合格证。因此，执法人员在实际检查"两证两章"时其实无法可依，比较尴尬。类似条款已经不能满足实际工作的需要，需要进行相应的修订与补充。

（3）部分执法主体缺乏相应的执法资格，无法有效落实工作。由于我国实行多部门联合执法、共同负责的质量安全监管体制，必然需要设立常设机构协调、领导各个部门开展工作，如SFDA。但是，SFDA并不具备执法资格，在实际运行中往往无法有效开展具体工作，具体依然依赖于各个部门。为加强对生猪质量安全的统一管理，克服产业链各环节质量安全监管部门衔接不畅、效率较低的现象，各地成立生猪屠宰办公室组织、协调相关单位开展工作。相关单位包括公安、工商、农林、卫生、物价、发改、环保、规划等14个单位。尽管生猪屠宰办公室具有组织、协调以及牵头的作用，而且消费者普遍认为保障猪肉质量安全的责任人也是屠宰办，但是生猪屠宰办公室并不具备执法主体身份，也不直接承担相应责任。执法主体与执法责任要相对应，猪肉质量安全有效监管的关键还是取决于各部门履行好各自的职能。

### 三、猪肉产业链的质量标准体系

1. 现有质量标准体系

为持续保证和改进产品质量，我国不少猪肉企业进行质量标准的认证与执行，主要的质量标准体系有以下几种：

（1）ISO9000系列标准：ISO9000是一族标准的统称。2000版ISO9000族国际标准的核心标准共有四个：①ISO9000：2000《质量管理体系——基础和术语》；②ISO9001：2000《质量管理体系——要求》；③ISO9004：2000《质量管理体系——业绩改进指南》；④ISO19011：2000《质量和环境管理体系审核指南》。上述标准中的 ISO9001：2000 通常用于企业建立质量管理体系并申请认证之用。它主要通过对申请认证组织的质量管理体系提出各项要求来规范组织的质量管理体系。主要分为五大模块的要求，分别是质量管理体系、管理职责、资源管理、产品实现、测量分析和改进①。

目前，ISO9000 质量认证较为普遍。据了解，我国多数猪肉育种、养殖、屠宰、加工、流通销售企业都进行了 ISO9000 质量认证。

（2）GMP 标准："GMP" 是英文 Good Manufacturing Practice 的缩写，即 "良好作业规范"，是一种特别注重在生产过程中实施对产品质量与卫生安全的自主性管理制度。它是一套适用于制药、食品等行业的强制性标准，要求企业从原料、人员、设施设备、生产过程、包装运输、质量控制等方面按国家有关法律法规达到卫生质量要求，形成一套可操作的作业规范帮助企业改善企业卫生环境，及时发现生产过程中存在的问题，加以改善。简要地说，GMP 要求食品生产企业应具备良好的生产设备，合理的生产过程，完善的质量管理和严格的检测系统，确保最终产品的质量（包括食品安全卫生）符合法规要求②。

目前，GMP 标准在欧洲属于强制性认证标准，而在我国属于自愿性认证质量标准，只有少数几家大型龙头猪肉屠宰加工企业执行 GMP 标准，如双汇、雨润。一般具有猪肉出口业务的猪肉企业也必须执行 GMP 标准。

（3）HACCP 标准：HACCP 是危害分析关键控制点（Hazard Analysis Critical Control Point）的简称。它作为一种科学的、系统的方法，应用在从初级生产至最终消费过程中，通过对特定危害及其控制措施进行确定和评价，从而确保食品的安全。HACCP 在国际上被认为是控制由食品引起疾病的最经济的方法，并就此获得 FAO/WHO 食品法典委员会（CAC）的认同。它强调企业本身的作用，与一般传统的监督方法相比较，其重点在于预防而不是依赖于对最终产品的测试，它具有较高的经济效益和社会效益。在食品业界，HACCP 应用得越来越广泛，它逐渐从一种管理手段和方法演变为一种管理模式或者说管理体系③。

目前，HACCP 在我国属于推荐型质量标准。由于执行 HACCP 标准成本颇高，国内只有部分规模以上猪肉企业实施了 HACCP 体系。据商务部 2003 年随机抽查数据显示，225 家被调查屠宰加工企业中，只有 51 家实施了 HACCP 体系，占样本的 22.7%④。

---

① 中国质量认证咨询网，http：//www. cqcc. com. cn/news/iso200410289452. html。

② 广东省食品药品信息网，http：//www. gdfda. net. cn/Content/20075/215/Article_ 7817. html。

③ 中国质量认证中心，http：//www. cqc. com. cn/Chinese/tixi/index_ 2. asp? SortID＝3。

④ 徐萌，陈超，展进涛. 猪肉行业企业实施 HACCP 体系的意愿研究——基于江苏省调研数据的分析［J］. 安徽农业科学，2007（23）.

（4）QS标准："QS"是质量安全Quality Safety的英文缩写。QS认证制度是食品质量安全市场准入制度，它是国家质检总局制定的对食品及其生产加工企业的监管制度。QS认证制度要求具备规定条件的生产者才允许进行生产经营活动、具备规定条件的食品才允许生产销售的监管制度，主要包括三项内容：①对食品生产企业实施食品生产许可证制度；②对企业生产的出厂产品实施强制检验；③对实施食品生产许可制度，检验合格的食品加贴市场准入标志，即QS标志，向社会做出"质量安全"承诺①。

QS标准是我国特有的质量标准，也是我国的强制性认证标准，食品及其加工企业的产品必须通过QS标准才能进入市场流通。

（5）猪肉卫生标准（GB2707—1994）：规定了猪肉的卫生要求和检验方法，适用于生猪屠宰加工后，经兽医卫生检验合格，允许市场销售的生鲜猪肉和冷冻猪肉②。该标准是对我国猪肉产品进行质量检验的基本标准。

（6）无公害农产品认证：无公害农产品是指使用安全的投入品，按照规定的技术规范生产，产地环境、产品质量符合国家强制性标准并使用特有标志的安全农产品。无公害农产品认证管理机关为农业部农产品质量安全中心。无公害农产品认证分为产地认定和产品认证。在经过无公害农产品产地认定基础上，在该产地生产农产品的企业和个人，按要求组织材料，经过省级工作机构、农业部农产品质量安全中心专业分中心、农业部农产品质量安全中心的严格审查、评审，符合无公害农产品标准，同意颁发无公害农产品证书并许可加贴标志的农产品，才可以冠以"无公害农产品"称号③。

根据无公害农产品标准，各地也制定了"无公害猪肉质量标准"，"无公害猪肉"即经定点屠宰，检疫检验合格，符合猪肉卫生标准，所含有毒物质不超过最高限量的鲜猪肉、冻猪肉和可食性猪内脏④。

（7）绿色食品标准：绿色食品标准是由农业部发布的推荐性农业行业标准（NY/T），是绿色食品生产企业必须遵照执行的标准。绿色食品标准分为两个技术等级，即AA级绿色食品标准和A级绿色食品标准。绿色食品标准以"从农田到餐桌"全程质量控制理念为核心，由绿色食品产地环境标准，绿色食品生产技术标准，绿色食品产品标准，绿色食品包装、储藏运输标准四个部分构成⑤。"绿色猪肉"即绿色食品标准经专门机构认定，许可使用"绿色食品"标志的

①　慧聪网，http：//info. water. hc360. com/2005/07/06092255810. shtml。

②　陕西省食品安全信息网，http：//www. sxfs. gov. cn/Article/ShowArticle. asp？ ArticleID＝647。

③　中国农产品质量安全网，http：//www. aqsc. gov. cn/topic/topicShow. asp？ topicId＝89。

④　各地方对无公害猪肉的制定标准内容略有不同，但实质一致。

⑤　中国绿色食品网，http：//www. greenfood. org. cn/sites/MainSite/List_ 2_ 2822. html。

猪肉。

（8）有机食品标准：有机食品标准是由国家环境保护总局有机食品发展中心制定。有机食品是指来自有机生产体系，根据有机认证标准生产、加工，并经具有资质的、独立的认证机构认证的一切农副产品。有机食品的生产完全不含人工合成的农药、肥料、生长调节素、催熟剂、家畜禽饲料添加剂。有机食品认证在认证方法上以实地检查认证为主、检测认证为辅，认证重点是农事操作的真实记录和生产资料购买及应用记录等①。

有机猪肉是有机食品的一部分，它是根据国际有机农业生产要求和相应的标准，生产、加工、储存、运输并经有机食品认证机构认证的猪肉，禁止使用任何化学添加剂与人工合成物质。

有机猪肉、绿色猪肉、无公害猪肉也被称为安全猪肉，安全是这三类食品突出的共性，它们从养殖、屠宰、加工、储藏及运输过程中都采用了无污染的工艺技术，实行了"从农田到餐桌"的全程质量控制，保证了猪肉产品的质量安全。

（9）其他质量标准：除上述质量标准外，我国的农产品质量管理以安全食品认证为重心，制定了多项国家标准、行业标准、地方标准、企业标准，用于指导实际生产。

2. 存在问题

（1）质量标准体系普遍执行性不足，覆盖面有限。我国猪肉产业的多数质量标准体系借鉴国外甚至直接从国外引进，但是发达国家的猪肉产业与我国存在着较大差别。因此，相关的猪肉质量标准也有差异。以 HACCP、GMP 等国际通用的质量体系为例，这些质量标准主要针对企业制定。而我国猪肉产业规模化程度较低，只有规模以上企业才有动力、也有足够的财力进行相关质量标准的认证。多数农户、企业既无动力、也无能力采用质量标准进行管理。在较早采纳HACCP 认证的企业中，多集中于出口国际市场的大型养猪企业、肉类联合企业以及出口导向型企业，即出口额占企业总销售额较大的企业。这类企业实力均比较雄厚，而我国大多数的小规模猪场、小型猪肉加工厂、家庭式猪肉加工作坊短时期难以做到。因此，制定猪肉质量安全标准，要区分出口企业与非出口企业、大型企业与小型企业的不同情况②。

（2）质量标准体系执行力不够，质量认证流于形式。虽然全国已组织制定农业国家标准 691 项、行业标准 1613 项、地方农业标准 7000 多项，已经初步建

---

① 宁夏农业信息网，http：//www.nxny.gov.cn/ReadNews.asp？NewsID=4306。

② 上海市生猪行业协会，http：//www.snhx.org.cn/shengzhu/jsyjy/jyjs/200704/t20070410_171561.htm。

立了农产品质量安全标准体系①，但是，标准的贯彻还停留在下发文件的阶段上，养殖、加工和流通过程的控制和标准应用十分薄弱。我国猪肉产业存在大量分散的小规模的农户散养形式、大量的个体生猪屠宰户、县乡村农贸市场的个体猪肉商贩，加之政府部门监管效率不高，质量标准的推广受到限制，难以从生产源头监控猪肉质量安全。即便推行基本的《猪肉卫生标准》，国家建立了以市场准入为目标的产品检测制度，但许多养殖户根据产品标准中的检测项目规避检测指标，也没有从根本上提高和改进养殖技术，所以未能保证产品质量的持续稳定。加之我国质检体制和手段存在一定的漏洞，质量标准的执行往往流于形式。

（3）部分关键环节的质量标准缺失、不健全，检测标准不配套。虽然猪肉产业已有品种选育、饲养管理、疾病防治、屠宰加工、品质分级等 20 余项标准来规范猪肉的生产管理，但在产地环境、兽药使用等关键环节的质量标准却很薄弱，主要表现为：现有标准与国际标准、发达国家标准脱节；标准设置总体水平低，且重复交叉，缺乏协调性，部分指标在国家标准、行业标准、地方标准之间存在矛盾与冲突；兽药残留标准内容不完善，控制、检测方法标准不配套等。由于现在食品行业的投入品的指标多以微量、痕量水平②存在，常规的分析手段通常难以检测。

（4）猪肉产品质量认证不完善，难以满足市场需求。虽然我国已经初步建立了以无公害农食品、绿色食品、有机农产品"三位一体、整体推进"的猪肉产品质量认证体系。但是，认证体系还不完善，我国猪肉产品认证能力不能满足日益增长的市场需求，具体表现在：第一，认证缺乏统一性、公正性。我国现行农产品认证的三大体系中，除了有机产品的认证有国家标准外，其他的认证只有部门标准。因没有一个权威的国家认证标准体系，给国内猪肉质量安全认证的普及和推广带来了混乱。第二，认证体系缺乏完整性。高效、完善的认证体系应该包括认证标准、认证机构、认证咨询机构和培训机构以及相关专业队伍。目前，我国猪肉等农产品的认证体系只有认证机构，没有认证咨询机构和培训机构，农产品认证的专业队伍与其承担的认证任务和责任不相适应。第三，对认证后产品的监管不够，造成认证产品质量良莠不齐③。

---

①　中国政府网，http：//www.gov.cn/gzdt/2005 – 10/24/content_ 82783.htm。

②　痕量水平，指物质含量在万分之一以下。

③　吴秀敏．我国猪肉质量安全管理体系研究——基于四川消费者、生产者行为的实证分析［D］．浙江大学博士学位论文，2006：210 – 211.

# 第三节　我国猪肉产业链质量安全管理现状

## 一、产业链各环节对质量安全法规、标准的执行情况

质量安全法规和质量标准是产业链各环节主体实施质量安全管理的依据和基础，各环节对法规和标准的执行情况也反映了质量安全管理状况。整体而言，规模以上企业能够较好地执行相关法规和标准，小规模经营者或农户其质量管理意识较淡薄，质量安全管理相对较为薄弱；从产业链环节来看，下游屠宰、加工、销售等环节的组织化程度高，法规和标准的执行程度较好，而上游养殖、运输等环节质量管理则相对欠缺。

尽管如此，由于近几年我国不断加强对猪肉质量安全的监管力度，规模以上企业所在产业链的质量安全管理依然取得了不少良好的操作规范，如多数产业链条上的核心企业（主要为屠宰、加工企业）通过了诸如 ISO9000、HACCP 等多项国际公认的质量管理标准，通过体系认证提升质量管理水平；部分链条的养殖、屠宰和加工等关键环节建立了贯穿整个链条的产品质量追溯机制，有效地保障了产品质量。根据对相关专家的访谈和多条猪肉产业链的实地调研，我国猪肉产业链主要环节对质量安全法规、标准的执行情况如下：

1. 饲料生产环节

饲料生产企业的质量管理主要参照《饲料卫生标准》。但在实际中，《饲料卫生标准》指标体系还有待完善，而国际标准通常只是参考性而非强制性标准，因此很多饲料企业通常都制定企业标准。农林厅下属的农产品检测中心负责饲料质量的监督和检查。农产品检测中心每年进行两次全国性的普查，全国饲料检验的合格率一般都在 96% 以上。其评判依据检查饲料成分是否与其包装的标签所示成分一致，标签是否遵守了《饲料标签国家标准》。

据专家介绍，我国饲料生产技术与国外并无较大差距，饲料质量不是猪肉质量安全的瓶颈。但是，由于我国饲料生产企业数量众多而集中度低，市场竞争激烈，也会出现因恶性竞争而造成一些质量问题，如为了降低生产成本而改变饲料成分的比例。

2. 养殖环节

养殖环节的质量安全管理主要由农业部进行监管，主要包括生产布点、技术推广、免疫防疫等方面。在法规、标准的执行方面，散户的质量意识较为淡薄，

政府监管也较为薄弱。因此，散户的质量管理水平低，缺少科学的饲养方案和疫病防治措施，容易产生多种质量问题。散户疫病防治一般求助于当地的兽医，但是农村的兽医站技术水平落后，有时难以有效控制疫病。死猪被扔掉或者活埋，而大部分病猪仍会流通到当地市场上。

与此相比，养猪专业户、规模化养殖基地的质量管理意识较强，在猪舍清洁消毒、养殖人员健康卫生、生猪免疫防疫、饲料添加剂等方面能够比较规范地执行国家现有的法规和标准。尤其是规模化养殖基地，一般都具有法人资格，会通过诸如 ISO9000 系列标准甚至 GMP 标准等体系认证来提升质量管理水平。养殖企业会制定关键指标对生猪的质量安全进行控制。在养殖过程中，养殖企业采取隔离饲养，定期对猪舍进行清洁和消毒，及时对生猪进行免疫、检验等具体手段，保障生猪的质量安全。对于质量安全的监督检验，养殖企业会采取企业质检部门与政府职能部门相结合的联合监管形式。如果发现疫病等质量安全隐患，根据患病种类和程度，及时进行处理。对患上传染病的生猪立即采取隔离措施治疗，对假定健康猪进行紧急预防接种；对病死猪进行深埋焚烧、撒石灰消毒无害化处理。

从外部监督角度，养殖企业还会定期或不定期接受下游屠宰场委派的驻场人员的监督与检验，按照其要求对饲料质量与成分进行检验，并记入档案，保证生猪货源的安全性。

总体来看，生猪的质量问题，尤其是散户养殖的生猪质量无法得到有效保证，是我国猪肉质量安全管理最主要的瓶颈之一。

3. 兽医环节

我国兽医检验检疫体制与欧盟等发达国家差距较大。国外所有与猪肉产业有关的检验检疫均由兽医部门统一管理，国内则是由多部门分管，水平难以达到完全一致。我国正在进行兽医体制的改革，尚未完成。基层兽医体系是最重要的，也是确保生猪卫生防疫工作的关键所在。但基层兽医工作者的费用问题是发展兽医体系的主要瓶颈，某些省份将其纳入地方财政支出，为兽医体制的建设提供了可靠保障。

目前，我国生猪屠宰场有驻厂兽医师，实行驻厂兽医师一票否决制度，由一位市级检疫权威单位派出的兽医师给检疫结果做出权威性结论，避免以前由厂家自行任命"多人"评定的混乱现象。

4. 运输环节

运输环节涉及的质量法规主要是避免生猪疫病传染问题。生猪在运输过程中很容易受到疫病的传染：一方面，运输途中传染源增多，如风对疾病的传播、疾病猪对其他猪的交叉感染、人对生猪的感染，等等；另一方面，生猪在运输过程中由于饮食、饮水等环境发生变化，免疫力下降。所以，国外提倡猪肉产品的运输，不提倡生猪活体的运输，即使是生猪活体的运输，也要求封闭式运输，与外界空气隔绝，避免疾病的传播。

目前，在我国生猪从养殖企业至屠宰场的运输服务通常由个体运输户提供。多数个体运输户并不具备第三方物流企业资质，运输工具简单而管理粗放。因为对数量庞大的个体运输户进行监管存在很多困难，因此运输环节质量法规的执行主要依靠运输户的自觉。监管部门只能在运输途中检查运输户的检验检疫合格证明、车辆消毒证明等证件是否齐全。

5. 屠宰环节

目前，我国实行"定点屠宰、集中检疫、分散经营"的政策方针。生猪屠宰必须在获得政府资格认证的定点屠宰企业进行，私屠乱宰行为是受到严厉打击的违法行为。在城区、县城范围内，定点屠宰率能达到95%；在乡镇范围，私人屠宰现象时有发生，定点屠宰率大约为70%。

国内大中型屠宰场基本能够严格执行国家规定的质量法规、标准，这是因为：首先，因为屠宰场在申办企业法人的时候，动物防疫部门、卫生防疫站、环保部门等政府部门都会对其硬件条件进行检验，检验合格才赋予其企业法人资格，所以屠宰场的硬件条件都肯定达标。其次，在实际操作过程中，农业部门以及流通部门都会对屠宰场进行严格的检查，以保证屠宰、加工、零售环节的猪肉质量安全。最后，国家对屠宰场实行分级注册，相应的等级对应相应的销售范围，如五星级屠宰场可以在全国范围销售流通，四星级屠宰场可以在省级之间调拨，三星级屠宰企业只能在省内流通，二星级屠宰企业只能在县域内流通。国家对不同等级的屠宰场应该具备的硬件设施和管理要求做出了具体而明确的规定。生猪在进入屠宰场之前，必须具有"三证一标"，即产地检疫合格证明、运输工具消毒证明、非疫区证明和免疫耳标，宰前检疫率要求达到100%。在屠宰过程中，对猪肉进行18道工序检验、检疫，加盖"两证两章"① 才可以出厂，从源头上确保每头屠宰生猪合格上市。

总的来看，私屠乱宰现象是我国猪肉质量安全问题一个很大的隐患，因为其屠宰过程卫生情况较差，更为严重的是，私屠乱宰助长了生猪养殖过程中使用"瘦肉精"等违禁药物和屠宰加工病死猪肉、注水肉等违法行为。我国政府正在进行定点屠宰企业的清理整顿工作，对手工小作坊式、生产条件差、管理混乱的屠宰场提出了整改意见，限期进行整改，问题严重的予以取缔。

---

① "两证两章"即动物产品检疫合格证、肉品品质检验合格证，动物产品检疫合格章、肉品品质检验合格章。

6. 加工环节

涉及加工环节的质量法规和标准主要是食品添加剂的问题。国内大型的猪肉加工企业为了维护自己的品牌和声誉，基本能够执行国家的法律法规以及相关质量标准；而中小型企业为了提高出肉率，增加企业利润，有可能违反国家规定，甚至使用违禁的添加剂或者添加剂含量超过国家规定的标准。

为此，政府质检部门也规定了相关惩罚措施，尽可能杜绝食品添加剂违禁和超标问题。此外，质量监督部门和卫生防疫部门对加工环节进行严格监管，在产品出厂时对产品中的添加剂的来源、加工配方进行检验；在产品上市之后，也会进行抽测化验，检验其相关指标是否超出国家规定标准。

目前，国家的现场检测手段比较落后、诉赔机制也不健全，消费者的理赔意识也比较落后，企业发展现状滞后于理念，这些都是影响加工环节严格执行质量法规、标准的瓶颈。

7. 流通与零售环节

为保障猪肉产品质量安全，国家对零售终端在硬件设施、从业人员的健康卫生状况、销售环境等多方面做出了详细的规定和标准。从总体上讲，超市、专卖店基本能够严格执行国家有关的法律法规，而农贸市场以及露天摊点等场所由于销售环境、进货渠道等多种因素影响，对质量法规、标准的执行还有所欠缺。

一般大中型超市、卖场会选取有品牌、有实力、产品质量有保障的猪肉产品供应商作为合作对象。在合作之前，零售商会对供应商的养殖基地、运输设备等进行考察。到货时"查证验物"：查证，即肉品检疫检验证、产地检疫合格证、品质合格证、车辆消毒证；验物，即验质量、验温度、验感观。零售商拥有自己的冷柜以控制猪肉产品的温度保持在 0~4℃，保证猪肉产品的质量。

对于双汇、金锣、雨润、苏食等大型猪肉企业的专卖店来说，一方面企业内部会对专卖店员工进行质量管理的培训，日常管理中也会对专卖店进行抽查；另一方面专卖店也接受政府职能部门（如中国食品质量监督局）的定期或不定期的抽查、监督。

此外，超市、专卖店还通过应用先进电子设备加强产品质量管理，如采用温度监控仪等电子设备对肉食品储存温度进行控制和监督，一旦温度高于控制点，温度监控仪就会发出警报。

**二、产业链各环节质量安全信息的交换与利用**

信息的利用与交换对猪肉产业链质量安全管理的整合至关重要。但根据对相关专家的访谈以及典型产业链的案例调研，我国猪肉产业链各环节上的信息利用与交换的现状并不乐观。由于生猪养殖的产业链条长，从饲料、兽药的生产经营，到种猪、仔猪、育肥猪的喂养，再到生猪屠宰加工、猪肉产品销售的全过程，有关猪肉质量安全方面的信息难以准确、快速、灵活地在上下游环节之间传递，猪肉产业链中质量安全信息不对称的现象非常明显，而产业链的内部信息不对称的程度直接影响产品的质量安全（吴秀敏，2006；王凯和季晨，2008）。

1. 产业链主要环节交换与利用的质量信息

（1）饲料生产环节：饲料生产企业向下游客户提供的质量信息包括：所生产饲料的原料成分、营养成分、使用方法、性能、包装，以及加工过程中所用的化学添加剂及其成分、含量，卫生指标，检测结果与证明等。

（2）育种和养殖环节：育种和养殖企业普遍采用"耳标"或"耳阙"记录生猪的个体信息，如父母系、品种、出生日期、特性等；此外，记录并向下游沟通的质量信息包括：日常疾病防控与检疫的程序和措施、生猪出栏时的基本质量信息（如体型、体重、健康状况）、生猪的养殖环境、饲料投放及其料肉比等。

一般情况下，规模以上育种、养殖企业具有良好的质量信息交换和利用意识，详细的信息不但能保证企业对生猪进行控制和管理，也能够为下游客户提供丰富翔实的信息资料，促进双方的交流与合作。

（3）（活猪）运输环节：运输商向屠宰企业提供所运批次活猪的基本信息，如品种、体型、体重、健康状况、数量等情况。另外，由于屠宰场制定了运输标准，运输商也会提供运输过程中的信息，如车辆卫生、猪笼设施、运输密度是否达到要求，运输过程中的死亡率等信息。

（4）屠宰环节：屠宰企业供内部管理使用并向上下游合作者提供的质量信息包括每批活猪的来源、品种、价格、数量以及运输情况（如死亡率）等；每批生猪待屠前静养24小时的基本情况；待宰前和屠宰后的检验检疫情况；屠宰过程的质量监控和追溯信息。

（5）加工环节：加工企业记录并交流的质量信息包括：①原料肉的品质信息，包括质量检验和疫病检疫证明、分类（五花肉、精瘦肉、带皮肉）、肉质、酸度等；②核实并记录原料肉在运输过程中的卫生状况；③每一类成品肉的营养成分、食用方法、包装方法和材料以及销售渠道等信息；④消费者偏好和市场调研信息；⑤加工过程中的卫生指标、保鲜技术指标、产品研发指标等信息。

（6）销售环节：销售商收货环节明确记录每批次产品的质量、数量、价格、类型、口味、包装、保质期限和运输等信息；销售环节记录该批产品的上货和下货日期、每日销量、市场反应、顾客投诉及处理、在同类产品中的竞争状况等信息。相关信息经汇总整理后以备与上游供货商沟通。

2. 已形成的良好规范

经过多年发展，我国猪肉产业链各环节已经初步建立信息交换和利用的平台，能够通过会面、会议、电话、传真、互联网、电子邮件等多种方式进行信息沟通，部分环节也形成了良好的操作规范。如规模以上育种、养殖和饲料生产企业形成了定期的会议和拜访机制，通过发布招标进行合作；下游分销、零售商每天都向上游屠宰企业发布需求数量、规格、质量、价格等采购信息，屠宰企业可以根据市场反馈信息及时均衡采购生猪的数量，安排屠宰任务，并安排产品运输及其他相关事宜；屠宰企业会根据下游消费者的需求告知养殖企业，以便养殖企业及时调整养殖品种和产品结构。当市场行情发生重大变化时，相关各环节都会向上下游合作者进行信息通报，以便及时调整生产计划与库存，规避市场波动的风险；遇到重大交易变动至少提前一到数天告知对方。这些良好的信息沟通规范既提高了产业链的运作效率，也保证了产品质量安全。只有各环节形成良好而高效的质量信息交换与利用机制，猪肉产品才能实现质量的全程追溯；只有实现质量信息的全程追溯，才能最大程度地保证产品质量。

3. 存在问题

尽管取得了良好的信息沟通规范，但是从信息化程度来看，生猪产业属于劳动密集型产业，整体产业的信息化程度不高，手工信息系统与自动化信息系统并存，不同环节信息化水平差异显著。饲料、屠宰、加工、分销、零售环节组织化、企业化程度较高，信息系统与平台完善，信息利用和交换的程度较高；而育种、养殖、运输、兽医环节信息化自动化水平较低，容易成为该产业链信息沟通与交换的制约瓶颈。个别环节信息化水平直接影响到整条链信息化的质量。某些重要信息不能实现共享，导致市场信息不能及时传递，信息的滞后带来企业经营决策的滞后与失误。如上游会部分隐瞒行情下跌的信息，下游会部分隐瞒市场产品价格上涨的信息。

从组织规模来看，规模以上、尤其是大型龙头企业带动的产业链各环节之间建立了质量安全信息共享平台和机制，能够采用灵活的信息沟通方式达到准确、快速的信息沟通效果，部分环节能够做到产品的质量安全追溯。相比之下，规模以下核心企业（如屠宰、加工企业）带动的产业链各环节之间质量安全信息的交换和利用就相对缺乏。小规模经营者对质量信息的交换和利用既缺乏意识和动力，也缺乏能力。如何提高分散的小规模经营者的质量信息的交换和利用的意识和水平，是当前我国猪肉产业链质量安全管理的一大难题。

4. 发展趋势

从产业链信息交换和利用的发展趋势来看，随着猪肉产业链一体化程度的提升，产业链所有环节之间都已充分认识到信息及时交换的重要性，已初步建立了信息实时共享和信息及时交换的平台，每个环节都对相关产品信息进行详细记录并加以利用，从源头获取产业链信息。随着信息化管理对市场发展的引领作用越来越大，下游会加快发展电子商务的进程，各企业会迫切需要与上游供应商实现实时信息共享或及时交换，逐步向现代化物流管理方向发展。育种、养殖企业将实现信息管理自动化，进一步拓宽企业对信息利用的范围，加强实验室的建设，更精确地检验与控制猪肉质量安全。这些发展有助于产品信息的传递与质量控制、产品追溯机制的建立与完善。

一般而言，在整个猪肉产业链上，零售商在掌握较多的市场、价格和消费者信息的同时迫切地需求猪肉质量安全信息，养殖户在掌握较多的猪肉质量安全信息的同时迫切地需求终端市场的价格需求信息；整个产业链成员之间有信息交换的需求和利益驱动力。加强成员间合作，建立通畅而准确的信息共享机制，一方面，将大大降低信息不对称的程度，进而从信息的层面为保障猪肉质量安全打下基础，使整个产业链成员达到共赢；另一方面，使用高效、灵活的信息交流工具也可以更好地保障猪肉质量安全。

# 第五章　养殖户质量安全管理行为分析

　　猪肉产业链的质量安全管理是个系统性的工程，任何环节主体的行为选择都会影响到最终产品的质量安全水平。目前，由于我国以中小规模、分散饲养为主的养猪特点，质量安全管理的危害和关键控制点较多；而我国现行的猪肉质量安全监控体系主要是通过对猪肉成品的抽样检测和市场准入制度来实现对猪肉质量安全的控制，对养殖过程缺乏有效的监管和指导，因而能否实现生猪的安全养殖是猪肉产业链质量安全管理的关键。本章对养殖户的质量安全管理行为——安全生产行为进行分析，由于动物疫病防治是养殖户安全生产的重要方面，养殖户对防疫工作的认知、意愿及其行为很大程度上决定了动物疫病防治工作是否有效，因此本章以江苏省268个养殖户的调查数据为依据，着重对养殖户生猪饲养过程中的疫病防治意愿及其影响因素进行实证分析。

## 第一节　我国生猪养殖环节疫病防治的现状与存在问题分析

　　在当前，我国生猪养殖环节的质量安全管理存在诸如场址选建不当、忽视环境治理和废弃物处理、饲料投喂不科学、种群管理不善等问题。其中，疫病防治是生猪养殖环节质量安全管理的首要任务，也是日常管理最薄弱之处。

　　近年来，我国生猪疫病种类增多且危害严重。据有关部门统计，我国近10年来新出现了30多种传染病，其中新增猪病7种，如猪蓝耳病、猪圆环病毒感染、细小病病毒病、附红细胞体病等[①]。这些疫病不但造成产品质量安全隐患，而且多种猪病可以人畜共患，严重影响人的健康和生命安全。此外，每年因疫病

---

① 猪世界网，http：//www.pigww.com/Html/edu/2344.html。

造成的直接经济损失高达上百亿元，因疫病引起的生产性能下降、饲料和人工浪费、药物消耗等间接损失更大。我国因疫病造成的生猪死淘率为 10%，远高于发达国家平均 3.5% 的水平①。

为防治动物疫病，我国建立了市、县、乡三级兽医管理体制，并于 2005 年提出开始逐步推行官方兽医制度与职业兽医制度。但是，现阶段动物疫病防治工作仍然主要由乡镇兽医站兽医、其他兽医诊疗所兽医、企业兽医、乡村动物防疫员具体承担。其中，乡镇兽医（约 10 万人）与乡村动物防疫员（约 30 万人）占我国兽医服务人员总数（约 42 万人）的 95%②，是我国动物疫病防治的主要队伍。由于我国现行兽医管理体制不完善、防疫经费不足，执业人员素质高低不齐、责任心不强，漏防现象时有发生（梁田庚，2005；李尚，2008）。

因此，在现实中动物疫病防治工作能否取得预期的效果在很大程度上取决于养殖户对防疫工作的认知、态度、意愿及其采取的防疫行为（贺文慧等，2006）。当前，农户散养依然是我国畜禽养殖的主导模式（韩纪琴、王凯，2008）。动物疫病防治具有外部性，散养农户在疫病防控的认知、措施、投入等方面与规模养殖场相比均存在不小的差距（光有英，2007），如何引导养殖散户做好防疫是当前动物疫病防治工作的难点与重点③。详细而准确把握养殖户当前的防疫意愿及其影响因素对政府引导养殖户做好防疫工作至关重要。

现有文章多数从完善防疫体系的角度出发，定性论述我国动物防疫体系及其实践中存在的问题并提出相应对策（梁田庚，2005；李尚，2008；光有英，2007），而对养殖户的防疫行为、意愿及其影响因素的相关研究甚少。贺文慧等（2006）从农户个体特征、生产特征、社区特征三个方面对农户畜禽防疫服务的支付意愿及其影响因素进行分析，研究表明农户享受畜禽防疫服务的便利性对农户的防疫行为具有显著影响。吴秀敏（2006）对养殖户采用安全兽药的行为与意愿进行分析，研究表明农户对安全兽药的认知水平、产业组织与政府对农户的支持等因素对农户是否采用安全兽药具有重要影响。生猪作为我国最大的畜禽养殖产业，疫病防治工作意义重大，对养殖户防疫意愿及其影响因素的研究具有广泛的代表性，但相关研究较少。因此，本部分内容从农户安全生产行为的角度出发，对养殖户的防疫意愿及其影响因素进行实证分析，从而为政府制定促进养殖户做好动物疫病防治工作的政策提供研究依据。

---

① 章红兵，李君荣. 浅谈猪的健康养殖 [J]. 家畜生态学报，2007（11）：144.
② 梁田庚. 职业兽医制度初步研究 [J]. 农业经济问题，2005（6）：6-7.
③ 课题组对江苏省农林局、生猪定点屠宰办公室、畜牧兽医站的相关专家或负责人进行访谈得出结论。

# 第二节　养殖户疫病防治行为与认知的描述性分析

## 一、数据来源

本章的研究数据来源于 2007 年 10～12 月在江苏省南京、常州、淮安、宿迁以及连云港等养猪比较集中的地区对不同规模的养殖户进行随机抽样的问卷调查。调查的地点分布于江苏省的苏北、苏中、苏南三个地域，由于这三个地域经济发展水平不同，养殖业的规模化、市场化程度以及政府的支持程度都有较大的区别。因此，选择江苏省的养殖户进行问卷具有较强的代表性，由此得出的结论将具有普遍意义。

养殖过程中的动物疫病防治通常包括猪群日常观测与记录、圈舍消毒、疫苗注射（免疫接种）、隔离、扑灭、无害化处理等诸多措施。其中，疫苗注射是多数养殖户最主要的疫病防治措施。因此，本书的疫病防治意愿主要指养殖户在生猪饲养过程中是否采取或者是否意愿采取疫苗注射措施。

问卷涉及养殖户的个人与家庭的基本信息、养殖户当前的防疫行为、对疫病与防疫效果的认知水平及其养殖环境等方面内容。调查采用面对面问答的形式，以保证信息的充分沟通。调查共发放问卷 300 份，回收有效问卷 268 份，问卷有效率达 89.3%。

## 二、样本的描述性统计分析

### 1. 样本特征描述

本次调研女性养殖户稍多，占总样本量的 52%，养殖户年龄在 35 岁以上，以中年及以上为主。江苏地区养殖户的受教育程度普遍较高，初中及以上教育的养殖户约占总体比例的 73%，文盲与只接受过小学教育仅占总样本的 27%，远高于其他地区[①]。多数养殖户具有 10 年左右的养殖经验，以中小规模养殖为主，50 头以下为 78%。

### 2. 防疫行为描述

当前，养殖户普遍认为养殖成本高、疫病风险以及价格波动是生猪饲养过程

---

① 吴秀敏（2007）在四川地区的调研显示养殖户的受教育水平普遍在初中及以下，约占总样本的79.6%。

中面临的三项最主要风险，认同度高达87%、79%与64%①。为防范疫病发生，国家规定在春秋二季集中进行防疫，73%的养殖户会统一接受乡镇兽医站的疫苗注射，27%的养殖户因多种因素而漏防。漏防的养殖户规模一般较小（普遍在10头以下）而没有在防疫管理部门登记，这些养殖户错过统一防疫后基本不会补充防疫。

在生猪日常疫病防治中，多数养殖户首选乡镇兽医与乡村动物防疫员，比例分别为37%与29%，选择个体兽医就诊的仅占11%，剩余23%的养殖户选择自购药品进行防疫。本书的调查结果与贺文慧等（2006）的调查结果相似。贺文慧的调查显示，江苏地区85%的农户防治畜禽疫病选择乡镇兽医与乡村动物防疫员，而江西、四川、内蒙古等地区由于基层兽医机构功能不健全，56.52%的农户防治畜禽疫病选择私人兽医。由此可见，与其他地区相比，江苏地区乡镇兽医机构的服务功能相对完善。进一步分析可以发现，多数自我防疫的养殖户具有多年养殖经验，他们有能力对常见疫病进行预防与诊治。而且，自我防疫可以减少防疫支出，降低养殖成本。

表5-1　养殖户对兽医的选择

| 选项 | 样本数（户） | 比例（%） |
|---|---|---|
| 乡镇兽医 | 99 | 37 |
| 乡村动物防疫员 | 78 | 29 |
| 个体兽医 | 29 | 11 |
| 自己防疫 | 62 | 23 |
| 合　计 | 268 | 100 |

3. 养殖户对疫病与防疫效果认知情况描述

多数被调研养殖户对疫病的了解程度较高。全面了解疫病的养殖户约为26%，了解一些的养殖户为55%，不了解疫病的养殖户仅有19%。同样，多数被调研养殖户对防疫效果的认知程度也较高。了解疫苗及其效果的养殖户约为30%，了解一些的养殖户为53%，不了解的养殖户只有17%。近80%的养殖户都能够说出1~2种常见疫病（如高热病、蓝耳病）的症状及其应当使用相应的疫苗俗称。在调研交谈中还发现，不少养猪大户与养殖能手经过常年经验积累与不断学习，对疫病与疫苗的认知很专业，能够根据症状确诊生猪所患疫病并选择所需药品。

---

① 农户可以根据重要性程度选三项。

表 5 - 2　养殖户对疫病与防疫效果的认知情况

| 选项 | 对疫病的认知 | | 对疫苗及其效果的认知 | |
|---|---|---|---|---|
| | 样本数（户） | 比例（%） | 样本数（户） | 比例（%） |
| 不了解 | 51 | 19 | 46 | 17 |
| 了解一些，但不完全清楚 | 147 | 55 | 142 | 53 |
| 了解 | 70 | 26 | 80 | 30 |
| 合　计 | 268 | 100 | 268 | 100 |

4. 养殖环境描述

本次调研样本分布于江苏省养猪较为集中的地区，在当地龙头企业的带动下①，产业化组织发展较为迅速，约有61%的养殖户加入了产业化组织。养殖户未加入产业化组织的主要原因是当地尚未成立产业化组织或是养殖规模没有达到产业化组织的要求，分别占未加入产业化组织养殖户样本数的37%与32%。为进一步分析产业化组织对农户防疫行为的影响，特别询问养殖户是否享受到了产业化组织提供的相关服务或培训。约有53%与58%的养殖户认为产业化组织提供了诸如统一饲养标准、统一饲料供应、统一防疫、统一销售等多项服务与培训。

表 5 - 3　养殖环境描述

| 选项 | 是 | | 否 | |
|---|---|---|---|---|
| | 样本数（户） | 比例（%） | 样本数（户） | 比例（%） |
| 是否加入产业化组织 | 163 | 61 | 105 | 39 |
| 产业化组织是否提供服务 | 142 | 53 | 126 | 47 |
| 产业化组织是否提供培训 | 155 | 58 | 113 | 42 |
| 政府是否提供相关支持 | 56 | 21 | 212 | 79 |

为促进生猪养殖产业，各级政府出台了包括政策、技术与资金在内的多项支持措施。对此，多数养殖户表示仅仅有所听说，而认为实际得到政府相关支持的养殖户仅为21%。其中，资金补贴对养殖户生产决策的影响最直接，所以62%的养殖户希望政府能够扩大资金支持的范围，提高资金支持的力度，特别是在发生疫情与市场行情不利的情况下。27%的养殖户期望政府提供政策支持，尤其是

---

① 如苏食集团在江苏淮安的养殖基地、雨润集团在东海的养殖基地、康乐农牧有限公司在常州的养殖基地，养殖规模都在万头以上；周边养殖户在基地的生产示范与产业化合作组织的带动下逐年扩大养殖规模。

落实信用担保和保险机构向养殖户提供信贷、担保以及生产保险等服务。提出需要技术支持的养殖户仅为11%。

表5-4　养殖户期望的政府支持措施

| 选项 | 样本数（户） | 比例（%） |
|------|------------|----------|
| 政策支持 | 72 | 27 |
| 技术支持 | 30 | 11 |
| 资金支持 | 166 | 62 |
| 合　计 | 268 | 100 |

# 第三节　养殖户疫病防治意愿及其影响因素的实证分析

## 一、理论分析与研究假说

从理论角度分析，防疫意愿的实质是养殖户作为"理性人"在既定的约束条件下所做的生产决策。设定养殖户的防疫意愿决策函数为：$D(R) = P\{(E-C) \geqslant R\}$，式中，$E$ 为养殖户采取防疫措施后的预期收益，$C$ 为养殖户采取防疫措施而支付的成本，$R$ 为养殖户当前的净收益。该函数表明，只有当养殖户采取防疫措施后的净收益不小于当前净收益时，养殖户才愿意采取防疫措施。

函数中的当前净收益比较容易确定，防疫意愿取决于养殖户对采取防疫措施后的预期收益与成本的判断，而判断受养殖户的内在因素与外在环境的影响。因此，本书结合前人的研究成果，分四个方面选取十二个最有可能影响养殖户防疫意愿的因素，并提出如下研究假说：

第一组：养殖户个人特征变量，包括养殖户的性别（$x_1$）、年龄（$x_2$）和受教育程度（$x_3$）。一般认为，女性出于规避风险的考虑而比男性表现出更强的防疫意愿；年龄越大越保守，越倾向于采取防疫措施；受教育程度有助于提高养殖户的防疫意愿。

第二组：养殖户家庭特征变量，包括养猪收入占家庭总收入的比例（$x_4$）、养殖年数（$x_5$）和养殖规模（$x_6$）。出于规避经济损失的考虑，本书预期养猪收入占家庭总收入的比例、养殖规模变量与防疫意愿正相关；养猪年数主要反映养殖户的养殖经验，养殖户可以凭借养殖经验在一定程度上预防疫病发生，所以假定养猪年数与防疫意愿负相关。

第三组：养殖户对防疫的认知程度变量，包括养殖户对疫病的认知程度（$x_7$）和对防疫效果的认知程度（$x_8$）。认知水平影响养殖户对疫病防治工作的认可与接受程度，预期养殖户对防疫的认知水平与防疫意愿正相关。

第四组：养殖环境特征变量，包括养殖户是否参加产业化组织（$x_9$）、产业化组织是否为养殖户提供服务（$x_{10}$）与培训（$x_{11}$）、政府是否为养殖户提供支持（$x_{12}$）。养殖户接受相关培训、服务或支持，其疫病防治意识会提高，本书预期养殖环境特征变量与防疫意愿正相关。

## 二、模型设定与变量说明

上述 12 个变量分别用 $x_i$（$i = 1，2，3，4，5，6，7，8，9，10，11，12$）表示，养殖户防疫意愿的函数表示为：

$$Y = F（x_1 + x_2 + x_3 + x_4 + x_5 + x_6 + x_7 + x_8 + x_9 + x_{10} + x_{11} + x_{12}）+ e_i \qquad (5-1)$$

式中，被解释变量 $Y$ 为养殖户的防疫意愿，采取防疫措施为 1，未采取防疫措施为 0；解释变量 $x_1 \sim x_{12}$ 的具体说明见表 5-5。

表 5-5　影响养殖户防疫意愿的解释变量说明

| 变量名称 | 变量定义 | 平均值 |
|---|---|---|
| 1. 养殖户个人特征变量 | | |
| 性别（$x_1$） | 男 = 0，女 = 1 | 0.52 |
| 年龄（$x_2$） | 35 岁以下 = 0，36 ~ 45 岁 = 1，46 ~ 55 岁 = 2，56 岁以上 = 3 | 1.53 |
| 受教育程度（$x_3$） | 文盲 = 0，小学 = 1，初中 = 2，高中及以上 = 3 | 2.32 |
| 2. 养殖户家庭特征变量 | | |
| 养猪收入占家庭总收入的比例（$x_4$） | 0% ~ 25% = 0，26% ~ 50% = 1，51% ~ 75% = 2，76% ~ 100% = 3 | 1.44 |
| 养殖年数（$x_5$） | 3 年及以下 = 0，4 ~ 6 年 = 1，7 ~ 9 年 = 2，10 年及以上 = 3 | 2.95 |
| 养殖规模（$x_6$） | 10 头及以下 = 0，11 ~ 50 头 = 1，51 ~ 100 头 = 2，100 头以上 = 3 | 0.77 |
| 3. 养殖户对防疫的认知程度 | | |
| 对疫病的认知程度（$x_7$） | 不了解 = 0；了解一些，但不完全清楚 = 1；了解 = 2 | 1.07 |
| 对防疫效果的认知程度（$x_8$） | 不了解 = 0；了解一些，但不完全清楚 = 1；了解 = 2 | 1.13 |
| 4. 养殖环境特征变量 | | |
| 是否参加产业化组织（$x_9$） | 是 = 1，否 = 0 | 0.61 |
| 产业组织是否提供服务（$x_{10}$） | 是 = 1，否 = 0 | 0.53 |
| 产业组织是否提供培训（$x_{11}$） | 是 = 1，否 = 0 | 0.58 |
| 政府是否提供相关支持（$x_{12}$） | 是 = 1，否 = 0 | 0.21 |

本书采用 Logistic 模型检验上述假说并分析养殖户防疫意愿的影响因素，利用极大似然法估计的回归模型为：

$$P_t = F\left(\alpha + \sum_{i=1}^{n}\beta_j X_{ij}\right) = 1\Big/\left\{1 + \exp\left[-\alpha + \sum_{i=1}^{n}\beta_j X_{ij}\right]\right\} + e_i \qquad (5-2)$$

式（5-2）中 $P_t$ 表示养殖户采取防疫措施的概率，假设 $Y = 1$ 的概率为 P，则 P 的取值在 [0, 1]，$\alpha$ 表示回归方程的常数项，$\beta$ 表示影响因素的回归系数，$n$ 表示影响因素的个数，$X_{ij}$ 是解释变量，$e_i$ 为残差。

### 三、模型估计结果

运用 SPSS13.0 软件对 268 个有效样本数据进行 Logistic 回归处理，先采用 SPSS 默认的强迫引入法，将 12 个变量代入模型进行回归得到模型一；再采用向前逐步回归法经过 7 步反复剔除 Wald 值最小的变量，直至所有变量都显著为止，得到模型二，$x_1$、$x_6$、$x_7$、$x_8$、$x_9$、$x_{10}$ 和 $x_{11}$，这 7 个变量都较好地通过了检验，模型的 Nagelkerke $R^2$ 为 0.322，模型总预测准确率为 72.4%，说明模型估计结果较好，见表 5-6。

表 5-6　模型估计结果

| 解释变量 | 模型一 | | | 模型二 | | |
|---|---|---|---|---|---|---|
| | B | Sig. | Wald | B | Sig. | Wald |
| 常数项 | -2.917*** | 0.000 | 16.671 | -2.764*** | 0.063 | 16.671 |
| 1. 养殖户个人特征变量 | | | | | | |
| 性别（$x_1$） | 0.841*** | 0.005 | 8.033 | 0.787*** | 0.006 | 7.662 |
| 年龄（$x_2$） | -0.136 | 0.268 | 1.225 | — | — | — |
| 受教育程度（$x_3$） | 0.133 | 0.357 | 0.850 | — | — | — |
| 2. 养殖户家庭特征变量 | | | | | | |
| 养猪收入占家庭总收入的比例（$x_4$） | 0.209 | 0.121 | 2.408 | — | — | — |
| 养猪年数（$x_5$） | -0.094 | 0.605 | 0.267 | — | — | — |
| 养猪规模（$x_6$） | 0.358** | 0.026 | 4.940 | 0.376** | 0.018 | 5.556 |
| 3. 对防疫的认知程度 | | | | | | |
| 对疫病的认知程度（$x_7$） | 0.455* | 0.051 | 3.822 | 0.476** | 0.035 | 4.459 |
| 对防疫效果的认知程度（$x_8$） | 0.748*** | 0.001 | 11.340 | 0.729*** | 0.001 | 11.294 |
| 4. 养殖环境特征变量 | | | | | | |
| 养殖户是否参加产业组织（$x_9$） | 0.851*** | 0.004 | 8.427 | 0.838*** | 0.003 | 8.575 |
| 产业组织是否提供服务（$x_{10}$） | 0.536 | 0.101 | 2.688 | 0.523* | 0.089 | 2.890 |

续表

| 解释变量 | 模型一 | | | 模型二 | | |
| --- | --- | --- | --- | --- | --- | --- |
| | B | Sig. | Wald | B | Sig. | Wald |
| 产业组织是否提供培训（$x_{11}$） | 0.623** | 0.043 | 4.108 | 0.621** | 0.039 | 4.274 |
| 政府是否提供支持（$x_{12}$） | −0.062 | 0.851 | 0.035 | — | — | — |
| 预测准确率 | 74.3% | | | 72.4% | | |
| Nagelkerke $R^2$ | 0.342 | | | 0.322 | | |

注：＊、＊＊、＊＊＊分别表示显著性水平为10%、5%与1%。

## 四、计量结果讨论

由于采用向前逐步回归法得到的模型效果较好，故依照该模型对回归结果进行分析和解释，对防疫意愿具有显著影响的变量共有七个：

1. 性别

从回归系数分析，女性比男性表现出更强的防疫意愿，这可能是由于女性较男性更谨慎，更愿意采取防疫措施减少生猪患病的可能性；而男性对风险的承受能力强于女性，在生猪饲养过程中对疫病防治存在一定的侥幸心理，从而降低了采取防疫措施的意愿。

2. 养猪规模

回归系数为正，通过5%的显著性水平检验，说明养殖规模越大，养殖户的防疫意愿越高。这是因为：第一，在遭遇疫病时，养殖规模越大养殖户可能遭受的经济损失也越大；出于规避风险的考虑，规模养殖户比散户更有积极性采取防疫措施，尽可能地降低疫病引发的生产风险。第二，疫病防治支出成本不低，规模养殖户比散户更有经济能力采取全面的防疫措施。第三，相关研究（Wozniak，1993；林毅夫，1994）表明生产经营规模大的农户采用新技术时容易形成规模经济。同理，规模养殖户也会因防疫措施的规模经济而提高防疫意愿。调研的实际情况也是如此，规模养殖场都配有专职兽医负责日常疫病防治工作，而且规模越大，防疫工作越重视，防疫体系越完善。

3. 对疫病的认知程度

从回归系数来看，养殖户对疫病的认知程度与防疫意愿正相关，且影响程度较大。这说明提高养殖户对诸如高热病、猪瘟以及蓝耳病等疫病及其危害的认识水平，有助于开展防疫工作。在调研中也发现，发生疫病时往往由于个别养殖户对疫病及其危害认识不到位，未能采取有效防治措施而导致疫病大面积传播，最终造成严重的后果。因此，向养殖户宣传与普及常见疫病的基本知识可有效提高与落实整体防疫工作。

4. 对防疫效果的认知程度

模型二的回归系数为 0.729，且在 1% 水平上显著，说明养殖户对防疫效果的了解程度与防疫意愿显著正相关且影响程度较大。即养殖户对防疫效果认知程度越高，越愿意采取防疫措施。这一假说得以验证说明：第一，国家实施动物防疫工作的目的与意义只有取得养殖户的普遍理解与认可，才能在实践中有效地普及与推广防疫工作，并取得预期的工作成果；第二，防疫工作只有达到养殖户预期的效果，养殖户才愿意积极采取防疫措施。在现实中，由于缺乏对国家防疫工作的认识或者因防疫疫苗未能达到预期的防治效果等诸多因素的存在，不少养殖户对基层防疫工作产生怀疑，甚至有抵触情绪[①]。因此，提高养殖户特别是养殖散户对防疫工作及其效果的认知对加强防疫工作意义重大。

5. 是否参加产业化组织

回归系数达到 0.838 且通过 1% 的显著性水平检验，即产业化组织是促使养殖户采取防疫措施的重要因素。这一假说得以验证说明，发展产业化组织可以有效加强与提高动物疫病防治工作。通过调研可知，产业化养殖组织对其会员实施统一管理，规范生产行为，并建有相应的监督与惩罚机制。防疫措施是产业化组织安全生产管理中的必要组成部分，因此，参加产业化组织的养殖户不得不采取必要的防疫措施。而且，产业化组织与养殖户连接越紧密，养殖户的防疫意愿越明显。

6. 产业化组织是否提供服务

从回归结果来看，产业化组织是否为养殖户提供服务与防疫意愿正相关，且影响程度较大。即产业化组织提供与防疫相关的服务越多，养殖户的防疫意愿越明显。与养殖户的访谈可知，享受诸如防疫方面的服务是众多养殖户加入产业组织的重要原因之一。这是因为，当前我国基层的动物防疫工作不尽完善，养殖户对政府提供的防疫服务不尽满意，产业组织提供的防疫服务是对政府动物防疫工作的有益补充。此外，疫病具有外部性，产业组织统一提供防疫服务，可以在当地有效地防控疫病的发生与蔓延，在很大程度上降低了养殖户的疫病风险。

7. 产业化组织是否提供培训

该变量在 5% 的水平上显著，且系数为正，说明产业化组织是否提供培训与养殖户防疫意愿正相关。产业化组织提供培训可以提高养殖户科学饲养、疫病防治等方面的认识水平与应用能力，降低养殖户获取信息的成本并起到示范作用，促进养殖户之间对安全生产的模仿与学习。因此，产业组织或者政府多为养殖户提供培训，可有效提高动物防疫工作。

---

① 李尚. 浅谈我国地方动物检疫工作中存在的问题及对策［J］. 山东畜牧兽医，2008（29）：27.

值得讨论的是，通常认为养猪收入占家庭总收入的比列越高，养殖户的防疫意愿也越高。从样本数据来看，这一变量的平均值达到了1.44，对于本次调查的多数养殖户来说，养猪收入显然是家庭收入的重要组成部分。出于对重要收入的保护，养殖户一般会倾向于采取防疫措施，降低可能的生产风险。遗憾的是这一变量在模型二中未能通过10%显著性水平检验。尽管如此，这一变量在模型一中通过了15%显著性水平检验。由此至少可以说明，养猪收入占家庭总收入的比例这一变量也是影响养殖户防疫意愿的重要因素。

**五、实证小结**

通过上述分析可知，养殖户的防疫意愿受其内在特征与外在环境多种因素的共同影响。为提高养殖户防疫意愿，加强国家动物疫病防治工作。首先，政府要通过多种途径加大对养殖户资金、政策、技术等方面的支持，引导农户发展规模养殖，加强对养殖户安全生产的宣传、教育与培训工作，转变与提高养殖户的防疫意识；其次，政府要重视与发展养猪产业化组织，完善产业化组织的服务与培训功能，让产业化组织发挥其安全生产的引导与示范作用；最后，政府应加快防疫体制改革，加强基层动物防疫体系建设，提高防疫服务水平，增强养殖户对防疫工作的认可度。

# 第四节　加强养殖环节质量安全管理的措施与建议

### 一、加强宣传和执法力度，提高养殖户质量安全管理意识

加强执法力度，规范行业管理，形成良好的社会监督机制；加大宣传工作力度，逐步提高养殖户对猪肉产品质量安全管理的意识；建立生猪科学、安全养殖示范区，全面推动质量安全标准的执行；严格执法，全面建立和推进准入制度；加快制订安全猪肉产品的运输、加工、销售等方面的行业标准，真正实现猪肉产品"从产地到餐桌"的产业链质量安全管理。

### 二、加强疫情监控和防疫检疫，确保安全生产

加强畜禽疫病监控和测报工作及防疫检疫，在全国范围形成一个能适应大流通、大规模、集约化现代养殖特点的动物防疫检疫网络，制定科学合理的防疫体系，严格执行防疫检疫制度。建立动物健康保障系统，对生猪进行强制免疫和计

划免疫，确保猪的健康养殖；重视对兽药、添加剂、抗生素的控制，制定严格的饲料和兽药质量安全标准，并由官方公共兽医部门实施管理和监督。

### 三、加速发展规模化养殖模式，推广健康养殖技术

加快生猪养殖的规模化化进程，提高我国生猪养殖的规模化养殖技术，完善规模化养殖技术的配套性，如饲养技术、环境保护技术、防疫体系、养殖设备的可控性等。研究适宜大面积推广的健康设施及其配套粪便和废弃物再处理技术；研究适合不同自然环境条件和社会经济状况的可持续养殖模式及其配套技术；培育适合大规模生产的主要养殖品种的抗病、抗逆新品种；开发出适合大面积推广的无公害动物药品和疫苗。

### 四、推广安全养殖技术，建立健全质量监控系统

按照安全猪肉产品的质量标准和养殖技术规范，严格执行生产操作规程和质量控制措施，切实抓好安全猪肉产品的生产。通过完善法律保障体系、技术支撑体系、行政执法体系等三大体系和质量监控系统建立和健全猪肉产品质量监控系统。

# 第六章　屠宰加工企业质量安全管理体系分析

复杂的猪肉生产工艺流程决定了保障猪肉产品质量安全问题不单纯是某个环节的问题，而是产业链各环节综合、协调作用的结果。而在众多环节中，屠宰加工企业是猪肉产业链条的核心企业，也是决定猪肉质量安全水平的关键环节。处于产业链条核心地位的屠宰加工企业既要保证猪肉产品在自身流程的质量安全，又要发挥对上游养殖环节和下游流通销售环节质量安全的保障作用。可以说，屠宰加工企业的质量安全管理体系对保障猪肉质量安全发挥着极其重要的作用，也在很大程度上决定了产业链运作的好坏以及整条产业链竞争力的大小。本章将以典型案例调研的产业链为例，对大型屠宰加工企业的质量安全管理体系进行分析。首先论述屠宰加工企业在产业链中核心地位和作用，其次论述屠宰加工企业对产业链实施质量安全管理的保障作用，最后以实施 HACCP 体系为例对屠宰加工企业的质量安全管理体系进行详细分析。

## 第一节　屠宰加工企业在产业链中的核心地位和作用

### 一、我国屠宰加工企业的现状和发展趋势

在我国，猪肉屠宰加工业是一个产业高度分散、竞争异常激烈的行业。为保障猪肉产品质量安全，我国实行"定点屠宰，集中防疫"的产业政策，到目前为止，全国仍有数万家定点屠宰场，其中绝大多数为小规模屠宰场。此外，市场上还活跃着大量的非法（非定点）的个体屠宰户①。目前，手工屠宰仍占市场

---

① 即人们常说的"小刀手"，多见于广大农村和部分中小城镇地区。

60%的份额。即便是很多地方的定点屠宰场设备老化、工艺落后、卫生条件极差，很难保障产品质量和安全。

此外，政府部门对猪肉屠宰加工企业的市场监管不到位。目前，我国政府对食品行业实施多部门协调管理制度，已形成由农业部、卫生部、外贸部、商务部多部门共同对屠宰加工企业进行市场监管的局面。但多部门共同协管，难免造成部分环节衔接不畅、管理缺失，市场监管不到位，造成行业的无序竞争和混乱。

产业现状的不足，必然要求猪肉屠宰加工业走向集中（范崇东，2006）。近几年来，由于消费者对食品安全要求的不断提高，我国猪肉屠宰加工业开展行业整合，关停小规模定点屠宰场，通过兼并、重组、联合经营、引进私人投资等多种途径扩大企业规模，提高行业集中度，并对规模屠宰加工企业的发展提供多种政策支持。以南京市为例，2002年共有131家生猪屠宰场，2005年已减少到30家以下，主城区内的生猪屠宰场一律撤销。经行业整合后，规模屠宰加工厂的年产能普遍达到百万头。最具代表性的上海，猪肉年消费需求为1000万头左右，其中70%来自周边的江苏、浙江、湖南、江西等省。为解决市民消费需求且保证质量安全，上海市政府陆续关停中小屠宰场，通过政府和私人联合投资建成顺利、五丰上食、双汇大昌泰森、雨润、复新、农工商等6个设备先进、管理科学的大型屠宰加工企业，年屠宰量将达1100多万头，基本解决了本市的猪肉消费需求。

从长远来看，解决猪肉质量安全的根本途径是在规模化养殖的基础上，实行机械屠宰、标准化生产、品牌化经营、冷链化运输、现代化配送。在行业发展和政府政策的驱动下，规模化、集约化是我国屠宰加工行业的发展趋势。

### 二、屠宰加工企业的管理措施对猪肉质量安全的影响

尽管我国屠宰加工行业有待改进，但是屠宰加工企业实施的质量安全管理对猪肉品质的影响很大，是决定猪肉卫生品质、营养保健品质以及外观品质的主要原因。屠宰加工企业对猪肉质量安全管理措施主要分布于生猪屠宰前、屠宰加工过程以及屠宰加工后的储藏和运输过程等三个阶段，其具体影响主要表现为[1]：

在屠宰前，收购的生猪运抵屠宰企业后需要静养24小时，并进行各项检疫和检验。屠宰前对生猪进行各项检疫和检验是屠宰加工过程中质量安全管理的关键控制环节。生猪宰前停食过度，则可能发生黑干肉（DFD肉）；屠宰前应激过

---

① 李晓红. 猪肉产品质量形成的影响因素及对猪肉产业链经营的启示 [J]. 农村经济，2007（1）：49－50.

度，易产生白肌肉（PSE 肉）[①]；屠宰前饲喂过饱，宰杀时难免粪污扩散；屠宰前检验不严格，就不能把含有大量有害病菌和瘦肉精的生猪等淘汰掉；屠宰前冲洗不干净，皮毛上的病菌可能污染屠刀等相关设备，肉和可食性内脏以及暴露的胴体表面都会接触毛皮而被污染，而屠宰前进行合理的饲喂和减少应激则可降低白肌肉和黑干肉的产生。

在屠宰加工过程中，若不能严格执行屠宰检疫和卫生规范、清除病害猪以及对屠刀等加工器具彻底消毒，就可能造成细菌污染；屠宰后若不能及时进行冷却则可能影响到猪肉的嫩度、适口感，也会影响到猪肉的保质期；屠宰后的胴体若不进行分割，则只能销售白条肉和冷冻肉，这将影响到猪肉的卫生、营养、外观等品质；在分割的过程中，如果胴体表面受到污染或设备工具不清洁，可能造成微生物污染；而包装材料使用不当，则可能使猪肉受到有害化学物的污染。

在屠宰加工后储藏和运输过程中，若运输车辆及销售场所不清洁，或未经彻底清洗和消毒，就会污染新鲜食品；在运输或销售过程中，若包装破损猪肉会受到尘土和空气中的微生物和化学物质的污染；运输环节冷藏或冷冻设施不达标，猪肉产品会因温度过高或运输时间过长而肉质腐败。

### 三、屠宰加工企业对产业链管理的促进作用

尽管猪肉的质量安全是产业链各环节实施质量安全管理综合作用的结果，但是屠宰加工企业往往能够通过控制和管理与其合作的上下游，从而对猪肉产业链的质量安全管理起到促进作用。在供应链中居于核心地位的屠宰加工企业，特别是规模以上屠宰加工企业，除具备生猪的屠宰加工外，往往通过投资、联营、合作或联盟在上游建有优良猪种培育中心、生猪科学饲养基地、饲料生产供应基地、屠宰加工基地，在下游或自建销售渠道或通过合同等方式与超市建立稳定的交易关系。屠宰加工企业既是整个产业链的信息交换中心，也是物流集散的调度中心，通过对猪肉产业链上物流、信息流和资金流的协调和调度作用，使产业链各节点企业之间形成利益共享、风险共担的经营机制。

屠宰加工企业与产业链其他环节的企业建立了战略合作伙伴关系，从而能够准确把握消费者需求，充分发挥自身的核心竞争力，开展技术和产品创新，加强质量安全管理，提供安全优质的猪肉产品。尤其是大型屠宰加工企业拥有大量的技术人员和资金储备，通过技术和资金的投入，可以充分发挥规模经济和范围经济的作用，实现资源的最优配置和技术进步，促进猪肉产品的研制和开发。近年来，猪肉产品种类和品牌日益增多，流通渠道日益复杂，消费者对价格、品质、

---

① 黑干肉（DFD 肉）是指与正常猪肉相比呈暗红色的猪肉；白肌肉（PSE 肉）是指与正常猪肉相比呈淡白色的猪肉，是生猪在屠宰过程中应激反应对肉质的影响。

服务日益敏感。大型屠宰加工企业采用规模化生产，全面提升屠宰工艺、设备、机械化和自动化水平，进而降低产品单位成本，提供高档次、品种齐全和新鲜度高的优质猪肉，保持其在激烈的市场竞争中的绝对竞争优势地位。

# 第二节　屠宰加工企业对猪肉质量安全的保障作用

屠宰加工企业对猪肉质量安全的保障不仅表现为对自身屠宰加工过程中的质量和安全管理，也表现为通过相关商业合作和监督促进对上游养殖环节和下游流通销售环节的质量安全管理①。

## 一、屠宰加工企业对上游养殖环节生猪质量安全的保障

由于我国的屠宰加工企业具有较强的地域性，随着产业发展和市场划分，多数屠宰加工企业已经构建了较为稳定的生猪进货渠道，也与上游专业养殖户和规模养殖场建立了战略合作关系，并在日常交易中形成了良好的商业合作规范，以促进和保证生猪的质量安全。这些良好的规范包括：

1. 建有良好的信息沟通机制

良好的信息沟通是产业链保证产品质量安全的基础，也是屠宰加工企业监督和促进上游养殖环节加强质量安全管理的有效措施。

多数屠宰加工企业和上游规模养殖场都建有良好的信息沟通机制和平台，双方信息沟通的方式较多，包括电话、传真、面谈、会议、人员互派等多种形式。一般业务信息通过电话沟通，正式商业合同通过传真、面谈或者会议达成。此外，双方人员互访也是加强信息交流的重要方式。

上游养殖环节要向屠宰加工企业提供生猪的品种、出肉率、出品率、肥肉比、骨肉比等有关猪肉质量的信息。此外，重要的养殖供应商要定期向屠宰加工企业提供生猪的日常饲养、防疫卫生等情况，屠宰加工企业也会定期或不定期派专人到养殖基地进行现场查看。

2. 提供资金、物资和技术等多项支持

为严格控制产品质量，确保产品品质，很多大型屠宰加工企业都自建养殖基地，或者通过引进投资或战略联盟共建养殖基地。为突出优质猪肉的优势，大型屠宰加工企业都将养殖基地视作企业的"第一生产车间"，对其提供多层次、全

① 刘召云，孙世民，王继永. 优质猪肉供应链中屠宰加工企业对猪肉质量安全的保障作用分析 [J]. 中国食物与营养，2008（11）：7 – 9.

方位的资金、物资和技术的支持，包括厂房建设的资金投入、饲养人员技术培训、兽药免费发放等，改善养猪场的硬件和软件条件，并派遣专门的技术人员对饲养过程进行管理和技术指导，降低生猪质量潜在问题的存在。

3. 对养殖环节的生产过程进行监督

大型生猪屠宰加工企业不仅要求规模养殖场具备较强的健康养殖意识和能力，而且会对养殖过程进行定期或不定期的监督。监督的重点包括饲料、兽药、饮用水、环境、废弃物处理、尿样等方面，对规范执行养殖标准的养殖场进行奖励，对监督不合格者处以重罚甚至取消其合作伙伴资格。监督在一定程度上规范了养殖行为，促进了生猪质量安全水平的提高。

## 二、屠宰加工企业对自身环节猪肉质量安全的保障

屠宰加工企业对自身环节猪肉质量安全的保障来源于两个方面：先进的生产设备和工艺流程、政府部门的监督和管理。

1. 先进的生产设备和工艺流程为保障猪肉质量安全提供了物质基础

目前，多数大中型屠宰加工企业综合实力较强，一般都拥有先进的屠宰加工设备并采用现代化生产工艺，有能力保障猪肉产品的质量安全。现代化的生猪屠宰工艺流程，包括生猪验收、静养淋浴、三点式低压麻电（或 $CO_2$）击昏、真空吸血系统回收血液、冷凝式蒸汽烫毛、火焰燎毛、超声波清洗、低温排酸、无菌自动分割、冷链运输等，消除了生猪应激反应，改善了猪肉品质，减少了二次污染。再加上，屠宰加工企业还拥有健全的全程冷链加工、配送和销售系统，保证了猪肉产品的新鲜度，改善了猪肉感官指标。冷鲜肉要求猪胴体经检疫合格后，在 $0 \sim 4℃$ 低温状态放置 24 小时进行冷却排酸，排酸肉经过较为充分的僵硬过程，肉质柔软有弹性、好熟宜烂、口感细腻、味道鲜美，且营养价值高；排酸后的猪胴体送入分割和包装车间，在 $10 \sim 12℃$ 低温环境下进行分割和包装；加工后的分割肉和冷鲜销售的成品迅速移入冷冻库、冷却间和冷藏间，杜绝了交叉污染；排酸后的猪胴体和分割包装肉在 $0 \sim 4℃$ 的环境下运输和销售，并利用信息管理系统对全部冷链设施进行监控，确保了产品在生产、运输和销售的全部环节都能控制在规定的温度之内。

2. 政府监管是促使屠宰加工企业保障猪肉质量安全的外在压力

与产业链条上的其他主体相比，政府对屠宰加工企业的监管较为严格，并制定了相对较为完善的质量法规和标准。严厉打击私屠乱宰行为，严把屠宰加工行业的进入门槛，只有通过动物防疫部门、卫生防疫站、环保部门等部门的联合检验才赋予其合法企业法人资格，成为定点屠宰单位。在生产过程中，农业部门以及流通部门定期或不定期驻场进行检查和监督；并对屠宰加工企业实行分级注

册，对不同等级的屠宰场应该具备的硬件设施和管理要求做出了具体而明确的规定。在政府部门的监管下，屠宰加工企业都遵照规定兼有易于清扫、冲洗和消毒条件好的屠宰、加工、储藏等基础设施，包括待宰间、病畜隔离间、屠宰车间、急宰间、无害化处理间、冷藏冷冻设施、排污设施，以及各类易于清洗病毒的容器和运输工具等，杜绝了疫病传播，避免了交叉感染，从而确保了产品质量和安全。

### 三、屠宰加工企业对流通销售环节猪肉质量安全的保障

屠宰加工企业对流通销售环节猪肉质量安全的保障作用主要体现在：

（1）专业化生产提供高质量的猪肉，从生产源头保证产品质量。

（2）为流通销售环节提供资金、设备支持，建设销售渠道。尤其是大型屠宰加工企业，除了与超市以及其他经销代理商合作外，还自建品牌专卖店，并投入用于冷鲜肉销售的冷藏设备，对专用性的销售设施进行投资，既可以控制价格，减弱其对超市等销售代理的过分依赖。

（3）对销售代理进行监督检查。屠宰加工企业能够对代理销售的产品质量进行追溯，对问题猪肉实施召回制度，决定了所售猪肉的质量和安全。此外，屠宰加工企业还对销售代理进行包括购物环境、保鲜设施、操作间卫生、操作人员健康状况等的监督和检查。

（4）屠宰加工企业定期或不定期与销售代理商合作开展宣传引导活动。屠宰加工企业会联合养猪场和销售代理商合作，制定产品宣传和促销活动，并通过多种渠道对消费者进行安全消费的教育和引导，既减少了消费者的搜寻成本，又增强了销售代理商的质量安全管理和控制意识。

## 第三节 屠宰加工企业的质量安全管理与控制
## ——以 HACCP 体系为例

### 一、HACCP 体系概述①

1. HACCP 体系的构成

HACCP（Hazard Analysis and Critical Control Points）体系是国际上通用的以

---

① 参考了张志刚（2004）、徐萌（2007）、李艳霞（2008）和张成林（2008）的相关部分。

控制食品安全卫生的一种先进的、科学的、经济的、预防性的管理体系。HACCP体系的内容包括 HA（Hazard Analysis）和 CCP（Critical Control Points）两部分。HA 即危害分析，是 HACCP 体系的基础，其目的是为了识别食品在原料和加工过程中存在的潜在危害，确定潜在危害的显著性。这些潜在危害包括生物危害、化学危害和物理危害。危害分析一般分为两个阶段：危害识别阶段和危害评估阶段。在危害识别阶段，不必考虑潜在危害是否显著，只需尽量列出全面的潜在危害。在危害评估阶段需要确定哪些潜在危害是显著危害，并将显著危害放入 HACCP 中来控制。CCP 即关键控制点，是 HACCP 计划中列明的、需要加以重点控制的点、步骤或过程，也是具有相应的控制措施，能使食品安全危害被预防、消除或降低到可接受水平的一个点、步骤或过程。

2. HACCP 体系的基本原则与原理

HACCP 体系共包括 7 个基本原则：①危害分析，危害分析与预防控制措施是 HACCP 原理的基础，也是建立 HACCP 计划的第一步；②确定关键控制点，关键控制点是能进行有效控制危害的加工点，步骤或程序，通过防止发生、消除危害的控制措施，使之降低到可接受水平；③确定与各 CCP 相关的关键限值（CL），关键限值是非常重要的，而且应该合理、适宜，可操作性强、符合实际和实用；④确定监控 CCP 的监控程序，应用监控结果来调整及保持生产处于受控状态；⑤建立纠偏措施；⑥确立有效的记录保持程序；⑦建立审核程序以证明 HACCP 系统是在正确运行中，包括审核关键限值是能够控制确定的危害，保证 HACCP 计划执行。HACCP 运行的基本原理如图 6-1 所示。

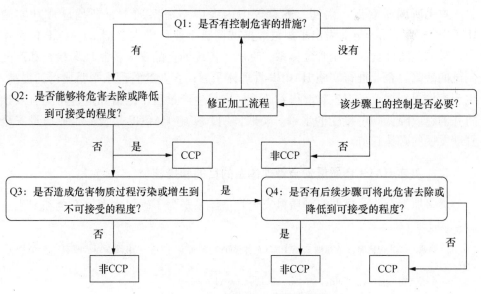

图 6-1　HACCP 运行的基本原理

3. HACCP 体系的优点

HACCP 作为食品安全控制体系的重要意义在于它提出对食品的生产全过程进行控制，从原料生产、采收、加工、运输、储存和销售等所有环节进行危害分析，鉴别其存在的显著危害，确定关键控制点，按照科学的方法进行监控，从而做到了"从农田到餐桌"食品生产链的全过程中防止危害的引入或将其消除，降低了食品的安全风险，为消费者的健康提供了保证。

具体而言，HACCP 体系具有两个最突出的优点：①HACCP 使食品生产对最终产品的检测转化为控制生产环节中潜在的危害，变被动检测为主动预防，可靠性更强；②针对的是生产全过程的各个控制点，及时采取各种预防和纠正措施，可有效避免因批量生产卫生质量不合格的产品而造成的巨大损失，降低成本。

4. HACCP 体系在我国猪肉屠宰加工企业的应用

HACCP 体系强调过程控制和预防控制，补充和完善了传统的检验方法，将管理集中在影响产品安全的关键控制点上，能有效降低质量管理成本、生产成本和最终产品的检验成本，并且减少生产和销售不安全食品的风险，增强产品的市场竞争力。因而，HACCP 体系一经传入我国，即被肉类食品企业广泛应用。截至 2005 年底时，据国家认证认可监督管理委员会统计，全国范围内获得 HACCP 食品安全管理体系认证的食品企业总数已达到 2846 家①；而 2005 年中国肉类协会对当年 50 强企业的统计结果表明，50 强中通过 HACCP 体系认证的企业已高达 47 家②；商务部屠宰技术鉴定中心的调查显示，早在 2003 年规模以上屠宰企业中已有 22.7% 实施了 HACCP 体系③，现在这一比例将更高。

本书所调研双汇、雨润、苏食等国内大中型屠宰加工企业均已成功实施 HACCP 体系，并为行业做出了规范。据被调研企业负责人介绍，HACCP 体系作为科学的预防性食品安全管理体系，克服了传统的食品安全控制现场检查和产品测试的缺陷。企业推行实施 HACCP 管理体系后，企业的管理水平明显得到提高，生产操作得到规范，卫生状况得到改善，肉品生产过程中的潜在危害得到有效预防并消除或降低到可接受的水平。实践证明，实施 HACCP 是食品企业质量安全管理发展的必然趋势。

## 二、实施 HACCP 质量安全管理体系的目的和措施

屠宰加工企业建立并实施质量安全管理体系是为了确保生产出安全和卫生达

---

① 徐萌. 江苏省猪肉行业企业实施 HACCP 体系的意愿研究［D］. 南京农业大学硕士学位论文，2007：21.

② 中国肉类协会网站，http：//www. chinameat. org/chinameat/。

③ 中华人民共和国商务部市场运行司网站，http：//scyxs. mofcom. gov. cn。

到国家相关标准的合格商品猪肉，保证消费者的身心健康。为完成此目的，屠宰加工企业根据 HACCP - EC - 01《食品安全管理体系——要求》以及 HACCP - EC - 06《食品安全管理体系——肉及肉制品生产企业要求》，并结合该公司活猪屠宰加工、生产的现状，策划食品安全管理体系的计划。对活猪屠宰整个加工的过程进行危害分析，找出显著危害，进而确定 HACCP 计划，建立监视、纠偏、验证及记录控制程序，把危害降到最低，使产品达到可接受的水平。通过实施 HACCP 计划，最大限度地降低危害，提高产品安全质量，促进企业质量安全管理体系的持续改进。

为确保企业质量安全管理体系及应用过程的有效运作和实施控制，HACCP 体系要求屠宰加工企业采取相关配套措施。这些措施包括：

（1）按 HACCP - EC - 01《食品安全管理体系——要求》建立食品安全管理体系，对设计、生产、销售、服务各过程进行了识别，对这些过程的顺序和相互作用都进行了确定，并对每个过程都按标准的要求制定了适合该企业食品安全管理的规定。

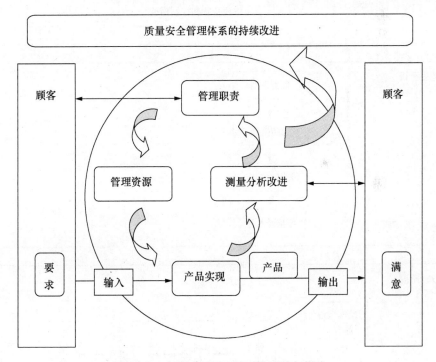

图 6 - 2　实施 HACCP 体系的目的与措施

（2）编写《食品安全管理手册》和相应的程序文件，并有相应的作业指导书、规范等作为支持性文件。

（3）配备必要的人力、设施、财务及有关信息等资源，支持管理过程的有效运作并对上述过程进行监督。

（4）实施必要的措施以实现这些过程所策划的结果和持续改进，这些必要措施包括对企业食品安全管理体系运作过程的有效性进行测量、监视和分析。

（5）针对可能影响食品安全管理的外界因素，企业不但要进行识别，而且要在生产管理中加以分析和严密的控制。实施上述配套措施的过程就是企业质量安全管理的持续改进过程。

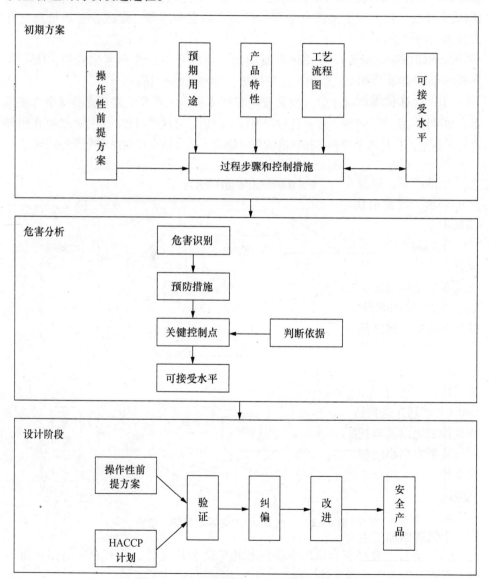

**图6-3 产品质量安全计划的策划与制定**

### 三、HACCP 质量安全管理体系在屠宰加工企业的应用与实施

1. 建立和健全 HACCP 质量管理的组织体系

企业采用 HACCP 体系是自上而下的过程，因此必须保证最高层管理者真正的支持推行 HACCP 体系，并由此组建 HACCP 管理小组，小组由各方面的专业人员和相关操作人员组成，规定其职责和权限，以制定、实施和保持 HACCP 体系的正常运行。

HACCP 质量管理组织体系一般由总经理直接领导，下设质量安全管理小组组长（或由总经理兼任），原料部、业务部、冷藏经营部、生产部、卫检部、后勤部以及办公室等所有部门共同参与而成。各个部门划分组织内部职能，形成领导、组织、文件编制、审核、生产、质量检验、检疫、统计、维修、库管、购销等一系列职责明确、管理到位的管理机制。

2. 策划与制定产品质量安全计划

策划与制定产品质量安全计划的目的在于通过对企业特定的产品、项目或合同要求的产品，以及合同的实现过程进行策划和组织实施，确保产品质量达到规定的要求。通常由质量安全小组负责策划和制定产品的质量安全计划并组织实施。

策划与制定产品质量安全计划一般分为三个过程，即初期方案、危害分析以及设计阶段。在初期阶段，根据顾客的需求确定企业产品的质量安全要求，并在此质量安全的要求下根据企业的产品特性、预期用途、生产工艺及流程、操作性前提方案①等因素设定产品质量安全管理的过程步骤和控制措施。而后根据产品质量的需要，对产品进行危害分析，制定控制方案。实施危害分析，必须搜集相关信息，包括产品特性、终产品特性、加工步骤，以及危害分析所依据的食品相关标准法律法规。根据所制定的控制方案，确定质量安全危害及可接受水平，并进行评估和分类。在对产品进行危害分析的基础上，组织设计操作性前提方案和 HACCP 计划，选择适宜的控制措施组合；并且组织策划关建控制点的关建限值和监控系统以及监视结果超出关键限值时采取的纠偏措施。

质量安全小组制定好产品质量安全计划后交由各职能部门，各部门按照质量安全管理手册所规定的职责和权限的工作范围组织实施，以保证产品质量安全计划得以实现。

3. 生猪屠宰加工的生产工艺流程分析

生猪屠宰加工主要包括生猪验收、待宰、冲淋、麻电、刺杀放血、脱毛、开

---

① HACCP 体系专业术语，即 Operational Prerequisite Program，指为控制食品安全危害在产品或产品加工环境中引入和污染或扩散的可能性，通过危害分析确定的必不可少的前提方案。

膛净腔、摘三腺、劈半、修整、复验、预冷等流程。企业对每个流程都制定有操作规范，并制定有《屠宰加工标准操作规程》，以保证质量安全管理体系在生产过程中的可操作性。生猪屠宰流程，具体见图6-4。

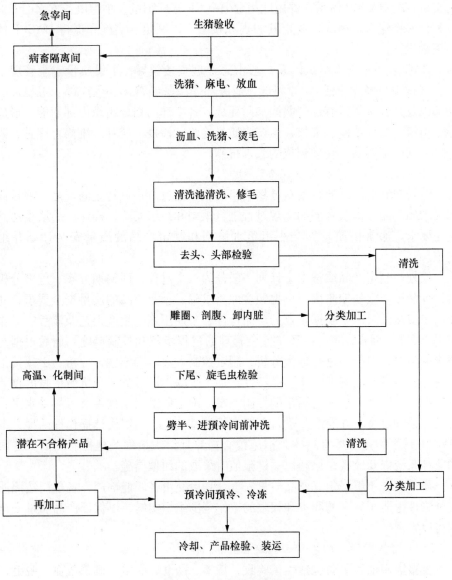

图6-4　生猪屠宰流程

生猪屠宰工艺流程分析是进行危害分析和关键点确定的基础。屠宰加工企业HACCP质量安全小组必须绘制本企业的生产流程图，并在现场对所绘制的流程图进行核对，对与实际不相符的流程应进行修正，同时对所有的生产步骤按顺序编号，流程图要足够详细以包括所有生产步骤，便于对潜在的危害进行分析，并确认质量安全控制的关键点。

4. 产品检验检疫控制流程分析

为了加强屠宰加工企业生猪屠宰加工的质量和卫生管理，保证产品质量符合国家标准，防止人畜共患病和动物本身各类疾病的传播，屠宰加工企业根据《中华人民共和国食品卫生法》、《中华人民共和国动物防疫法》和"四部规程"规定，制定《产品检验检疫控制规程》为屠宰加工过程中所有流程制定详细的检验检疫程序。通常由官方驻场兽医负责执行屠宰加工企业的检验检疫工作，企业内部的卫检员配合检验。

与生猪屠宰工艺流程分析一样，产品检验检疫流程分析也是进行危害分析和关键点确定的基础；且产品检验检疫流程通常基于屠宰流程制定。屠宰加工工艺流程的卫检程序一般如下：

宰前检疫（进厂检验→待宰检验）→宰后检验（头部检验→编号→体表检验→胃肠检验→心肝肺检验→旋毛虫检验→胴体复验→整修→加盖分级、品质检验章/盖检疫检验章）→出具票证→成品检验→出厂

本书以"宰前检疫"为例对检验检疫管理进行详细说明。宰前检疫包括进厂检验和待宰检验两个环节，各环节检验检疫的操作规范如下：

（1）进厂检验。①检查进厂生猪的"动物产品检疫合格证"、"车辆消毒证明"和"非疫区证明"，证件经检验符合要求方可卸车、验收；核对载运生猪的数量并了解产地疫情和途中病亡情况，如发现数目不符或有在途病、亡情况，必须认真查明原因；如果发现疫情或有疫情可疑时，应立即将该批猪转入隔离圈内，进行详细的临床检查，待确认有问题根据《不合格品控制程序》执行。②兽医卫生检验人员应对进厂生猪进行检验，一般采用群体检查和个体检查相结合的方法。生猪待宰期间，如发现可疑病猪，入隔离栏隔离观察，确诊的病猪送急宰间，并填写《无害化处理通知单》。

（2）待宰检验。进厂检验合格的生猪，在待宰期间，兽医卫生检验人员会巡回检查，并对待宰生猪进行尿样检验，以确定是否具有"瘦肉精"。生猪检验合格由兽医卫生检验人员开具《宰前合格证》，送屠宰车间宰杀。

5. 屠宰加工过程中的危害分析与关键控制点

（1）危害分析（Hazard Analysis，HA）。危害分析是指对屠宰加工生产过程中被引入、控制或潜在的危害进行分析，确定潜在危害是否显著。通过危害分析

可以估计可能发生的危害及危害的严重性，并制定控制危害的预防性措施。所有与产品或过程有关的、可能发生的生物的、化学的或物理的危害都必须被识别并形成文件。对操作者不能控制的危害，HACCP 质量小组人员应做重新检查分析，以提供有效的控制措施。

常见的危害性因素包括生物危害、物理危害以及化学危害三类①：

1）生物性危害因素。

①生猪疫病。疫病对猪肉影响较大，待宰的生猪应来自非疫区，免疫在有效期内且临床健康。如生猪来自疫区或染病，则很可能带有病原微生物或寄生虫等，造成微生物污染的危害，引发人畜共患病。

②加工工艺不合理。屠宰工艺不合理或操作不当易造成粪便、血污、胆污等交叉污染，微生物大量繁殖影响猪肉产品的卫生和安全。

③环境卫生状况不达标，环境污染。屠宰加工企业必须保持良好的环境卫生，定期灭蚊蝇、灭蟑螂、灭鼠。厂区内定期清扫清毒，平时做好车间卫生以及操作工具的卫生消毒工作。生产用水必须符合生活用水标准，污水需无害化处理。

④人员卫生不符合要求。加工人员消毒不严污染肉品，致使病原微生物繁殖影响猪肉产品的卫生安全和人体健康。患有有碍食品卫生疫病的人员必须调离食品生产岗位，避免肉品污染。

2）物理性危害因素：猪肉受到的物理危害主要来自温度、水分、时间等因素影响。屠宰加工车间温度过高，容易引起微生物大量繁殖；制冷设备效果不佳，冷却温度过高，储存时间过长，容易造成微生物超标。一般规定，分割车间温度在15℃以下，冷却库温度在 0～1℃。此外，屠宰加工过程中金属或工具残片混入猪肉产品也会造成物理危害。

3）化学性危害因素：化学因素造成的危害主要包括给活猪饲喂激素、抗生素等违禁物品所引起农药或兽药残留，其中包括"瘦肉精"。另外消毒药水选用不当，配比不规范也会造成化学污染。

危害分析表是进行危害分析的工具，危害分析的对象包括屠宰加工过程的所有流程。危害分析共五步骤：第一，对在工序被引入控制和增加的潜在危害进行识别；第二，判断潜在危害是否显著；第三，列出判断危害是否显著的依据；第四，列出能预防显著性危害的措施；第五，判断该流程是否为关键控制点。本书以生猪验收和卸内脏流程为例描述了危害分析表。

---

① 盛文伟，陈明亮. HACCP 在生猪屠宰加工企业中的应用［J］. 肉类工业，2003（8）：3.

表 6 - 1　危害分析

| 流程 | 实施步骤 | | | | |
|---|---|---|---|---|---|
| （1）<br>加工程序 | （2）<br>潜在危害识别 | （3）<br>潜在危害是否显著<br>（是/否） | （4）<br>对（3）的<br>判断依据 | （5）预防措施 | （6）<br>该步骤是关键控制<br>点吗？（是/否） |
| 生猪验收 | 生物的疫病、致病菌，化学的农残、药残（瘦肉精），物理的无 | 是 | a. 饲养过程中可能带有某些疫病及致病菌。b. 由于饲料原因或用药不当，生猪体内可能使农残、药残（"瘦肉精"）超标 | a. 按规定进猪时索取"三证"①并进行生猪宰前检疫，可防止病害肉的收购。b. 按批次抽样，对宰前生猪进行瘦肉精检测 | CCP1② |
| | | …… | | | |
| 卸内脏 | 生物的微生物，化学的无，物理的无 | 否 | a. 由《操作性前提计划》控制刀具引起的交叉污染。b. 冲洗可控制污染 | | 否 |

（2）关键控制点。经过危害分析之后即可确定关键控制点。关键控制点是指使造成产品的危害可以被防止、排除或减少到可接受水平的点、步骤和过程，企业的产品特点、配方、加工工艺、设备和 GMP 的支持条件等不同，确定的关键控制点也会有所不同。如徐幸莲等（2002）通过对雨润（当时为南京肉联厂）生猪屠宰分割线上的工序、设备和工人的微生物污染状况的检验以及大量的资料查询，确定候宰检验、麻电击昏、刺杀放血、入库快速冷却和分割这五个工序为关键控制点；而苏食确定的关键控制点为生猪验收、寄生虫（旋毛虫、囊虫、住肉孢子虫等）检验、进入预冷间前胴体的冲洗等三个环节。

尽管每个企业的关键控制点——CCP 不同，但是每个关键控制点必须有一个或多个关键限值。关键限值③（Critical Limit，CL）是确保食品安全的界限或临界值，关键控制点所设定的关键限值包括确定 CCP 的关键限值、制定与 CCP 有

---

①　"三证"即动物产品检疫合格证、车辆消毒证明和非疫区证明。

②　CCP1 表示为关键控制点 1。

③　关键限值（CL）是与一个 CCP 相联系的每个预防措施所必须满足的标准，是将可接受水平与不可接受水平区分开的判定标准值。

关的预防性措施必须达到的标准、建立操作限值①（Operational Limit，OL）等内容。限值可以作为每个 CCP 的安全界限，必须对每个关键控制点确立关键限值并形成文件。确立关键限值的相关文件必须以文件的形式保存以便于确认。所确立的关键限值必须具有可操作性，符合实际控制水平。

6. HACCP 计划

关键控制点一经确定即可形成 HACCP 计划，HACCP 计划是企业 HACCP 管理体系中保证加工产品质量安全卫生的纲领性文件，也是实施 HACCP 体系形成的最终文件。HACCP 计划共包括七个实施步骤：第一，列出关键控制点；第二，对关键控制点的危害进行描述；第三，确定与各关键控制点相关的限值；第四，确定监控程序对关键控制点进行监控，监控程序包括监控对象、监控方法、监控频率、监控人员四个方面；第五，列举对关键控制点限值的纠偏措施；第六，对上述步骤和措施进行记录；第七，对上述步骤和措施进行验证，以确保 HACCP 体系的正常运行。本书以生猪验收作为关键控制点制定了 HACCP 计划样表，见表 6 - 2。

表 6 - 2　HACCP 计划样表

| (1) 关键控制点 | (2) 危害 | (3) 限值 | 监控 | | | | (8) 纠偏措施 | (9) 记录 | (10) 验证 |
| --- | --- | --- | --- | --- | --- | --- | --- | --- | --- |
| | | | (4) 监控对象 | (5) 监控方法 | (6) 监控频率 | (7) 监控人员 | | | |
| 生猪验收 CCP1 | 1. 饲养过程中可能带有某些疫病及致病菌 2. 饲料原因或用药不当，生猪体内可能使农残、药残（"瘦肉精"）超标 | 1. 按规定要求，对收购的生猪索取"三证"；宰前兽医卫生检验检疫人员检疫，防止病害猪购进 2. 按月对宰前生猪进行瘦肉精检测 | 活猪 | 目测和镜检 | "三证"索取每头猪必须；瘦肉精检测按月抽检 | 兽医卫生检验检疫人员 | 对可疑病猪进行复验，复验不合格的，按规定程序处理 | 《宰前检疫情况表》 | 由兽医卫生检验检疫部每月进行"三证"验证，及瘦肉精检测 |

① 操作限值（OL）是比关键限值（CL）更严格的限度，由操作人员使用的，以降低偏离的风险的标准。操作限值应当确立在关键限值被违反以前所达到的水平。

# 本章小结

我国的猪肉屠宰加工企业正处于剧烈的产业整合阶段，随着国家政策的扶持和引导、市场的竞争和运作，规模化、集约化是屠宰加工行业发展的必然趋势。

在猪肉产业链条中，屠宰加工企业处于核心地位，尤其是大中型屠宰加工企业既能保障猪肉产品在自身生产过程中的质量安全，也能对上下游合作伙伴的质量安全管理进行监督和促进，能够有效提高产业链质量安全管理的整体水平。

HACCP管理体系是一种全面、系统化的质量管理和控制的方法，它以系统科学为基础，对屠宰加工过程中的每个环节、每项措施的危害及其风险进行鉴定、评估，找出关键点加以控制，既全面又有重点，也克服了传统的质量安全控制现场检查和产品检测的缺陷。屠宰加工企业通过实施HACCP管理体系，使产品质量安全管理更规范、更科学。

# 第七章 流通与销售环节的质量安全管理分析

流通和销售作为猪肉产业链链接生产和消费的关键环节，其质量安全管理对保障消费者安全消费至关重要。本章首先分析猪肉产业链流通和销售体系的现状及其基本特征，以及主要流通和销售渠道的质量安全管理现状及其存在的主要问题，归纳提出冷链管理和信息追溯管理是猪肉流通和销售环节质量安全管理的最重要内容；而后分别从冷链管理和信息追溯管理两个方面，对猪肉流通和销售环节的质量安全管理进行详细论述和案例分析。

## 第一节 流通与销售环节的质量安全管理现状

### 一、我国猪肉流通与销售体系现状及其特征

我国猪肉产品的流通和销售市场体系不断发展、日趋完善，目前已形成以批发市场、露天市场、农贸市场、超市、专卖店为基本框架的流通和销售市场体系。其中，批发市场、农贸市场是当前我国生鲜猪肉及加工产品集散流通的主导形式；在城市，以超市、专卖店为代表的新型流通销售方式蓬勃发展，但所占市场比例仍很低。因此，我国猪肉流通和销售体系具有如下特征[①]：

1. 小规模的农户与个体户是我国猪肉产品流通和销售环节最重要的主体

在我国，合作经济组织和农业企业发展缓慢，数量少、规模小，既没有在猪肉产品的流通和销售中形成主导地位，也没有发挥出应有的主导作用。目前，我国猪肉产品流通和销售的主体主要是农户和进行农产品批发与零售的个体户，而

---

① 周发明. 中外农产品流通渠道的比较研究 [J]. 经济社会体制比较，2006 (5)：116 – 117.

企业和其他经济组织所占市场比例比较少。因此，我国猪肉产品流通和销售环节主体的组织化程度普遍较低。

2. 农产品批发市场数量庞大，但平均交易规模小，档次不高，功能不完善

目前，全国城乡农副产品集贸市场约有 2.5 万家，其中批发市场达到 4500 多家，多数批发市场都从事猪肉产品的批发、流通、销售业务。批发市场是我国猪肉产品集散流通的主要渠道，但是大多数批发市场设施配套建设落后，档次不高，还停留在出租铺面的简单物业管理模式上。市场在价格形成、辐射能力、信息服务、物流服务、检验检测等功能方面非常薄弱和欠缺，尤其在农产品质量安全保障方面存在严重的缺陷。

3. 猪肉产品的销售终端以农贸市场为主，超市和专卖店为辅

以农贸市场为代表的传统销售方式依然是我国生鲜猪肉的流通渠道。近年来，以连锁经营、代理配送及产销一体化为特征的超市、专卖店等新型流通方式呈现出较快的发展势头，其规模化和规范化水平在不断提高，据统计，全国现有连锁经营企业 720 家（其中大多数以食品为主，综合经营），店铺数达 1 万多家①。但是，从市场比例来说，通过超市和专卖店流通和销售的猪肉量仍然非常有限，主要集中于城市地区和中高档猪肉产品市场。但是，由于超市和专卖店出售的猪肉产品质量安全有保障，其市场份额在不断提升。

### 二、主要流通与销售渠道的质量安全管理现状及其存在的问题

整体而言，我国猪肉流通和销售环节的质量安全管理问题较为突出，是食品安全监管的难点和重点；分渠道来看，以超市和专卖店为代表的现代流通渠道其质量安全管理远优于以批发市场和农贸市场为代表的传统流通渠道。

我国的批发市场和农贸市场的食品安全管理问题较为严重，其原因是多方面的：

（1）猪肉来源不明，无法从源头保证猪肉产品的质量安全。相关调研（许志华，2007）显示，市区农贸、批发市场的猪肉主要来自规模较小的屠宰加工厂，有动物检疫和肉品品质检验证章，但填写的内容过于简单，并没做到一猪一票，检疫戳记模糊不清，也没有建立检疫、检验票证公示制度。城乡接合部的农贸市场所售猪肉问题较多，有的检疫、检验戳记难以辨认，还有相当一部分猪肉干脆没有检疫、检验票证，经营业主也无法确定其准确的猪肉来源②。

① 王锡昌，惠心怡，陶宁萍. 食品流通领域及其安全保障体系的建立［J］. 食品工业，2006（2）：57－58.

② 许志华，崔志贤. 关于黑龙江省猪肉市场安全状况的探讨［J］. 肉类工业，2007（9）：4.

（2）缺少必要的冷藏、冷冻设施，无法在流通过程中保证猪肉产品的质量安全。我国的农贸、批发市场设施简单、设备简易，除少数大城市农贸、批发市场配有相关冷冻、冷藏设施外，其余农贸、批发市场基本以经营热鲜肉为主，既无法有效控制肉品温度，也无法进行追源性的控制，因而食品安全隐患较多。

（3）农贸、批发市场多以个体经营者为主，其安全意识淡薄，管理不规范；个体经营者数量多而结构分散，难以对其实行有效的监管。

（4）政府监管不力。由于缺乏专业技术人员和检验检测设备，政府监管部门对猪肉安全的管理仅仅停留在索取"两证"（检疫合格证和检验合格证）的审查层面上，缺乏对猪肉品质的实质检测而无法准确测定诸如"瘦肉精"、抗生素、重金属残留、农药残留等有害物质的含量，难以从根本上杜绝病害肉和劣质肉。

与农贸、批发市场相比，超市和专卖店的质量安全管理则改善很多。由于超市和专卖店普遍围绕食品市场采购和检验认证、包装标识管理与可追溯性、市场准入、产销运许可等方面建立了完善的规范和制度，超市和专卖店被认为是猪肉零售环节食品安全状况最好的渠道（方敏，2003；李正明，2006）。目前，我国绝大多数超市和专卖店已经建立了较为完善的食品安全保障体系，在食品安全理念和技术手段上领先于其他渠道，逐渐成为大、中城市消费者购买生鲜猪肉的主要渠道。但是，超市和专卖店在猪肉质量安全管理方面也存在以下问题[①]：一是部分质量安全法规得不到有效执行；二是与直营连锁相比，加盟连锁超市和专卖店的质量安全管理难以规范与监管；三是部分超市和专卖店现场加工的食品原料控制存在隐患，一些连锁超市用即将超过保质期的生鲜猪肉或胴体分割后剩余的"边角废料"加工制作成成品出售；四是由于猪肉供应商具有产业链的话语权，即使供应商向门店配送的猪肉存在质量安全缺陷，零售商通常无法要求供应商将产品退回并更换。

尽管我国猪肉流通和销售环节的质量安全管理存在上述诸多问题，但是整体而言，猪肉流通和销售环节质量安全管理的最重要内容，一为冷链管理，二为信息追溯管理。猪肉作为生鲜农产品，流通和销售过程中最容易出现的质量安全问题为因温度控制、运输条件或包装不规范导致微生物污染造成肉品变质，进而引发食品安全问题。国家食品药品监督管理局的调查表明，微生物污染是影响我国生鲜食品质量安全的首要因素，其比例为40%以上[②]。而实施冷链管理是控制微生物污染的最有效手段，可以说，冷链管理是猪肉产业流通和销售环节质量安全管理的首要内容。此外，信息可追溯是食品安全管理的重要保障，加之流通和销售环节的质量安全信息不对称对消费者的安全消费的影响最大，流通和销售环节

---

① 相关资料来源于对南京市及其周边地区猪肉产业链零售环节的调研。
② 张姝楠. 冷却猪肉供应链跟踪与追溯系统的研究［D］. 中国农业科学院硕士论文，2008：4.

的信息可追溯管理至关重要。因此，分别从冷链管理和信息可追溯两方面对猪肉流通和销售环节的质量安全管理进行分析。

# 第二节　流通与销售环节的冷链管理效应分析

## 一、冷链的概念及其组成环节

### 1. 冷链的概念

冷链是冷链物流（Cold Chain Logistics）的简称，也被称为低温物流（Low Temperature Logistics），是指在肉类屠宰、分割加工、包装、储藏、运输、销售，直至最终消费过程中，其各个环节始终处于产品所必需的低温环境下，以保证食品品质和安全，减少损耗，防止污染的特殊供应链系统（仝新顺，2007）。冷链的低温环境一般分为 0～4℃的冷藏条件或 −30～−20℃的冷冻条件。冷链管理解决了肉类生产、运输以及销售、消费过程对于温度的需求，不仅能够有效抑制肉类产品微生物的生长和繁殖，而且能够最大程度地保持肉类产品的新鲜程度、风味、色泽和营养，冷链管理已成为肉类产品流通和销售环节最重要的质量安全管理手段。

### 2. 冷链的组成环节①

（1）冷冻加工。冷冻加工包括猪肉屠宰后的冷却与冷冻，以及在低温状态下的加工作业过程，也包括各种深加工家产品的低温加工等。在此环节的冷链装备主要涉及冷却、冻结装置和速冻装置。

（2）冷冻储藏。冷冻储藏包括食品的冷却储藏和冻结储藏，是保证食品在储藏和加工过程中的低温保鲜环境。在此环节的冷链装备主要涉及各类冷藏库、加工间、冷藏柜、冷冻柜及家用冰箱等。

（3）冷藏运输及配送。冷冻储藏包括食品的冷却储藏和冻结储藏，是保证食品在储藏和加工过程中的低温保鲜环境。在此环节的冷链装备主要涉及各类冷藏库、加工间、冷藏柜、冷冻柜及家用冰箱等等。这是冷链物流中最为关键的环节。它包括食品的中、长途运输及短途配送等物流环节的低温状态。它主要涉及铁路冷藏车、冷藏汽车、冷藏船、冷藏集装箱等低温运输工具。

（4）冷藏销售。冷藏销售包括食品进入批发零售环节的冷冻冷藏和销售，

---

① 金盛楠. 冷链物流分析及其在食品中的应用现状 ［J］. 现代食品科技, 2008 (10)：1031－1033.

它由生产厂家、批发商和零售商共同完成。随着大中城市各类连锁超市的快速发展，各类连锁超市正在成为冷链食品的主要销售渠道。在这些零售终端，大量使用了冷藏、冷冻陈列柜和储藏库，它们成为完整的食品冷链中不可或缺的重要环节。

冷链管理既广泛应用于肉、禽、蛋、水产品等初级生鲜农产品，也应用于包括速冻食品在内的禽、肉、水产等包装熟食加工食品（叶海燕，2007）。其中，猪肉产业是肉类产品应用冷链管理的典范。结合猪肉产业链，生猪由产地运至屠宰场，一经进入屠宰流水线之后即需要冷链管理，以保证猪肉产品的质量和安全。屠宰后的生猪酮体经过检验合格、喷淋消毒液后，经预冷快速冷却至 0 ~ 4℃，在胴体表面形成晶体后送入冷却/冷冻室进行冷藏。胴体经充分冷却/冷冻后进入分割流水线，进行分割包装称重后进入成品冷库，屠宰中心接到配送中心的订单后，配送中心按照订单要求将冷鲜肉直接运送至超市、卖场等各门店。

目前，我国大中型屠宰加工企业所在产业链能够在冷冻加工、冷冻储藏、冷藏运输和配送、冷藏销售等四个环节实施良好的管理。大中型屠宰加工企业不仅配有相应的冷藏设备和冷库以保证产品在规定的温度下生产和流通，而且建有冷藏运输和配送中心，通过冷藏运输车辆将冷鲜肉运送至销售终端。而销售终端也配有相应的冷藏冷冻设备，以保证冷鲜肉的品质。图 7 - 1 简要说明了冷鲜肉冷链管理的流程。

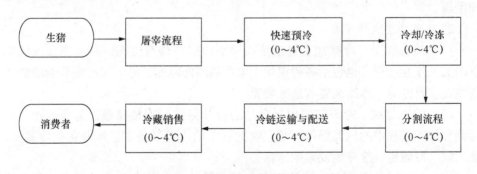

图 7 - 1　冷鲜肉冷链管理过程

## 二、冷链管理对猪肉质量安全的保障作用

冷链管理是猪肉产业流通和销售环节质量安全管理的重要内容，需要将生产、运输、销售、经济和技术性等各种问题集中起来考虑，协调相互间的关系，以确保猪肉产品在流通和销售过程中的质量和安全，是具有高科技含量的一项低温系统工程（鲍长生，2007）。确保猪肉产品的质量是冷链管理的基本目标，而

冷链管理对猪肉质量安全的保障作用必然是多层次、多种因素相互依赖、共同作用的结果。综合相关学者的论述，冷链管理对猪肉质量安全的保障作用主要体现在以下方面：

1. 生物技术保障

通过生物技术保鲜或改善产品品质是冷链管理对猪肉质量安全保障的首要作用。生猪屠宰后微生物迅速大量繁殖极易造成肉品腐败变质，从而危害消费者的身体健康，冷却保鲜是肉类生产加工过程中质量保证的第一重要环节（汤晓艳，2008）。现代生物技术表明（金盛楠，2008），冷藏或冷冻是肉类生产和消费中抑制微生物生长繁殖的重要手段之一。4℃时大多数病原菌都不能生长。－18℃或更低温度下几乎所有微生物都不能生长和繁殖，因此冷链管理所要求的低温条件可以有效抑制微生物的繁殖而达到对猪肉产品的保鲜作用。

经冷链管理体系下生产的冷鲜肉被公认为品质最好的生鲜肉。冷鲜肉要求在屠宰后迅速将胴体温度降至 0 ~ 4℃，在胴体表层结晶，然后在此温度下进行分割、剔骨、包装，并在储藏、运输直至到达最终消费者的冷藏箱或厨房的过程中温度要始终保持在 0 ~ 4℃。在此冷链管理体系下加工的冷鲜肉既能有效保鲜，又能最大程度地保留营养成分，而且更能改善肉质口感，这种肉在嫩度、口感、风味、营养、多汁性和安全性等方面都优于无任何冷却条件下加工的热鲜肉[1]。

2. 体制保障

各国政府高度重视冷链管理体系建设，制定了一系列涉及农产品生产、加工、销售、包装、运输、储存、标签、品质等级、容器和包装等有关的标准和规定，对农产品进出口也有严格的检验和认证制度，具有很强的可操作性和可检验性。通过制定冷链标准体系和标准监督实施体系，加强对相关产品质量管理和控制，从法律法规、国家标准和执法检查监督等体制层面为猪肉产品的质量安全管理提供了有力保障。2004 年国际冷链协会发布的冷链绩效衡量标准（CCQI）是冷链管理的第一个产业标准，它涉及对环境条件敏感的易腐货物的搬运、运输和储存等全过程的各个环节，对技术设备、运作流程和员工作业熟练程度都有了定量的指标[2]。发达国家也相应设有冷链管理的实施标准，并严格专业认证制度，实行市场准入。通过完善冷链管理的法律法规和标准，推进 HACCP 及 ISO 等专业认证制度是发达国家冷链物流得以健康发展的重要保障。

3. 设施保障

冷链管理是以保证易腐猪肉品质为目的，以保持低温环境为核心要求的供应链管理系统，需有特定的冷链加工、冷藏设施、冷链运输设施装备，才能有效保

---

① 双汇集团，http：//www. shuanghui. net/shfood/。

② 中国冷链产业网，http：//www. lenglian. org. cn/hyzx/30291. shtml。

证肉类的新鲜卫生。这些冷藏冷冻设备为保障产品质量提供了硬件基础。国外冷冻设备发展迅速,各种制冷机和速冻设备齐全。目前,发达国家应用的制冷机主要有螺杆压缩机、吸收式制冷机、真空冷冻系统及半导体冷冻装置等,速冻设备主要有流动速冻装置、螺旋输送带式、自动多用托盘接触式、自动开关门和隧道速冻设备和低温速冻设备等。冷藏运输主要有公路冷藏运输、铁路冷藏运输和冷藏集装箱多式联运等,其中冷藏集装箱多式联运是冷藏运输的发展方向(金盛楠,2008)。在我国,是否配备齐全且先进的冷链设施是衡量猪肉生产企业质量安全管理水平的重要指标。以双汇为例,双汇在我国率先进行冷链设施建设的肉类屠宰加工企业,其先进而完整的冷链体系为双汇赢得了独特的竞争优势①。

4. 信息技术保障

冷链管理要实施全程温度控制,必须依靠先进的信息技术作为支撑。通过信息技术建立电子虚拟的农产品冷链物流供应链管理系统,相关企业或监管者可以对在途猪肉产品进行跟踪、对冷藏车的使用进行动态监控;同时,通过将全国的需求信息和遍布各地区的连锁经营网络联结起来,可以实现猪肉产品质量信息的传递,实现产品的可追溯,从而保障猪肉产品的质量安全。如国际上应用的RFID(Radio Frequency Identification)射频识别是一种非接触式的自动识别技术,它通过射频信号自动识别目标对象并获取相关数据,识别工作无须人工干预,可工作于各种恶劣环境。因此,相关学者呼吁我国的猪肉产业将先进的RFID技术引入需要恰当的温度管理的物流管理和生产流程管理中,将温度变化记录在"带温度传感器的RFID标签"上,对产品的生鲜度、品质进行细致、实时的管理。

5. 专业人才保障

根据冷链管理的相关标准,冷链物流工作人员必须进行相关业务培训,考核合格后方可上岗。通过专业技能培训,冷链管理从业人员的知识结构、能力结构、技术熟练程度、质量意识、责任心等符合冷链管理工作的需要。比如冷链物流流通加工人员通过熟练掌握商品质量标准和质量检验规范,能准确、熟练、快速地进行猪肉产品的挑选、分级、分割、包装工作,冷链物流搬运及装卸、配送工作人员通过熟悉各类机械设备的操作、冷链物流的作业规范和交通路线,将能快捷地完成生鲜食品的搬运、装卸、配送工作,缩短冷冻产品暴露在常温下的时间,降低冷库能耗,保证冷冻产品的质量②。

---

① 中国营销传播网,http://www.emkt.com.cn/article/223/22322-2.html。
② 鲍长生.冷链物流系统内食品安全保障体系研究〔J〕.现代管理科学,2007(9):67.

### 三、我国猪肉产业发展冷链的制约因素

研究表明，建立食品冷链体系是实现食品质量安全的有效方法（王素霞，2007）。冷链一经推出即得到发达国家的大力发展且已成为一项支柱产业，在保证食品安全供给的同时创造了巨大的产品附加值。以美国、日本、澳大利亚等为代表的发达国家已经形成了完整的冷链管理体系，食品冷链流通量（以价值论）已经占到销售总量的50%以上[1]。在我国，尽管消费者对安全生鲜农产品需求增加快速，充分带动了冷链物流体系在城市的集中建设。但是，与发达国家相比，我国的冷链体系无论建设规模、运行效率还是经营效益都存在巨大差距。构建和发展冷链管理体系是提升我国猪肉产业市场竞争力、保障安全猪肉供给的必要条件。

尽管我国政府在2004年已明确提出要"加快建设以冷藏和低温仓储运输为主的农产品冷链系统"，以双汇、雨润、金锣、苏食为代表的大中型屠宰加工龙头企业也已率先拓展并大力发展冷链物流，但是，整体而言，我国猪肉产业的冷链建设仍处于初级发展阶段，尚未形成完整而独立的冷链管理体系。目前大约90%的猪肉及其制品还是在没有冷链保证的情况下进行流通和销售，冷链发展的滞后在相当程度上影响着猪肉产业的发展[2]。研究和实践证明，在猪肉产业发展和实施冷链管理已成为必然（丁声俊，2007），但是冷链在产业发展中依然面临诸多制约因素（方昕，2004；仝新顺，2007；赵文，2008；汤晓艳，2008）。

1. 基础设施建设不足

冷链基础设施不足是制约猪肉冷链发展的首要因素。冷链管理是一项庞大的系统工程，投资规模远远高于一般的常温物流系统建设。与普通流通相比，冷链流通意味着高投入、高成本，只有经济发达地区、大中型肉类生产企业才有实力投资冷链建设。受冷链建设的限制，目前我国通过冷链进行流通销售的猪肉产品不到10%，远低于发达国家85%的平均水平[3]。由于冷链建设不足、分布不均，我国大部分猪肉产品在缺乏冷链体系保障的条件下以热鲜肉的形式在市场中流通，食品安全隐患极大。

2. 冷链建设缺乏上下游的整体规划和整合

生鲜猪肉的时效性要求冷链各环节必须具有较高的组织协调性。然而，我国猪肉产业的冷链建设以大中型企业为主导，缺乏国家或地区层面的整体规划，在一些局部发展中存在严重的失衡和无法配套的现象。整体发展规划欠缺影响了食

① 仝新顺．基于过程控制的食品冷链管理探索［J］．商品储运与养护，2007（5）：62.

② 中国冷藏网，http://www.leng56.com/htm/wanlixing.htm。

③ 汤晓艳，钱永忠．我国肉类冷链物流状况及发展对策［J］．食品科学，2008（10）：659.

品冷链的资源整合，在产业链上下游之间缺乏配套协调。如在冷库建设中就存在重视冷库建设，轻视冷链运输建设；重视城市经营性冷库建设，轻视产地加工型冷库建设；重视大中型冷库建设，轻视批发零售冷库建设等问题。冷链建设缺乏整体规划和整合是我国肉类冷链尚未形成体系的重要因素。

3. 相关配套措施不完善

完善的猪肉冷链体系，除了拥有的冷链加工、冷藏设施、冷链运输等基础条件外，冷链专业人才、冷链管理法规与标准等其他相关的配套措施也必不可少。但是，我国目前缺乏专业的冷链方面人才，现有从业人员对冷链物流理论研究、冷链操作及冷链管理认识不足。对于整个冷链系统，只有制定统一的标准，才能对冷链质量实施过程性监督和控制，才能保障冷链质量。目前，我国与肉类冷链相关的国家标准仍为空白，也缺乏相应的法律法规。因此，标准和法规的不健全导致流通和销售环节食品卫生安全执法不力，导致肉类食品中毒事件不断。同时，冷链标准的缺失使得冷链物流的规划和管理无标准可循，缺乏应有的监控和管理。

4. 第三方物流服务发展缓慢

虽然冷藏物流具有很大的发展潜力，但是由于市场专业人员和基础设施的严重滞后，我国的冷链物流市场尚未形成规模，区域特征比较明显，缺乏一批有影响力、全国性的第三方冷藏物流公司。现在国内很少有供应商能够保证对整个供应链的温度控制，这就使国内大多数的猪肉生产厂家无法把整个冷链物流业务外包，只能是自营冷链物流，即使是外包，也是将区域性部分配送和短途冷藏运输外包，服务网络和信息系统不够健全，大大影响了产品流通的在途质量、准确性和及时性，同时也提高了冷链流通的成本和商品损耗率。

# 第三节　流通与销售环节的信息追溯管理效应分析

## 一、信息追溯对猪肉质量安全的保障作用

随着现代流通和销售模式的发展，猪肉产品的供应方式发生了很大变化，长距离运输、大范围销售以及多渠道多环节流通既使微生物与有害物质污染的可能性增大，也给不法经营者造假掺"毒"等不法行为以可乘之机，由此极大地增加了猪肉产品质量安全问题发生的可能性。

由于猪肉产品的流通体系和销售体系较为复杂，而猪肉产品的质量安全品质

作为内在品质，质量安全信息极难在产业链环节之间通畅传递。不仅消费者和生产者之间存在质量安全信息的不对称，即便是供给者之间也存在严重的质量安全信息不对称。尽管生产者、经营者对食品的生产流通过程知道的比消费者多，但他们同样面临着对产品实际安全状况的信息不确定问题。即使生产者完全掌握了这样的信息，而把这些信息完整而准确地环环传递给下游所有经手人，可能是惊人的高昂成本。因此，食品安全市场更接近现实的一种状态是买者和卖者都面临食品安全信息的不对称（周应恒，2004）[1]。

流通和销售环节的质量安全信息不对称对消费者的安全消费影响最大，因此流通和销售环节的信息可追溯管理至关重要。相关研究表明，信息可追溯（Trace - Ability）作为食品安全管理的重要手段是解决信息不对称的有效途径（周应恒、耿献辉，2002）。简单的理解，信息可追溯就是利用现代化信息管理技术给每件商品标上如序号、日期、批号、件号等相关的管理记录，对某个物项或某项活动的历史情况、应用情况或物项所处的位置进行追溯的能力[2]。信息可追溯体系，一方面可以通过获得产品质量安全的相关信息，改善信息的收集和传递，影响生产者和消费者行为，最大限度地降低食品风险；另一方面可以确认流通和销售过程中产品的来源与方向，能够从生产到销售的各个环节追踪检查产品，可以实施全过程的质量安全监控。一旦发生不可预测的食品安全事件，既可以在安全事件发生之前查明原因，采取应对措施，从而达到预防效果；也可以进行事后责任认定、原因调研，借此来改善食品的质量安全管理。

**二、流通与销售环节信息追溯体系的整体设计**

在猪肉流通和销售环节建立信息可追溯系统，就是应用现代信息技术，收集和获得与猪肉质量安全信息，真实反映和传递猪肉产品的生产和流通过程中的质量安全管理状况，一旦出现问题也可以及时找到问题的源头，准确找到出现问题的环节，最大程度上保障消费者的安全消费权益。信息追溯体系的关键在于：首先是获取信息，其次是信息可以传递。因此，本部分结合猪肉流通和销售环节的实际状况筛选和确定溯源的关键信息，而后为流通和销售环节的信息追溯体系给出整体框架。

1. 溯源信息的筛选与确定

（1）运输环节的溯源基本信息与关键安全信息[3]。运输是猪肉流通过程的开

①　周应恒，霍丽玥. 食品安全经济学导入及其研究动态 [J]. 现代经济探讨，2004（8）：26 - 27.

②　周应恒，耿献辉. 信息可追踪系统在食品质量安全保障中的应用 [J]. 农业现代化研究，2002（6）：453.

③　张姝楠. 冷却猪肉供应链跟踪与追溯系统的研究 [D]. 中国农业科学院硕士学位论文，2008：29.

始，其过程相对来说比较简单，且需要录入的信息量不大，但运输却是猪肉质量安全管理和控制的关键环节。为了保持猪肉供应链信息的完整性，防止与其他来源的产品混合，并保证发生猪肉安全事故时可以迅速找到相关的责任人，运输阶段的溯源基本信息包括：①RFID卡号。②运输公司名称和主要负责人。③许可证号。④承运人姓名。⑤货物来源地和目的地。⑥货物种类。⑦货物数量。

运输过程监控的主要质量安全问题，一是微生物污染，二是运输温度。运输过程的微生物污染主要来源于二次污染和由于运输引起的原有微生物的繁殖，它们主要取决于运输环境和运输的条件。同时，生猪屠宰良好操作规范也规定公路水路运输应使用符合卫生要求的冷藏车（船）或保温车。所以运输环节的关键安全信息包括：①运输车消毒情况。②运输所用容器消毒情况。③运输温度。④运输时间。

（2）销售环节的溯源基本信息与关键安全信息[①]。销售是猪肉供应链的终端，该阶段包括入货检验、肉的分割和包装、销售企业和具体销售门店的信息。为了保持猪肉产品完整详尽的个体信息，销售阶段的溯源基本信息如下：①RFID卡号。②条形码编号。③销售企业名称及主要负责人。④许可证号。⑤销售门店代码。⑥入货检验（包括：产品数量、产品质量、入货检验人姓名）。⑦分割包装质量负责人。

销售过程监控的主要安全问题是微生物污染，其污染主要来源于分割过程和由于销售条件引起的原有微生物的繁殖。在分割和包装过程中，分割刀具、分割台面、盛肉篮筐、工人的卫生、分割间空气、分割温度、分割时间和包装材料是微生物污染控制的关键。生猪屠宰良好操作规范要求必须对产品的包装材料进行检查，包装材料应符合相关国家标准的规定，不合格者不得使用；各生产车间的生产技术和管理人员，应按照生产过程中各关键工序控制项目及检查要求，对产品质量和卫生指标等情况进行记录；具备对生产环境进行监测的能力，并定期对关键工艺环境的温度、湿度、空气净化度等指标进行监测记录。其关键安全信息包括：①消毒情况（包括：分割车间和分割工具的消毒信息）。②工人健康和卫生状况（包括：分割和包装工人的健康状况、分割人员的手和包装人员的手的消毒信息）。③分割间温度。④分割间湿度。⑤分割所用时间。⑥包装材料情况（包括：生产厂家、产品批号）。

2. 流通和销售环节信息追溯体系整体框架

生猪屠宰前通常采用耳标或耳阙作为信息追溯的载体，屠宰后的猪肉产品通常以胴体或分割包装肉的形式进行市场流通和运输，其信息载体通常采用RFID

---

① 张姝楠. 冷却猪肉供应链跟踪与追溯系统的研究［D］. 中国农业科学院硕士学位论文，2008：30.

卡号和产品条形码，并辅助以各项管理或交易使用的单证。流通和销售环节信息追溯所要做的工作，一是将猪肉产品在流通和销售环节之前的质量安全信息继续传递到下游，二是收集流通和销售过程中的质量安全管理信息。

生猪在养殖过程中以耳标标识，屠宰后使用 RFID 标签记载信息，在销售终端用条形码标识每块分割肉。猪肉产品一进入流通环节后，产业链的下游企业利用电子编码和自动识别技术采集关键信息并上传至信息平台，信息平台完成溯源信息的前后连接，并与后台信息中心数据库进行交互，形成完整的信息链条。下游环节企业或消费者均可借助信息终端在系统平台的基础上进行信息的查询与追溯。

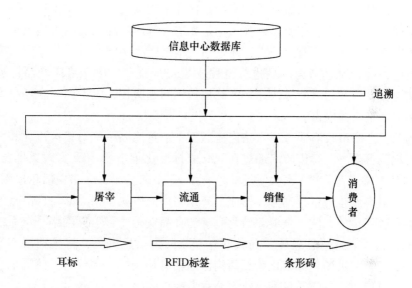

图 7 - 2 流通和销售环节信息追溯体系整体框架

### 三、案例分析——上海猪肉流通安全信息追溯体系[①]

1. 基本情况介绍

上海市每年消费猪肉 60 万吨左右（折合生猪约 1000 万头），70% 左右的猪肉需要从外省调入。外调猪肉通常通过两种途径进入上海本地市场销售：一是外省市养殖的生猪运抵上海市生猪定点屠宰企业，经屠宰加工后进入当地肉类批发和零售市场；二是外省市屠宰加工企业将屠宰加工后的猪肉产品通过与上海市超

---

① 相关资料来源于对上海上食五丰食品有限公司的调研与上海猪肉流通安全信息追溯系统网站（http：//www. shian. gov. cn/ssxm/default. htm）。

市、大卖场直销挂钩或经由第三方物流企业配送，直接进入上海当地猪肉市场。

在我国现行的多部门分工协作、共同负责的质量安全监管体制下，流通领域通常由国家食品药品监督管理局（SFDA）、质检局、工商局、卫生部、商务部、公安部六部门联合执法，但事实上流通领域却是猪肉质量安全监管的薄弱环节。异地长距离运输、大范围销售以及多渠道多环节流通既使微生物与有害物质污染的可能性增大，也给不法经营者的人为造假掺"毒"等不法经营行为以可乘之机，由此极大地增加了猪肉产品质量安全问题发生的可能性。虽然法规规定外运猪肉必须要有原产地的检疫合格证、非疫区证明和运输工具消毒证明才能进入市场进行流通和销售，但是在实际执行过程中，单证齐全并不意味着产品质量有保障。因此，对外调猪肉的监管是流通和销售环节质量安全监管的重点。外调猪肉的质量安全之所以难以监管是因为，一是无法有效地从源头控制生猪或猪肉产品的质量安全，二是无法有效地对在途生猪或猪肉产品实施质量安全监管。要解决上述问题，就必须对猪肉产品进行全程质量安全监管，建立猪肉产品可追溯体系，从而在发生问题时能够快速、准确地找到问题所在，减少由于农产品安全问题给消费者带来的损害。

因此，上海市政府通过建立猪肉流通安全信息追溯系统对猪肉流通和销售市场进行规范管理。上海市政府通过在600家标准化菜市场、11家肉类批发市场、15家生猪屠宰企业、133家大卖场和外省市20家肉类加工厂建立信息追溯系统，建设上海猪肉流通信息数据库，形成上海市猪肉流通从生猪屠宰、肉品批发到零售终端全过程、全方位、全覆盖较为完整的食品安全监管信息网络。该系统通过IC卡、销售凭证为信息载体，局域网、互联网为信息渠道，将生猪屠宰场、肉类批发市场、大卖场、标准化菜场猪肉流通信息相链接，实现猪肉流通信息可追溯，及时对猪肉产品的质量安全进行全程监控。

2. 信息追溯系统运行机制分析

该信息追溯系统具体包括5个子系统和1个数据中心[①]，"源头控生产、加工控质量、批发控流向、零售控准入"，通过扩大信息追溯系统的市场覆盖率，加强对流通流域的猪肉产品质量安全的监控。

（1）生猪屠宰及肉品流通安全信息追溯子系统。该系统运用于上海市大中型生猪屠宰场。通过建立从生猪进场、屠宰、加工、检疫、检测、肉品出场的全程信息管理，实行对生猪屠宰环节的信息追溯管理。系统以IC卡为信息载体，将生猪来源及加工信息链接至肉类批发市场和标准化农贸市场，实现生猪来源追溯和肉品流向追溯。同时，通过在生猪屠宰场生猪进场、屠宰、加工、检测、检

---

① 上海猪肉流通安全信息追溯系统，http://www.shian.gov.cn/ssxm/default.htm.

疫、无害化处理等环节安装摄像头、监视器等设备，实现基于互联网的实时远程监控（电子眼监控），使管理者可以在任何地方、任何时间进行监控。

（2）外省市进沪肉品信息追溯子系统。该系统运用于外省市规模化生猪屠宰企业。通过 IC 卡将外省市定点屠宰场与上海肉类批发市场、大卖场配送中心信息相链接，使外省市生猪屠宰企业与上海肉类批发市场信息对接，实现对外省市进沪肉品流通信息的监管。

（3）肉类批发市场流通安全信息追溯子系统。该系统运用于上海市大中型肉类批发市场。通过建立从猪肉进场、分割、检疫、检测至肉品交易的全程信息管理，实现猪肉流通的信息追溯要求。系统以 IC 卡上连生猪屠宰企业，下接肉类批发市场。

（4）大卖场（配送中心）肉品流通安全信息追溯子系统。该系统运用于上海市大卖场（配送中心）。通过对大卖场已有的企业内部信息管理系统的完善，制定个性化的解决方案，采取大卖场网上填报、客户端填报、销售终端通过对收银条、肉品包装条形码进行数据转换等多种方式，实现猪肉销售信息追溯。该系统以改造企业原有系统控制在最小范围、不影响企业内部管理、达到销售信息可追溯为原则，在有条件的大卖场实现二维码、无线信息采集机等进行信息关联与追溯。

（5）标准化菜市场信息追溯子系统。该系统运用于上海市标准化农贸市场。通过在零售市场对肉品进货验收，与批发环节 IC 卡信息对接后，在零售终端自动生成进货信息并与标签电子秤实现信息对接，最终通过肉品销售凭证输出。该系统既能满足零售市场的信息管理，也能实现零售市场对肉品的信息追溯。

（6）猪肉流通安全数据中心。安全数据中心将上述 5 个子系统相链接提供猪肉流通全程信息，这些信息包括：监管、追溯、溯源、召回、分析等综合信息。

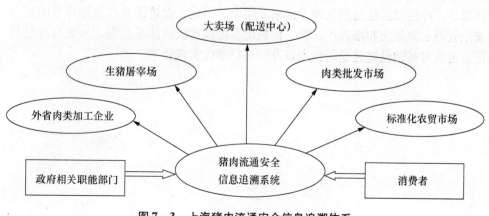

图 7 - 3 上海猪肉流通安全信息追溯体系

上海猪肉流通安全信息追溯体系通过实施生猪产品产销对接制度，鼓励外省市规模化、标准化肉类加工企业与上海市建立猪肉信息追溯系统的肉类批发或连锁经营企业实施产销对接；上海市肉类批发市场（配送公司）、大卖场公司通过签订采购合同与上述企业建立稳固的产销关系，确保为市民提供货源稳定、优质安全的生猪产品。在加强产销经营合作的同时，运用信息追溯系统对进入本市生猪产品实施全过程信息跟踪，从饲养、屠宰加工、运输、销售等方面对肉品的食品安全信息实行可追溯管理。通过整合和提取各环节基础数据，将食品安全生产体系信息、食品安全检测信息、食品安全流通信息有序归集，构建一个运行高效、责任明确、统一协调的上海猪肉流通监管、追溯和分析平台。

该体系不仅能够实现对猪肉流通全过程跟踪，为政府有关部门提供猪肉安全监管和调控决策信息；而且有利于提高经营者自律意识，通过对生猪或肉品经营者的有关信息同时进行动态监管，规范经营者行为；监管并行，形成信息追溯系统长效管理机制。

# 本章小结

流通和销售作为链接猪肉生产和消费的关键环节，是猪肉产业链实施质量安全管理的又一重要环节；但与屠宰加工环节相比，猪肉流通和销售过程中的质量安全问题则更为突出（王锡昌，2006）。猪肉作为生鲜农产品，其质量安全必须以配套的设施建设和管理制度作为保障。相关理论和实践证明，冷链管理和信息追溯管理是流通和销售环节实施质量安全管理、保障猪肉质量安全的有效方式。但是，在当前我国猪肉产业仍以传统的批发、农贸市场作为主要流通渠道的市场体系下，冷链和信息追溯发展受到诸多约束。因此，促进流通和销售环节的质量安全管理必须加快和推动产、供、销相配套的现代流通体系建设，加大对冷链和信息追溯等基础设施建设的投资以及完善标准化管理体系。

# 第八章 基于质量安全的消费者需求行为分析

## ——以有机猪肉为例

产业链实施质量安全管理最终是为消费者服务的，研究消费者需求对农业产业链实施质量安全管理具有重要意义。消费者不仅是安全农产品生产经营的服务和消费对象，同时也是产业链实施质量安全管理的重要参与者和支持者。发展安全、优质、营养的农产品产业需要得到消费增长的支持，只有让消费者更多地参与到与保障农产品质量安全相关的法规、标准的制订、修改、执行活动中，发挥消费者的社会监督作用，才能促使生产者提高质量安全管理能力，改善农产品的质量安全水平。可以说，消费者的需求变化是农业产业链发展的指示器（Verbeke 和 Viance，1999）。因此，本章基于上海与南京的调查数据，以有机猪肉为调研载体，在分析消费者对安全猪肉认知水平与消费现状的基础上，应用 Logistic 模型就消费者对安全猪肉的消费意愿及其影响因素进行实证研究。

## 第一节 调研载体的选择

近年来，以"瘦肉精"、"注水肉"、"二噁英"为代表的猪肉质量安全事件频发，消费者的生命健康受到极大威胁，猪肉产品的质量安全问题备受社会关注。为了保障安全食品供给，我国启动了放心食品工程、食品安全信用体系建设等旨在约束生产者行为来改善食品安全状况的多项措施。作为食品安全管理的最终受益者，消费者在食品安全问题上所体现出的态度与消费倾向，对政府的质量监管与食品生产者、加工者、销售商的质量安全管理产生深刻的影响，即消费者自身的食品安全实践在一定程度上决定着食品安全管理的有效程度（周洁红，2004）。因此，消费者行为研究对于保障安全食品供给、完善食品安全管理体系建设具有极其重要的理论指导意义。

但是，分析上述研究可以发现，与国外当前具体研究某一种农产品的消费行为相比，国内多数研究以农产品总体或者某一大类品种作为研究对象，对具体某一种产品进行的研究尚不多。具体对某一种产品进行分析，消费者意愿把握得更准确，研究结论更有针对性。

目前，我国已经初步建立了以无公害猪肉、绿色猪肉、有机猪肉为主体的安全猪肉体系。其中，选择有机猪肉作为调研载体，基于以下两方面考虑：第一，有机食品作为农产品质量安全体系的重要组成部分，代表着消费者对质量安全的客观需要与我国农产品未来发展的基本方向，分析消费者对有机猪肉的需求能够更真实地了解消费者对农产品质量安全的需求状况；第二，我国现行安全农产品认证的三大体系中，除了有机产品的认证有国家标准外，无公害和绿色产品认证只有部门标准。有机食品的认证标准最为严格，其产品在市场表现最为规范，易于对消费者行为进行识别。因此，以有机猪肉为调研载体能够了解消费者对食品安全的真实需求。

需要说明的是，消费者支付意愿（Willingness to Pay，WTP）一般应用于对无法进行市场交易的物品进行货币估价，但是由于目前尚无更好的研究方法替代，WTP也逐渐被应用于市场物品的支付意愿的研究。应该说，选用有机猪肉为例作为WTP的研究对象比较符合研究方法的要求，这是因为：第一，有机猪肉的消费者认知甚低，可近似于尚未进入市场进行交易的物品；第二，有机猪肉"营养、安全、味美"等诸多优良品质是无法进行市场交易的，是可以作为WTP的研究对象的。事实上，通过情景描述，消费者愿意为有机猪肉支付溢价，就是对有机猪肉"营养、安全、味美"等诸多优良品质的购买。

# 第二节　数据来源与问卷方案设计

本书的研究数据来源于2008年6~7月对上海与南京两个城市消费者所做的问卷调查。已有研究（王志刚，2003；周应恒，2006）表明，消费者居住城市的发展规模与市场环境是影响消费者购买安全食品的重要因素，因此，本书预期城市的经济发达程度对有机猪肉的消费具有重要的影响，且不同城市的消费者其购买行为与消费意愿有所差异。上海是我国经济最发达城市，南京可以作为我国大城市的代表，对这两个城市的消费者进行比较分析具有较强的代表性，研究结论应具有普遍意义。

为了最大限度地提高样本的代表性，本次调查在上海市与南京市的每个行政区选取两个不同的地点，问卷采取随机访问的形式进行。具体调查地点尽量选择设有有机猪肉销售点的超市、专卖店或农贸市场的周边社区。选取对设有有机猪肉销售点的地点进行调查是出于以下考虑[①]：第一，提高消费者购买意愿的真实性；第二，便于将消费者实际的购买行为和消费意愿进行对比分析。

Ritson（1998）的研究表明，消费者对食品安全的风险感知是做任何有关食品安全方面调研必须首先考虑的问题。因此，首先，问卷通过询问消费者对猪肉质量安全的整体评价以及突发食品安全事件对消费者行为的影响，以此获知消费者对质量安全风险的感知；其次，调查消费者对有机猪肉的认知、购买行为以及对品质的评价；最后，采用条件价值评估法（Contingent Valuation Method, CVM）通过情景描述向消费者介绍有机猪肉生产、加工、质检以及品质等方面的信息，在经过信息强化后询问消费者的消费意愿。

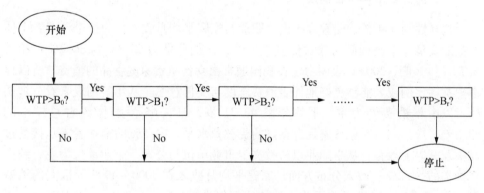

**图 8-1　单向递增的多界二分选择询价法**

为准确获知消费者对有机猪肉的支付意愿，问卷采用封闭式询价方式[②]。具体则选用单向递增的多界二分选择询价法（Multiple Bounded Dichotomous Choice, MBDC），询问受访者在给定的初始价格（$B_0$）水平上是否愿意支付，如果愿意，则询问其在更高的随机询价（$B_r$）水平是否愿意支付，直至其不愿意；多界询价法比其他方法能够提供更有效的参数估计，通过多次追踪询问，可以得到受访者心目中真实支付意愿的取值范围（Hanemann，1991；Langford，1996）。通过预调研，将初始价格（$B_0$）设定为调研时普通猪肉的平均市场价格——15元；随机询价（$B_r$）则分别定为16.5元、19.5元、22.5元、25.5元、30元。此外，问卷还通过

① 调研地点的选择借鉴了戴迎春（2006）的想法。
② A. 迈里克·弗里曼. 环境与资源价值评估——理论与方法［M］. 中国人民大学出版社，2002：196-228.

询问消费行为特征来反映消费者在不同支付水平下对有机猪肉消费数量的变化趋势,以弥补现有计量方法研究支付意愿一般只估算差价而忽略数量变化的不足。调查采用面对面问答的形式,以保证问卷信息的充分沟通。本次调查共发放问卷500份,剔除漏答关键信息以及出现明显错误的问卷,最终获得有效问卷458份,其中上海219份,南京239份,问卷有效率为91.6%。

# 第三节 消费者对有机猪肉认知与消费意愿的描述性统计分析

## 一、消费者个体特征描述

选择性别、年龄、受教育程度、职业与家庭平均月收入作为衡量消费者个体特征的变量。本次调研对象女性多于男性,比例分别为63.3%与36.7%,相关研究(仇焕广,2007)表明由于在我国通常由女性负责家庭食品的消费,所以样本中女性比例较大能够更好地代表消费态度与支付意愿。从年龄构成来看,被调研者以中年消费者为主,平均年龄43.31岁,31~65岁群体约占总样本的60.5%;样本调研对象普遍具有良好的受教育水平,94.5%的消费者表示接受过高中及其以上教育;从事职业以科教文卫事业单位与公司、企业单位为主,约占总样本的54.2%;收入分布方面,家庭平均月收入在3000~4999元区间的消费者约为47.2%,2000元以下收入群体比例仅为3.9%,而7000元以上高收入群体比例为11.4%。具体说明见表8-1。

表8-1 样本的总体特征描述 (n=458)

| | 项目 | 样本数(个) | 比例(%) |
|---|---|---|---|
| 性别 | 男 | 168 | 36.7 |
| | 女 | 290 | 63.3 |
| 年龄 | 20岁以下 | 2 | 0.4 |
| | 21~25岁 | 33 | 7.2 |
| | 26~30岁 | 79 | 17.2 |
| | 31~40岁 | 99 | 21.6 |
| | 41~50岁 | 98 | 21.4 |
| | 51~65岁 | 80 | 17.5 |
| | 65岁以上 | 67 | 14.6 |

| | 项目 | 样本数（个） | 比例（%） |
|---|---|---|---|
| 受教育程度 | 初中或者初中以下 | 25 | 5.5 |
| | 高中或者中专 | 149 | 32.5 |
| | 大专 | 154 | 33.6 |
| | 大学本科 | 79 | 17.2 |
| | 研究生及其以上 | 51 | 11.1 |
| 职业 | 公务员 | 86 | 18.8 |
| | 文教卫生事业人员 | 112 | 24.5 |
| | 企业、公司职员 | 136 | 29.7 |
| | 自由职业者 | 79 | 17.2 |
| | 学生 | 45 | 9.8 |
| 家庭平均月收入 | 2000 元以下 | 18 | 3.9 |
| | 2000~2999 元 | 67 | 14.6 |
| | 3000~3999 元 | 96 | 21.0 |
| | 4000~4999 元 | 120 | 26.2 |
| | 5000~5999 元 | 49 | 10.7 |
| | 6000~6999 元 | 56 | 12.2 |
| | 7000 元以上 | 52 | 11.4 |
| 合　计 | | 458 | 100 |

## 二、消费者对猪肉质量安全风险的感知

消费者对猪肉质量安全风险的感知是影响与改变消费者行为的重要因素，根据消费者行为理论消费者风险感知取决于消费者事后对所购买产品的认知、主观评价与态度。因此，本书通过询问消费者对猪肉质量安全的整体评价以及突发食品安全事件对消费者行为的影响，见表8-2、表8-3，以此分析消费者对猪肉质量安全风险的感知情况。

表8-2　消费者对当前猪肉质量安全的整体评价

| 项目 | 非常严重 | 比较严重 | 一般 | 比较安全 | 非常安全 | 无法判断 | 共计 |
|---|---|---|---|---|---|---|---|
| 样本数(个) | 73 | 151 | 124 | 37 | 23 | 50 | 458 |
| 比例（%） | 16 | 33 | 27 | 8 | 5 | 11 | 100 |

表 8-3　突发食品安全事件对消费者行为的影响

| | 样本数（个） | 比例（%） |
|---|---|---|
| 强烈质疑 | 103 | 22.49 |
| 有些质疑 | 204 | 44.54 |
| 基本没有影响 | 117 | 25.55 |
| 完全没有影响 | 34 | 7.42 |
| 共　计 | 458 | 100 |

　　统计结果显示，被调研消费者对当前猪肉的质量安全非常关切，但是整体评价不高。49%的消费者认为当前的猪肉存在严重的质量安全问题，与此形成鲜明对比的是，仅有13%的消费者明确认可当前猪肉的质量安全。此外，27%的消费者认为当前猪肉的质量安全问题一般，但表示可以接受；11%的消费者认为自己无法对此做出准确判断。

　　此外，分析质量安全事件对消费者行为的影响可以发现，消费者对猪肉质量安全事件的了解程度普遍较高，且突发事件会使多数消费者对猪肉的质量安全性产生不同程度的质疑。调查结果显示，86%的消费者表示对诸如"瘦肉精"、"注水猪肉"、"药物残留"等食品安全突发事件不但知道，而且非常关注。当上述事件发生后，高达67.03%的消费者对所购买猪肉的安全性产生质疑，其中22.49%的消费者表示强烈质疑，仅有7.42%的消费者认为突发事件对自己的感知与购买行为完全没有影响。

### 三、消费者对有机猪肉的实际认知与评价

　　本次调研，仅有38%（174个）的消费者知道有机猪肉，说明消费者对有机猪肉的整体认知程度较低。尽管如此，进一步分析却发现，知道有机猪肉的消费者群体对有机猪肉的认知水平并不低，能够准确识别有机产品标识并且知道有机猪肉需要权威部门的认证与严格检验的消费者有129个，占这个群体的比例为74%。尽管这个群体的多数消费者对有机猪肉有一定的认知，但是有过实际购买经历的消费者只有63个，仅占总样本的13.7%。"价格太高"与认为"有机猪肉与普通猪肉的品质没有差别"是另外111个消费者未曾选购有机猪肉的两个最主要原因，认同度高达82%与75%。

　　通过分析消费者的实际购买行为可以发现，我国城市居民对有机猪肉的消费量非常有限。42%的消费者以选购普通猪肉为主，少量选购有机猪肉为辅；52%的消费者仅仅是出于好奇、尝试新鲜行为的心理而选购过几次有机猪肉；只有极少数高收入消费者在日常生活中大量消费有机猪肉。

表8-4　消费者对有机猪肉实际消费行为统计（n=63）

|  | 样本数（个） | 比例（%） |
|---|---|---|
| 完全消费 | 0 | 0 |
| 大量消费 | 4 | 6 |
| 少量消费 | 26 | 42 |
| 尝试性消费 | 33 | 52 |
| 共　计 | 63 | 100 |

　　为进一步分析消费者对有机猪肉品质的评价，问卷要求购买过有机猪肉的63个消费者分别从质量安全性、营养、口味、外观、包装等五个方面对有机猪肉与普通猪肉的品质进行对比评价。统计结果显示，高达54%的消费者认为有机猪肉的品质明显优于普通猪肉，32%的消费者认为略优于普通猪肉，说明有机猪肉安全、营养、味美等众多品质得到了绝大多数消费者的充分认可①，与没有购买经历消费者的评价形成鲜明对比。究其原因，可能是受当前众多食品安全的负面信息的影响，没有购买经历的消费者对有机猪肉品质的评价偏低。

表8-5　消费者对有机猪肉与普通猪肉品质对比评价（n=63）

|  | 明显优于普通猪肉 | | 略优于普通猪肉 | | 无差别 | | 不如普通猪肉 | |
|---|---|---|---|---|---|---|---|---|
|  | 样本数(个) | 比例(%) | 样本数(个) | 比例(%) | 样本数(个) | 比例(%) | 样本数(个) | 比例(%) |
| 安全性 | 34 | 54 | 18 | 28 | 8 | 13 | 3 | 5 |
| 营养 | 30 | 48 | 23 | 37 | 9 | 15 | 0 | 0 |
| 口味 | 25 | 39 | 18 | 29 | 16 | 25 | 4 | 7 |
| 外观 | 34 | 54 | 28 | 44 | 1 | 2 | 0 | 0 |
| 包装 | 49 | 77 | 14 | 23 | 0 | 0 | 0 | 0 |
| 平均 |  | 54 |  | 32 |  | 11 |  | 2 |

　　进一步分析发现，消费者对有机猪肉外观、包装品质的评价高于对安全性、营养、口味等品质的评价。可能是因为与安全性、营养等内涵性品质相比，外观、包装、口味等可视性品质更容易为消费者识别与接受，因而认可度较高；同时也说明，通过包装、外观以及标签等形式传递产品质量安全信号是引导消费者

---

　　①　本书的调查结论与荷美尔公司（Hormel）的调查结果相似。荷美尔公司是在我国最早生产与销售有机猪肉的肉类生产企业之一，该公司于2006年对在店消费者进行现场测试，近75%的被测试者对有机猪肉的品质予以认可（http：//www.hormel.com.cn/productlist.aspx？id=63&cnmai=53）。

安全消费的有效途径。在内涵性品质方面，消费者对安全性与营养的认可度高达82%与85%，这从侧面反映出有机猪肉质量安全有保证、营养更丰富是影响消费者选购的主要因素。由于消费者口味偏好差异较大，评价的主观性更强，因而口味获得的认可度相对较低。

### 四、信息强化后消费者对有机猪肉品质的信任水平

由于消费者对有机猪肉的认知较低，因此问卷通过情景描述，向被访消费者传递有机猪肉生产、加工、质检程序与标准等方面的详细信息。考虑到养殖是控制与保障质量安全的重要环节，问卷要求消费者就有机猪肉的养殖环节对生产标准的执行情况进行信任评价，生产标准主要涉及饲养环境无污染，使用有机饲料，禁用抗生素、激素以及添加剂以及实施动物福利等方面内容。

结果表明，总体上消费者对养殖环节严格执行生产标准持怀疑态度。从统计数据可以看到，平均而言，表明"基本不信"的消费者数量最多，占总样本的40%；其次为"无法判断"，比例为28%；持相信态度的消费者仅有27%，而且主要选择"基本相信"，可见信任水平确实不是很高。究其原因，近几年持续频发的食品安全事件反映出我国食品行业在生产、加工、流通、质检等多个环节均存在不同程度的问题。在此大背景下，虽然有机食品代表着安全食品的最高等级，且同时通过权威部门产地与产品的双重认证，但由于我国食品认证的权威性还不高，市场上广泛存在"掺杂使假"等现象，大大影响了消费者对有机食品生产者严格执行生产标准的信任程度。加之，当前不少不良养殖户为了谋取非法利润不惜在饲养过程中滥用抗生素、激素以及添加剂等物质，人为地控制牲畜的抗病性、生长速度、产肉率以及瘦肉率，肉质受到污染，消费者信心受到打击。受这些负面信息的影响，消费者对饲养过程中禁用抗生素、激素以及添加剂的认可度最低，72%的消费者明确质疑；消费者对饲养环境无污染与使用有机饲料的认可度也处于较低水平。相比之下，消费者对实施动物福利的认可度最高，有41%的消费者持相信态度。这可能是因为动物福利与其他生产标准相比容易实施，且对猪肉品质的形成不构成直接影响，因而认可度相对高一些。

表8-6　信息强化后消费者对有机猪肉品质的信任水平

| | 完全相信 | | 基本相信 | | 无法判断 | | 基本不信 | | 完全不信 | |
|---|---|---|---|---|---|---|---|---|---|---|
| | 样本数（个） | 比例（%） | 样本数（个） | 比例（%） | 样本数（个） | 比例（%） | 样本数（个） | 比例（%） | 样本数（个） | 比例（%） |
| 饲养环境（水、空气、土壤）无污染 | 14 | 3 | 92 | 20 | 137 | 30 | 188 | 41 | 27 | 6 |

续表

| | 完全相信 | | 基本相信 | | 无法判断 | | 基本不信 | | 完全不信 | |
|---|---|---|---|---|---|---|---|---|---|---|
| | 样本数（个） | 比例（%） | 样本数（个） | 比例（%） | 样本数（个） | 比例（%） | 样本数（个） | 比例（%） | 样本数（个） | 比例（%） |
| 饲料的原料不使用化肥、化学农药、人工合成剂 | 9 | 2 | 128 | 28 | 133 | 29 | 151 | 33 | 37 | 8 |
| 饲养过程中不使用任何抗生素、激素及人工添加剂 | 0 | 0 | 50 | 11 | 78 | 17 | 307 | 67 | 23 | 5 |
| 动物福利,空间、光照充足,猪自由活动,自然生长 | 41 | 9 | 147 | 32 | 169 | 37 | 87 | 19 | 14 | 3 |
| 平均 | | 4 | | 23 | | 28 | | 40 | | 6 |

### 五、信息强化后消费者支付意愿统计

在消费者得到有机猪肉的强化信息后，问卷以调研时普通猪肉的平均市场价格 15 元作为初始价格（$B_0$），分别以 16.5 元、19.5 元、22.5 元、25.5 元、30 元作为随机询价（$B_r$），采用单向递增的多界二分选择询价法（MBDC），获取消费者愿意为有机猪肉支付的最高价格，见表 8-7。

表 8-7 消费者支付意愿统计

| | | 溢价比例（%） | 样本数 | 比例（%） | 完全消费 | | 大量消费 | | 少量消费 | | 尝试性消费 | |
|---|---|---|---|---|---|---|---|---|---|---|---|---|
| | | | | | 样本数 | 比例（%） | 样本数 | 比例（%） | 样本数 | 比例（%） | 样本数 | 比例（%） |
| 初始价格（$B_0$） | 15 | 0 | 124 | 27 | 124 | 100 | | | | | | |
| 随机询价（$B_r$） | 16.5 | 10 | 137 | 30 | 104 | 76 | 23 | 17 | 10 | 7 | 0 | 0 |
| | 19.5 | 30 | 82 | 18 | 23 | 28 | 26 | 32 | 31 | 37 | 2 | 3 |
| | 22.5 | 50 | 55 | 12 | 8 | 14 | 10 | 19 | 29 | 53 | 8 | 14 |
| | 25.5 | 70 | 41 | 9 | 0 | 0 | 3 | 7 | 14 | 33 | 25 | 6 |
| | 30.0 | 100 | 18 | 4 | 0 | 0 | 1 | 6 | 5 | 27 | 12 | 67 |
| 共计 | | | 458 | 100 | | | | | | | | |

由分析统计结果可知，通过情景描述，所有被访者表示愿意消费有机猪肉，但是愿意接受的最高价格却水平不一。73% 的消费者愿为有机猪肉支付高于普通猪肉的价格，但愿意支付溢价的消费者数量随着随机询价的梯度提高而递减。其中，选择 16.5 元/斤作为最高支付价格的消费者最多，比例为 30%；其次是 19.5 元/斤，比例则降为 18%；当随机询价高至 30 元/斤时，接受此价格的消费者仅有 4%。尽管有机猪肉安全、营养、味美等优秀品质得到了多数消费者的认可，但是仍有 27% 的消费者表示不愿为有机猪肉支付溢价。

此外，在不同的价格水平，消费者对有机猪肉的消费行为具有明显不同，消费数量随随机询价的递增而减少。当有机猪肉的价格与普通猪肉一致时，消费者会完全消费有机猪肉；溢价 10% 时，93% 的消费者仍选择完全或大量消费；溢价 30% 时，则有 1/3 的消费者转向少量消费；溢价超过 50% 时，消费者基本以尝试性消费与少量消费为主。

为准确衡量消费者对有机猪肉的支付意愿，通过加权平均计算得出消费者对有机猪肉平均愿意支付的价格为 18.69 元/斤，平均支付意愿为 3.69 元/斤，也就是消费者愿意为有机猪肉多支付比普通猪肉高 24.63% 的价格。

# 第四节  消费者对有机猪肉消费意愿的实证分析

## 一、模型与方法选择[①]

应用条件价值评估法（CVM），通过问卷调查揭示消费者偏好，推导消费者在不同安全水平下消费者的等效用点，并用统计学方法得出消费者的支付意愿（WTP）。支付意愿（WTP）可以分解为两部分，即消费者愿意支付的最高差价以及在此差价条件下愿意购买的食品数量。由于受研究方法限制，本书实证部分主要分析消费者愿意为有机猪肉支付的最高差价。

用 $Y$ 表示消费者的选择意愿，若消费者愿意消费有机猪肉，$Y=1$；反之，则 $Y=0$。用 $P$ 表示消费者愿意为有机猪肉支付的价格，$P_0$ 表示普通猪肉的价格，$T$ 表示除价格以外影响消费者选择的其他因素，$\mu$ 为影响消费者效用的随机误差项，$\alpha$、$\beta$、$\lambda$ 为待估计参数。有机猪肉与普通猪肉给消费者带来的效用分别为：$U_{Y=1}$ $(T, P, \varepsilon_1)$ 和 $U_{Y=0}$ $(T, P_0, \varepsilon_0)$，即：

---

① 本书模型设定借鉴了周应恒（2006：1325 – 1328）的相关研究。

$$U_{Y=1}\ (T,\ P,\ \varepsilon_1) = \alpha_1 + \beta_1 T + \lambda_1 P + \varepsilon_1 \qquad (8-1)$$

$$U_{Y=0}\ (T,\ P_0,\ \varepsilon_1) = \alpha_0 + \beta_0 T + \lambda_0 P_0 + \varepsilon_0 \qquad (8-2)$$

由于式（8-2）中普通猪肉的价格 $P_0$ 是现实市场交易的价格，是既定常数，若令 $\alpha_2 = \alpha_0 + \lambda_0 P_0$，则式（8-2）可以写为：

$$U_{Y=0}\ (T,\ P_0,\ \varepsilon_1) = \alpha_2 + \beta_0{}'T + \varepsilon_0 \qquad (8-3)$$

因为，有且只有当 $U_{Y=1} \geqslant U_{Y=0}$ 时，消费者才会选择消费有机猪肉。令 $U^* = U_{Y=1} - U_{Y=0}$，可得消费者选购有机猪肉（$Y=1$）的概率方程：

$$P\ (Y=1) = P\ (U^* \geqslant 0) = P\ (U_{Y=1} \geqslant U_{Y=0})$$

而 $U^* = U_{Y=1} - U_{Y=0} = (\alpha_1 - \alpha_2) + (\beta_1 - \beta_0{}') + \lambda_1 P + (\varepsilon_1 - \varepsilon_0) = \alpha^* + \beta^*{}'T + \lambda^* P + \mu^*$

$$\qquad (8-4)$$

根据式（8-4），消费者选购有机猪肉（$Y=1$）的概率方程则可以表示为：

$$P\ (Y=1) = P\ (U^* \geqslant 0) = P\ [\mu^* \geqslant - (\alpha^* + \beta^*{}'T + \lambda^* P)] \qquad (8-5)$$

式（8-5）是一个二元选择线性模型，其中随机干扰项 $\mu^*$ 服从 Logistic 分布，由此可推出：

$$P\ (Y=1) = \Lambda\ (U^*) = [1 + \exp\ (-U^*)]^{-1} \qquad (8-6)$$

将式（8-4）代入式（8-6），得到 Logistic 模型，将 Logistic 模型进一步转化可以得到线性 Logit 模型：

$$\ln\Big[\frac{P\ (Y=1)}{1-P\ (Y=1)}\Big] = \alpha + \beta T + \lambda P \qquad (8-7)$$

设消费者愿意为有机猪肉支付的平均价格为 $E\ (P)$，根据式（8-1）、式（8-3）的效用表达式，当有机猪肉和普遍猪肉给消费者带来的效用水平相同时有：

$$\alpha_2 + \beta_0{}'T + \varepsilon_0 = \alpha_1 + \beta_1 T + \lambda_1 P + \varepsilon_1 \qquad (8-8)$$

由于 $E(\varepsilon_0) = E(\varepsilon_1) = 0$，则式（8-8）两边取均值变形后可以推导出 $E(P)$：

$$E\ (P) = -\frac{\alpha + \beta E\ (T)}{\lambda} \qquad (8-9)$$

将式（8-7）中得出的 $\alpha$、$\beta$、$\lambda$ 等系数值以及 $T$ 变量的均值代入式（8-9），即可得到 $E\ (P)$。

设 $E\ (WTP)$ 表示消费者对有机猪肉的平均支付意愿，$P_0$ 表示普通猪肉的价格，本书 $P_0$ 取问卷的初始价格（$B_0$）即调研时普通猪肉的平均市场价格——15 元；由于

$$E\ (WTP) = E\ (P) - P_0 \qquad (8-10)$$

由式（8-10）可以进一步推导得出消费者对有机猪肉的平均支付意愿 $E(WTP)$。

## 二、变量选择与说明

影响消费者对有机猪肉的消费意愿的因素很多，本书所选变量主要包括消费

者个人特征变量、价格特征变量、消费环境特征变量以及消费者认知与评价变量等四组因素。

1. 消费者的个人特征

借鉴已有研究成果，选取性别、年龄、受教育程度、职业、家庭平均月收入等五个因素作为衡量消费者个体变量。一般认为，女性与年长者对健康关注较多因而对消费意愿相对较高，受教育程度与家庭平均月收入有助于提高消费者对有机猪肉的消费意愿。职业对消费意愿的影响较为复杂，不同职业的消费者群体其认知水平、收入状况、风险感知、消费习惯等诸多方面存在差异，因而对有机猪肉的消费意愿表现不同。

2. 价格特征

猪肉是消费者生产必需品，在当前我国人均收入还不是很高的情况下，消费者对有机猪肉与普通猪肉的价格差很敏感，价格是影响有机猪肉消费的重要因素。选用问卷时询问消费者是否愿意购买有机猪肉的随机价格代入计量模型进行计算，并预期价格与消费意愿负相关。

3. 消费环境特征

消费环境特征方面选用消费者购物渠道与所在城市两个指标。购物渠道主要包括农贸市场、超市与专卖店，所在城市分为南京与上海，均作为虚拟变量代入模型。根据有机猪肉销售特性，预期超市与专卖店消费者相对于农贸市场消费者更倾向于选购有机猪肉，居住在上海的消费者比南京的消费者对有机猪肉有更高的支付意愿。

4. 消费者认知与评价

消费者认知与评价方面，共选用四个指标：消费者对个人或家庭成员的健康状况感知、消费者对质量安全风险的感知以及消费者对有机猪肉的认知与评价。其中，健康状况感知直接向消费者询问获得，预期健康状况越差，有机猪肉为其带来的效用越大，因此消费意愿越高；消费者对质量安全风险的感知以及消费者对有机猪肉的认知与评价则通过询问多个相关问题，采用量表法处理后归类得出结果，且预期这三个变量与消费意愿正相关。

各变量的具体定义、描述性统计分析以及预期作用方向见表8-8。

表8-8 实证模型各解释变量说明

| 变量名称 | 变量定义 | 平均值 | 预期作用方向 |
|---|---|---|---|
| 1. 消费者的个人特征 | | | |
| 性别（Sex） | 男性 =0，女性 =1 | 0.63 | + |

续表

| 变量名称 | 变量定义 | 平均值 | 预期作用方向 |
|---|---|---|---|
| 年龄（Age） | 20 岁以下 =1，21～25 岁 =2，26～30 岁 =3，31～40 岁 =4，41～50 岁 =5，51～65 岁 =6，65 岁以上 =7 | 4.67 | + |
| 受教育程度（Edu） | 初中或者初中以下 =1，高中或者中专 =2，大专 =3，大学本科 =4，研究生及其以上 =5 | 2.96 | + |
| 职业（Prof） | 公务员 =1，文教卫生事业人员 =2，企业、公司职员 =3，自由职业者 =4，学生 =5 | 2.75 | ? |
| 家庭平均月收入（Inc） | 2000 元以下 =1，2000～2999 元 =2，3000～3999 元 =3，4000～4999 元 =4，5000～5999 元 =5，6000～6999 元 =6，7000 元以上 =7 | 4.07 | + |
| 2. 价格特征 | | | |
| 随机询价（Price） | 询问消费者是否愿意购买有机猪肉的随机价格，其取值分别为 16.5、19.5、22.5、25.5、30 | 22.79 | － |
| 3. 消费环境特征 | | | |
| 消费者购物渠道（Place） | 农贸市场 =1，超市 =2，专卖店 =3 | 1.84 | + |
| 消费者所在城市（City） | 上海 =0，南京 =1 | 0.52 | － |
| 4. 消费者认知与评价 | | | |
| 健康状况感知（Health） | 不健康 =0，健康 =1 | 0.76 | + |
| 消费者对质量安全风险感知（Risk） | 不敏感 =0，一般 =1，敏感 =2 | 0.86 | + |
| 消费者对有机猪肉的认知水平（Cognize） | 低 =0，一般 =1，高 =2 | 0.93 | + |
| 消费者对有机猪肉品质的信任水平（Trust） | 非常相信 =1，基本相信 =2，无法判断 =3，基本不信 =4，完全不信 =5 | 2.60 | － |

### 三、模型估计结果

运用 SPSS16.0 统计软件将 458 个样本代入 Logistic 模型进行回归，得到模型一；为进一步比较分析南京、上海两市消费者对支付意愿的差异，分别将南京的239 个样本与上海的 219 个样本代入模型回归，得到模型二与模型三。从模拟结果看，三个模型的 Nagelkerke $R^2$ 分别为 0.868、0.861、0.878，模型总预测准确率分别达到了 93%、92.5%、93.6%，说明三个模型的整体拟合程度较好，多数变量通过了检验且显著性水平较高，见表 8－9。其中，通常人们习惯用概率来解释自变量变动对因变量的影响，因此，本书以模型一为例求解自变量对事件发生概率的偏作用——边际概率①，通常用 $dy/dx$ 表示。

$$dy/dx = B \times P \times (1 - P)$$

式中，$P = \exp (B) / [1 + \exp (B)]$，$\exp (B)$ 为发生比。

表 8-9　消费者对有机猪肉支付意愿（WTP）的 Logistic 回归模型估算结果

| 解释变量 | 模型一 | | | | 模型二 | | 模型三 | |
| --- | --- | --- | --- | --- | --- | --- | --- | --- |
| | B | Sig. | exp（B） | Dy/dx | B | Sig. | B | Sig. |
| 常数项 | 4.820** | 0.041 | — | | 4.033 | 0.198 | 5.925 | 0.105 |
| Sex | 1.127** | 0.027 | 3.085 | 0.208 | 1.078 | 0.123 | 1.235 | 0.105 |
| Age | 0.022 | 0.899 | 1.022 | 0.005 | 0.073 | 0.757 | −0.050 | 0.844 |
| Edu | 0.589*** | 0.008 | 1.801 | 0.135 | 0.584* | 0.052 | 0.619* | 0.067 |
| Prof | −0.182 | 0.369 | 0.833 | −0.045 | −0.172 | 0.539 | −0.218 | 0.470 |
| Inc | 1.037*** | 0.000 | 2.821 | 0.200 | 1.081*** | 0.000 | 0.998*** | 0.001 |
| Price | −0.607*** | 0.000 | 0.545 | −0.139 | −0.576*** | 0.000 | −0.671*** | 0.000 |
| Place | 1.577*** | 0.000 | 4.842 | 0.224 | 1.326*** | 0.005 | 1.955*** | 0.001 |
| City | −0.222 | 0.616 | 0.801 | −0.055 | — | | — | |
| Health | 0.065 | 0.217 | 1.067 | 0.016 | −0.032 | 0.269 | 0.164 | 0.263 |
| Risk | 0.640** | 0.026 | 1.897 | 0.145 | 0.702* | 0.081 | 0.572 | 0.172 |
| Cognize | 1.098*** | 0.000 | 3.000 | 0.206 | 1.048*** | 0.010 | 1.202*** | 0.009 |
| Trust | 1.507*** | 0.000 | 0.222 | 0.224 | 1.463*** | 0.000 | 1.605*** | 0.000 |
| Number of obs | 458 | | | | 239 | | 219 | |
| Percentage orrect | 93% | | | | 92.5% | | 93.6% | |
| Nagelkerke R² | 0.868 | | | | 0.861 | | 0.878 | |

注：*、**、*** 表示的显著性水平分别为 10%、5%、1%，Number of obs 为样本数，Percentage orrect 为模型总预测准确率，Nagelkerke $R^2$ 为拟合优度，通常二者数值越接近 1，模型的解释性越强。$B$ 为回归系数，Sig. 为显著水平，$\exp (B)$ 为发生比，$Dy/dx$ 为边际概率；二元选择模型对其回归系数（$B$）进行解释没有实际含义，通常采用自变量对事件发生概率的偏作用——边际概率 $Dy/dx$ 与发生比 $\exp (B)$ 来解释更为合理。

---

① 王济川，郭志刚. Logistic 回归模型——方法与应用 [M]. 高等教育出版社，2001：111-112.

### 四、消费者对有机猪肉平均支付意愿

将模型一中各个变量的回归系数分别代入式（8-2）与式（8-3），计算可得消费者对有机猪肉平均愿意支付的价格——$E（P）$ 为 19.09 元/斤，其中为食品质量安全的平均支付意愿——$E（WTP）$ 为 4.09 元/斤，即与普通猪肉相比，消费者愿意为有机猪肉多支付 27.27% 的价格。前文加权平均算得 $E（WTP）$ 为 3.69 元/斤，与此处计量所得 $E（WTP）$ 相比，二者仅相差 2.64%，测算方法虽不同但结果非常吻合，说明测算结果可信度较高；由于回归方程定量反映了多种因素对支付意愿的影响，因而计量所得 $E（WTP）$ 更为精确。此外，王可山（2007）的同类研究表明消费者愿意为安全畜产品多支付 29.5% 的溢价，与本书计量结果相近，也验证了本书研究结果的可信度。

同理，通过计算分别可得南京与上海消费者对有机猪肉平均愿意支付的价格——$E（P）$ 为 18.78 元/斤与 19.39 元/斤，平均支付意愿——$E（WTP）$ 为 3.78 元/斤与 4.39 元/斤，二者相差 4.08%。尽管城市（City）变量在模型中并未通过检验，但是通过两市消费者对 $E（WTP）$ 的细小差别依然可以反映出城市越发达，消费者安全消费的意识越强，对安全食品的需求也越大，这与本书预期相符。

表 8-10 消费者对有机猪肉支付意愿的估算结果

| | $E（P）$（元/斤） | $E（WTP）$（元/斤） | WTP（%） |
| --- | --- | --- | --- |
| 加权平均计算结果 | 18.69 | 3.69 | 24.63 |
| 全样本计量结果 | 19.09 | 4.09 | 27.27 |
| 南京样本计量结果 | 18.78 | 3.78 | 25.22 |
| 上海样本计量结果 | 19.39 | 4.39 | 29.30 |

同时更应该注意到，目前有机猪肉的市场售价几乎为普通猪肉价格的一倍以上[1]，远高于消费者愿意支付的价格。由此可见，尽管消费者对安全食品有着潜在需求，也愿意在一定范围内支付溢价，但因支付水平有限而很难转化为实际需求，即以有机食品为代表的安全食品超出了多数消费者的消费能力。

---

① 根据笔者调查，有机猪肉因品质不同在各地售价差别较大，广州售价为 28.9 元/斤，上海为 30 元/斤，北京为 59 元/斤，青岛胶州的有机猪肉售价高达 80 元/斤，平均而言有机猪肉售价比普通猪肉贵一倍以上。

### 五、影响消费者对有机猪肉消费意愿的因素分析

分析回归结果可知，在消费者个人特征变量方面，性别、受教育程度、收入是影响有机猪肉消费意愿的显著变量，作用方向与本书预期一致。通常，由于女性负责家庭的日常饮食生活的概率通常高于男性，她们对食品安全的风险意识与责任感更强，因而其消费意愿也更高。教育是影响消费者信息获取、分析能力（Schultz，1975）与质量安全意识的重要因素，消费者受教育程度越高，对饮食安全与科学合理的膳食结构更加看重，因而更愿意消费有机猪肉。收入是决定消费者支付能力的重要因素，收入越高消费者选购有机猪肉的可能性也就越大。模型数据表明，性别、受教育程度与收入三变量对消费意愿的影响程度较大，从发生比即 Exp（$B$）角度来说，女性的消费意愿是男性消费意愿的 3.08 倍；从变量的边际概率来看，受教育程度与收入每提高一个单位，消费者选购有机猪肉的可能性将分别提高 0.135 与 0.2。

价格变量在 1% 水平上显著，且系数为负，回归结果与本书预期一致，即价格越高，消费者购买有机猪肉的意愿越低。边际概率为 −0.139，表明价格每提高一个单位，消费者购买有机猪肉的可能性将降低 0.139。与普通猪肉相比，价格过高是制约消费者提高对有机猪肉消费意愿的重要因素。

消费环境特征方面购物渠道变量通过了 1% 水平检验，即购物渠道是影响消费意愿的显著性因素，且与农贸市场相比，有机猪肉通过超市与专卖店销售可以提高消费者的购买可能性。这是因为销售渠道作为安全食品重要的信息载体，超市与专卖店购物环境整洁、管理规范且拥有全套冷链管理设备，产品的品质容易得到消费者的认可。

消费者认知与评价方面，除消费者健康感知变量不显著外，其余三个变量均通过检验，是影响消费意愿的显著性因素。消费者对质量安全风险的感知来源于消费者对兽药、人工添加剂、激素等物质残留对人体健康影响的认知，通常消费者的风险认知越高，越会有意识采取规避风险的行为。边际概率显示，消费者对质量安全风险的敏感性提高一个单位可促使其购买有机猪肉的概率提高 0.145。消费者对有机猪肉认知与评价变量均通过 1% 水平检验，边际效应系数分别为 0.206 与 0.224，即消费者对有机猪肉的认知与评价水平提高一个单位，消费者购买有机猪肉的可能性则分别提高 0.206 与 0.224。与其他变量相比，认知与评价对消费意愿的影响程度最大，而当前消费者对有机猪肉的认知与评价均处于较低的水平，这在很大程度上制约了消费者选购有机猪肉的意愿。因此，通过健全安全食品市场的信息传导机制与加强食品行业的质量监管，提高消费者对有机猪肉的认知与评价水平，是改善有机猪肉消费现状的有效途径。

# 本章小结

　　由上述分析可以看到，我国消费者对食品质量安全状况非常关切，但是整体评价并不是很乐观，食品安全事件频发，消费者信心受到打击。政府应当积极发挥食品安全市场的监管作用，保证安全食品的有效供给，合理保障消费者饮食安全。

　　与当前安全猪肉的供给水平相比，我国消费者对安全猪肉的支付意愿仍处于较低水平，提高消费者对安全猪肉的支付意愿是促进我国安全猪肉市场发展的关键因素。在既定的收入、产品价格条件下，信息强化可以提高消费者认知水平、影响消费者态度从而有效地提高消费者对安全猪肉的消费意愿。因此，利用市场机制改善食品安全供给不仅可能而且必要，其关键在于提供充分、真实、可靠的信息，多种渠道对消费者开展猪肉质量安全的宣传教育，提高消费者认知，改善消费者对猪肉产品质量安全的评价，增加消费者对安全猪肉的消费意愿，从而提高猪肉质量安全供给的效率。

# 第九章 结论与政策建议

## 第一节 结 论

从产业发展的角度来看，经过几十年的发展，我国的猪肉产业发展取得了巨大的成绩，年产量和年消费量稳居世界第一，并已构建了成熟的产业链条，形成了良好的产业链管理规范。已初步形成以国家育种中心、原种猪场、繁育场、生产场、人工授精站和母猪饲养专业场（户）组成的良种繁育体系；生猪生产技术水平快速提高，生猪饲养方式正在向专业化、规模化、集约化发展，屠宰加工已走向法制化管理道路，全国已经涌现出一批技术先进、自动化程度高、规模大的肉类屠宰加工企业。这些肉类加工企业规模大，加工能力强，技术设施先进，一般按照国际标准设计了全封闭的生产车间，采用世界先进的屠宰、分割工艺和设施，并把 IT 技术引入生猪屠宰加工中，在生猪采购、屠宰、入库、销售等环节进行信息采集，随时监控各关键点，使企业实现了现代化、标准化、产业化、品牌化生产和管理；而且，许多企业还取得了 ISO90001 质量认证、HACCP 安全认证和国外相关猪肉进口国的猪肉出口注册认证，开始参与国际竞争。猪肉产业由过去的生产、加工、销售各环节分割，逐步朝着生产、加工、销售一体化经营转变；由过去的粗放、传统的经营管理方式，逐步朝着科学、现代管理方式转变；由过去的只注重产品产量，逐步朝着注重质量、卫生、安全转变；由过去的初级加工，逐步朝着深加工转变；产品结构也由过去的比较单一，逐步朝着多样化、多层次转变。

从产业链质量安全监管体系来看，我国目前实行的是"多头分段式"的监管体制，即由多个政府部门根据相关制度性安排赋予的行政职责，对猪肉产业链的不同环节采取分工分段的管理方式，其职责分工涵盖了猪肉产业链"从田头到餐桌"的各个环节。但是，多部门协同监管制度在实际运行中却存在监管漏洞和部门利益之争，从而使对产业链质量安全管理的监管面临体制性障碍。案例调查所暴露出的管理漏洞说明，目前的管理模式是一种低效的甚至在有些情况下是无效的管理体制。从长远发展看，我国可以借鉴一些发达国家的经验，变目前按部门的"产品环节"管理模式为按产品"部门分工"管理模式。例如，凡属于初级产品完全由农业部门负责，或以农业部门为主；属于加工产品完全由一个部门（质量监督部门、卫生部门、食品药品监督管理部门中的一个）负责，或以一个部门为主。这样做既可以减少部门间的利益纷争和摩擦又便于追查事故责任。

从产业链质量安全管理角度来看，随着消费者对安全猪肉需求的增加以及生产者对质量安全管理意识的提高，产业链多数环节都已树立起质量安全意识，并能够在产业链的整体框架下采取相应的质量安全管理措施。整体而言，规模以上企业能够较好地执行相关法规和标准，小规模经营者或农户的质量管理意识较淡薄，质量安全管理相对较为薄弱。从产业链环节来看，相对而言，下游屠宰、加工、销售等环节的组织化程度高，法规和标准的执行程度较好，而上游养殖、运输等环节质量管理则相对欠缺。

尽管如此，由于我国不断加强对猪肉质量安全的监管力度，规模以上企业所在产业链的质量安全管理在近几年依然取得了不少良好的操作规范，如多数产业链条上的核心企业（主要为屠宰、加工企业）通过了诸如 ISO9000、HACCP 等多项国际公认的质量管理标准，通过体系认证提升质量管理水平；部分链条的养殖、屠宰和加工等关键环节建立了贯穿整个链条的产品质量追溯机制，有效地保障了产品质量。

# 第二节　政策建议

## 一、加强与推广生猪安全养殖，抓好生产源头管理

生猪饲养环节是确保肉品质量的源头，也是保障猪肉质量安全的关键环节。在养殖环节加强与推广安全养殖方面：首先，要加强宣传和执法力度，提高养殖户质量安全管理意识，通过行业规范、安全养殖示范、安全养殖标准多方面机制规范养殖户行为；其次，制定科学合理的疫情监控和防疫检疫体系，建立动物健康保障系统，重视对兽药、添加剂、抗生素的控制，对生猪进行强制免疫和计划免疫，确保猪的健康养殖；最后，加快生猪养殖的规模化进程，提高我国生猪养

殖的规模化养殖技术，完善规模化养殖技术的配套性措施，推广健康养殖技术，通过完善法律保障体系、技术支撑体系、行政执法体系等三大体系和质量监控系统建立和健全猪肉产品质量监控系统。

### 二、加强生猪屠宰加工管理，保障肉品质量安全

屠宰加工是猪肉产业链的核心环节，同时在产业链的质量安全管理中处于核心地位，加强屠宰加工环节的质量安全管理对提高产业链质量安全管理的整体绩效意义重大。根据新修订的《生猪屠宰管理条例》，在加强屠宰加工环节的质量安全管理方面：首先，从行业层面应对中小型定点屠宰企业进行升级改造，支持大型屠宰企业开设"放心肉"连锁品牌店，在规模以上的定点屠宰企业设立无害化处理现场监控系统；同时还要建立全国上下一体的生猪屠宰加工行业管理信息系统，加强标准制修订工作。其次，从产业链层面支持大型屠宰企业延伸产业链，提升管理和技术水平。通过政策引导、财政支持等方式鼓励其更新技术设备，加强质量管理，提升硬件水平和软件水平；引导规模以上屠宰企业向养殖和市场环节延伸，扩大自养生猪规模，加强品牌店建设，扩大肉品市场占有率；引导规模以上企业扩大冷鲜肉生产，加强冷链物流建设。支持中小型定点屠宰厂升级改造，重点是改造待宰间、急宰间、冷却间和厂房，改造屠宰生产线和工艺，添置肉品品质检验设备，配置肉品冷藏储运设施，建设无害化处理和污水处理设施等。最后，从企业层面提高与完善生猪屠宰加工企业内部的质量安全管理体系，优化生产加工流程，鉴别显著危害，确定关键控制点，对生产过程进行全程监控。

### 三、加强猪肉流通、销售环节的冷链建设，确保猪肉流通安全

冷链物流是确保流通和销售环节猪肉产品质量安全的关键性措施。与发达国家相比，我国冷链物流起步晚、建设薄弱、管理粗放，已成为猪肉等生鲜农产品产业发展的制约性因素。发展冷链物流，一是尽快制定冷链物流标准、完善冷链物流管理体系，使冷链的各个环节有标准和规范可循以保障食品安全；二是整合社会资源、大力发展第三方冷链物流；三是基于全过程在加工、仓储、运输、配送和零售等环节，提升冷链物流的技术装备；四是预防为主，建立关键控制点、创新冷链物流的管理机制；五是冷链物流的投资金额较大，资金回收慢，运行成本高，较其他产业的报酬率低，必须加强政府的引导和加大资金扶持；六是发挥行业协会作用、重视人才队伍建设，人员的素质是保证冷链运作的关键。

### 四、建立并健全质量安全可追溯制度，全程确保质量安全

在猪肉产品链建立并健全质量安全可追溯制度是确保猪肉产品质量、卫生、

安全的重要措施，也是猪肉产业发展的趋势。在产业链建立并健全猪肉产品的可追溯制度，是一项系统工程，需要政府有关部门及猪肉产业链相关企业共同努力。目前来看，建立并健全猪肉产品的可追溯制度，主要涵盖下列内容：一是全面推行以 HACCP 为主要内容的食品加工企业的质量安全全程控制管理体系；二是健全并加强猪肉产品质检体系建设；三是健全并加强猪肉产品认证体系建设；四是加强猪肉质量、卫生、安全执法体系建设；五是加强猪肉产业链质量安全信息体系建设；六是建立生猪良种繁育体系建设；七是建设稳定的生猪原料供给基地，实施标准化、规模化小区养殖，为生产优质、安全猪肉制品奠定基础。

### 五、加强猪肉产品质量安全信息的供给和传导机制建设，引导安全消费

信息强化可以提高消费者认知水平、影响消费者态度从而有效地提高消费者对安全猪肉的消费意愿；通过提高安全猪肉的消费意愿提高与带动猪肉产品的质量安全管理。加强猪肉产品质量安全信息的市场供给和传导机制建设，从制度上保证猪肉产品质量安全信息供给和传递的真实性和充分性。通过多种渠道对消费者开展猪肉产品质量安全宣传教育，提高消费者认知，改善消费者对猪肉质量安全的评价，从而提高猪肉质量安全供给的效率。猪肉生产企业应当披露产品在生产、加工、运输过程中的相关信息，通过真实、有效信息的供给和传导，一方面促使猪肉产品市场竞争公平、有序，增加猪肉质量安全的有效供给；另一方面使消费者能够低成本获取猪肉产品的质量安全信息，通过改善其对安全猪肉的认知与评价，增加其对安全猪肉的有效需求。

# 附录1 养殖户疫病防治行为和防治意愿调查问卷①

尊敬的消费者：

您好！

我们是南京农业大学经管学院的学生。我们编制这份关于生猪安全养殖的调查问卷，主要目的是了解养猪户对生猪饲养过程中的动物疫病防治情况。本问卷采用不记名的方式填答，问卷中问题的答案没有对错之分。对您填答的所有资料，仅供学术研究使用，绝不外流。您真实的回答对于我们研究十分重要，非常感谢您的合作与参与。谢谢！

南京农业大学经管学院

时间　　　　　　　地点　　　　　　　访谈员

1. 您的年龄是：
   A. 35 岁及以下　　　B. 36~45 岁　　　C. 46~55 岁　　　D. 56 岁以上

2. 您的性别是：
   A. 男　　　　　　　B. 女

3. 您的文化程度：
   A. 文盲　　　　　　B. 小学　　　　　C. 初中　　　　　D. 高中及以上

4. 你家共有几口人？
   A. 3 人及以下　　　B. 4~6 人　　　　C. 7 人及以上

5. 您养猪多久了？
   A. 3 年及以下　　　B. 4~6 年　　　　C. 7~9 年　　　　D. 10 年及以上

6. 您家 2006 年养猪出栏的总头数：
   A. 10 头及以下　　　B. 11~50 头　　　C. 51~100 头　　　D. 100 头及以上

7. 您家 2006 年养猪总收入占家庭总收入比重大约为：
   A . 0~25%　　　　　B. 26%~50%　　　C. 51%~75%　　　D. 76%~100%

8. 你是否参加了养猪方面的农业产业化组织？
   A. 参加了，它是：①龙头企业 + 农户　　　　②专业市场 + 农户
   　　　　　　　　　③养猪专业合作社 + 农户　④养猪协会 + 农户
   　　　　　　　　　⑤无公害猪肉基地 + 农户　⑥其他

---

① 本问卷是欧盟第六框架计划项目"基于质量的猪肉产业链管理"（UN－Q－Pork Chains－FP6－036245－2）"养殖户安全生产行为调查问卷"中的部分内容。

B. 没有参加

9. 如果参加了，产业组织提供投入品或养猪技术等服务吗？

    A. 是　　　　　　　B. 否

10. 如果参加了，产业组织提供养猪技术等方面的培训吗？

    A. 是　　　　　B. 否

11. 如果农业产业化组织提供投入品或养猪技术等服务和培训，则主要有：

    A. 饲料　　　　　B. 疫病防治　C. 苗（仔）猪　D. 兽药

    E. 生猪饲养和管理技术指导或培训　　F. 养猪场舍或养猪设备

    G. 担保贷款　　　　H. 其他

12. 政府为你们提供相关方面的支持吗（如资金、技术等）？

    A. 是　　　　　　B. 否

13. 您家的生猪防疫主要是靠：

    A. 乡镇兽医站　　B. 村兽医　　C. 个体兽医　　　D. 自己解决　　　E. 其他

14. 您是否了解一些猪容易发生的疫病？具体名称：请填写_____

    A. 不了解　　　　B. 了解一些，但不清楚　　C. 了解

15. 您是否了解疫苗的效果？

    A. 不了解　　　　B. 了解一些，但不清楚　　　C. 了解

16. 您是否按时给苗猪接种防疫针？（比如一年一次，或一年两次等）

    A. 是

    B. 不是，若不是，您不打的原因是：

    ①没有必要，我养的猪不会有病.

    ②我自己懂一点防疫疾病的知识，可以自己进行防疫

    ③疫苗太贵了，要钱

    ④疫苗不好，打了以后猪会有过敏反应

17. 您是否给育肥过程中的生猪接种防疫针？

    A. 是

    B. 不是，若不是，您不打的原因是：

    ①没有必要，我养的猪不会有病

    ②我自己懂一点防疫疾病的知识，可以自己进行防疫

    ③疫苗太贵了，要钱

    ④疫苗不好，打了以后猪会有过敏反应

18. 如果您错过了今年的防疫针接种时间，您会去给猪补打防疫针吗？

    A. 会　　　　　　B. 不会

# 附录2 有机猪肉消费者行为调查问卷

尊敬的消费者：

您好！

我们是南京农业大学经管学院的学生。我们编制这份关于有机猪肉消费意愿的调查问卷，主要目的是研究消费者对于有机猪肉的认知水平、消费现状、评价与支付意愿。本问卷采用不记名的方式填答，问卷中问题的答案没有对错之分。对您填答的所有资料，仅供学术研究使用，绝不外流。您真实的回答对于我们研究十分重要，非常感谢您的合作与参与。谢谢！

南京农业大学经管学院

访谈员

时间 　　　　　 地点

## 一、被访者实际购买行为与初始状态的认知水平

1. 您家里经常在何处购买猪肉？所占比例各为多少？

　①农贸市场_____ 　　②超市_____

　③专卖店_____ 　　④路边摊点_____ 　　⑤其他_____

2. 您选择上述场所的主要原因是什么？请按重要顺序选择前三项理由：

　①价格公道，可以讨价还价 　②质量经过检测，有保障 　③品种齐全

　④购物环境好 　　⑤是老主顾，对卖主信任 　　⑥服务好

　⑦离家近，购物方便 　⑧其他，请说明_____

　上述原因中，您认为最重要的是_____，次重要的是_____，再次为_____。

3. 以下因素中，哪些是您购买猪肉时比较重要的因素？请按重要顺序选择前三项理由：

　①价格 　②质量 　③标签（是否注明是有机产品） 　④口味 　⑤营养成分

　⑥服务 　⑦包装 　⑧产品的可追溯 　⑨环境 　⑩品牌

　上述原因中，您认为最重要的是_____，次重要的是_____，再次为_____。

4. 您是通过何种渠道获知猪肉质量安全方面的信息？

　①电视、广播、书刊杂志、报纸等媒体 　②网络媒体 　③销售广告

　④产品包装说明 　⑤医护人员介绍 　⑥亲友、好友、同事的介绍 　⑦其他

5. 您或您的家人听说过有机猪肉？

　①听说过 　　②未曾听说（跳答至第13题）

6. 您是否知道有机猪肉产品需要相关权威机构的认证，并且要通过严格的检测程序？

　①知道 　　②不知道

7. "有机猪肉是质量最好的猪肉"，您认为这种说法正确吗？

　　①正确　　　　　　　　　②不正确　　　　　　　　　③不清楚

8. 您家里是否购买过有机猪肉？

　　①购买过　　　　　　　　②没有购买过（跳至第10题）

9. 有机猪肉在您家的消费情况如何？

　　①只消费有机猪肉　　　　　②有机猪肉为主，其他猪肉为辅

　　③有机猪肉为辅，其他猪肉为主　④只偶尔购买过几次，主要是尝试性购买

10. 您认为，有机猪肉与普通猪肉相比，在以下几个方面有差别吗？

|  | 明显优于普通猪肉 | 略优于普通猪肉 | 无差别 | 不如普通猪肉 |
|---|---|---|---|---|
| 安全性 |  |  |  |  |
| 营养 |  |  |  |  |
| 口味 |  |  |  |  |
| 外观 |  |  |  |  |
| 包装 |  |  |  |  |

11. 您认为，目前市场上有机猪肉的价格如何？

　　①很低　　　②较低　　　③一般　　　④较高　　　⑤很高

12. 您未曾购买有机猪肉的原因（选两项，并请根据重要程度依次给出）：

　　①有机猪肉和普通猪肉没有差别　　②价格太高　　③购买渠道少

　　④购买不方便　　　⑤不知道在哪里可以购买　⑥可选择的品种少

　　⑦无法鉴别，怕上当　⑧不相信有机猪肉的品质　⑨其他，请说明_____

13. 您认为，最重要的原因为_____，其次为_____。

## 二、信息强化后被访者的态度与支付意愿

　　强化信息：有机猪肉源于有机猪，有机猪是在空气、土壤和水质没有被污染的环境下饲养的，使用的饲料是以不施用化肥、化学农药、人工合成调节剂的有机或传统种植的作物为原料。在猪的生长过程中，不施用任何抗生素、激素及人工合成的添加剂，并且按照猪的自然生活习性进行养殖，猪场严格执行对自然水资源和土地资源的保护。有机猪肉无兽药残留、无激素、无抗生素，口感及鲜嫩程度比普通猪肉更佳。有机猪肉的生产必须经过相关部门的严格认证。

　　1. 您认为，生产者（养猪户）会认真执行有机猪肉的生产标准吗？

| | ①完全相信 | ②基本相信 | ③无法判断 | ④基本不信 | ⑤完全不信 |
|---|---|---|---|---|---|
| A. 猪的饲养环境（水、空气、土壤）无污染 | | | | | |
| B. 饲料的原料不施用化肥、化学农药、人工合成剂 | | | | | |
| C. 在猪的饲养过程中不使用任何抗生素、激素及人工添加剂 | | | | | |
| D. 给猪充足的空间、光照，任其自由活动，自然生长 | | | | | |

2. 您认为，目前市场上出售的有机猪肉的品质是否达到了"无兽药残留、无激素、无抗生素"的标准？

①完全达到　②基本达到　③不清楚　④基本没有达到　⑤完全没有达到

3. 如果市场出售的有机猪肉并未达到有机食品的相关标准，您认为最有可能的原因是？

①政府监管不力　　　　②饲养过程未达到有机猪肉的生产标准

③有机认证无法保证品质　④零售环节以次充好，质量难以保证

⑤其他,请注明____

4. 您认为，再经过多少年的发展，有机猪肉会像普通猪肉一样，成为居民的日常消费品？

①1~2年　　②3~5年　　③5~10年　　④10~15年　　⑤15年以后

5. 您认为，近五年内消费者对有机猪肉的购买情况会有什么变化趋势？

①大量增加　②少量增加　③基本不变　④少量减少　　⑤大量减少

6. 您对有机猪肉发展的看法是？

①有机猪肉是奢侈品，即使在未来，消费者也不会大量购买有机猪肉

②有机猪肉是安全猪肉的发展方向，在未来，消费者肯定会大量购买有机猪肉

③无法判断

情景描述：您经常到市场上选购猪肉。假设市场只出售"普通猪肉"与"有机猪肉"两类。有机猪肉的生产者严格执行有机猪肉的生产标准，政府相关部门监管有效，有机猪肉经权威机构认证标识，市场上销售的有机猪肉"无兽药残留、无激素、无抗生素，口感及鲜嫩程度比普通猪肉更佳"。

7. 现在普通猪肉的市场平均售价为15元/斤，在下表所列不同价格水平下，您是否愿意在日常消费中选择购买有机猪肉？

| 普通猪肉单价/斤 | 有机猪肉单价/斤 | 愿意购买有机猪肉 | | | | 不愿意购买有机猪肉 |
| --- | --- | --- | --- | --- | --- | --- |
| | | ①完全购买有机猪肉 | ②以购买有机猪肉为主,普通猪肉为辅 | ③以购买有机猪肉为辅,普通猪肉为主 | ④会偶尔购买有机猪肉,主要是尝尝鲜 | |
| 15 | 16.5 | | | | | |
| 15 | 19.5 | | | | | |
| 15 | 22.5 | | | | | |
| 15 | 25.5 | | | | | |
| 15 | 30.0 | | | | | |
| 15 | 37.5 | | | | | |
| 15 | 45.0 | | | | | |

# 三、被访者对监管的评价与建议

1. 您认为,最应该由谁来保证有机猪肉的质量?
   ①政府监管部门　　②生产者(养猪户)　　③有机食品认证机构
   ④零售商　　　　　⑤屠宰、加工商　　　⑥其他,请注明
2. 您认为,有机认证能够有效保障有机猪肉的质量吗?
   ①完全能够保障　　②很大程度上能保障　③在很小的程度上保障
   ④根本不起任何作用
3. 您对有机猪肉进行认证的态度是?
   ①有机认证是必需的②有机认证可有可无　③有机认证完全没有必要
4. 您对政府近几年规范与保证猪肉质量的工作评价如何?
   ①非常满意　　②基本满意　　③一般　　④基本不满意　　⑤非常不满意
5. 您信任哪种渠道发布的猪肉质量安全方面的信息?
   ①政府相关职能部门(工商、质检、卫生、食品药品监督管理部门)
   ②专业权威机构(认证中心、专业研究机构)　　③大众媒体　　④朋友家人
6. 据您所知,政府提供过以下方面的信息吗?

| | 有，您对政府提供的信息满意吗？ | | | 没有 | 不清楚 | 您迫切需要哪方面的信息？ |
|---|---|---|---|---|---|---|
| | ①挺满意 | ②一般满意 | ③不满意 | | | |
| A. 猪肉经营者是否达到安全卫生要求标准的信息 | | | | | | |
| B. 猪肉产品质量安全卫生方面要求的标准（如兽药与饲料添加剂残留量） | | | | | | |
| C. 安全消费(烹饪、储藏、食用方法等) | | | | | | |
| D. 技术服务（各大农贸市场和超市是否具有检测设备等） | | | | | | |

# 四、被访者的风险态度与感知

1. 您认为，目前市场上出售的普通猪肉的质量安全问题是否严重？
   ①非常严重　　②比较严重　　③一般　　④比较安全　　⑤非常安全
   ⑥无法判断

2. 总体上，这些年来您对您所购买的猪肉放心吗？
   ①过去不放心，现在放心　　②一直放心　　③过去放心，现在不放心
   ④一直不放心　　⑤没想过

3. 您听说下列与猪肉质量安全有关的事件吗？

| | 完全不知道 | 知道一点 | 知道 | 知道且关注 | 知道且非常关注 |
|---|---|---|---|---|---|
| 注水猪肉 | | | | | |
| 兽药残留 | | | | | |
| "瘦肉精" | | | | | |
| 病死猪肉 | | | | | |

4. 当您听说上述（如瘦肉精、兽药残留等）事件后，您是否会对当前您所购买的猪肉质量产生怀疑？
   ①是的，强烈质疑　　②有些质疑　　③基本没有影响　　④完全没有影响

5. 当有媒体报道市场中出售的普通猪肉存在质量安全问题（如上述事件）后，您是否会购买与消费质量安全有保证，但价格为普通猪肉1～2倍的有机猪肉？

| 会 | 不会 |
|---|---|
| ①基本上只购买与消费有机猪肉<br>②在以后以购买有机猪肉为主，但也会购买普通猪肉<br>③只在普通猪肉出现质量问题时购买有机猪肉，平时只购买普通猪肉 | ①猪肉存在一定的质量问题在所难免，有机猪肉未必完全安全可靠<br>②不知道在哪里可以购买<br>③有机猪肉价格太高，超出了消费能力 |

# 五、被访者个体信息

1. 您的性别：　　①男　　②女
2. 您的年龄：
   ①20 岁以下　　②21～25 岁　　③26～30 岁　　④31～40 岁　　⑤41～50 岁
   ⑥51～65 岁　　⑦65 岁以上
3. 您受教育的年限：
   ①研究生以上　　②大学本科　　③大专　　④高中或者中专
   ⑤初中或者初中以下
4. 您的职业：
   ①公务员　　②文教卫生事业单位　　③企业、公司职员
   ④自有职业者　　⑤学生　　⑥待业　　⑦其他
5. 您认为您与您家人的身体状况是：
   ①很健康　　②健康　　③一般　　④较差　　⑤差
6. 请问您家月总收入大约为多少？
   ①2000 元以下　　②2000～2999 元　　③3000～3900 元　　④4000～4999 元
   ⑤5000～5999 元　　⑥6000～6999 元　　⑦7000 元以上

# 附录3 冷鲜猪肉产业链案例

## 产业链各环节主体简介

本案例为冷鲜猪肉产业链，共涉及饲料生产商、育种者、生产者（养殖者）、兽医、运送商、屠宰商、分销商、零售商等八个环节。本产业链以屠宰企业为核心，追溯其上下游最重要的合作伙伴，依次递推，选择、确定案例调研主体。

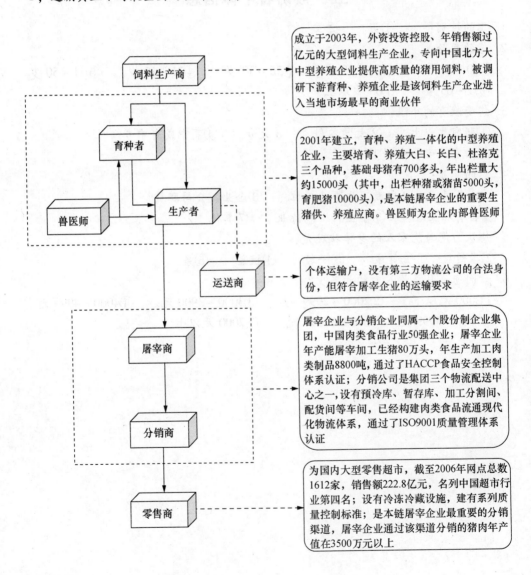

成立于2003年，外资投资控股、年销售额过亿元的大型饲料生产企业，专向中国北方大中型养殖企业提供高质量的猪用饲料，被调研下游育种、养殖企业是该饲料生产企业进入当地市场最早的商业伙伴

2001年建立，育种、养殖一体化的中型养殖企业，主要培育、养殖大白、长白、杜洛克三个品种，基础母猪有700多头，年出栏量大约15000头（其中，出栏种猪或猪苗5000头，育肥猪10000头），是本链屠宰企业的重要生猪供、养殖应商。兽医师为企业内部兽医师

个体运输户，没有第三方物流公司的合法身份，但符合屠宰企业的运输要求

屠宰企业与分销企业同属一个股份制企业集团，中国肉类食品行业50强企业；屠宰企业年产能屠宰加工生猪80万头，年生产加工肉类制品8800吨，通过了HACCP食品安全控制体系认证；分销公司是集团三个物流配送中心之一，设有预冷库、暂存库、加工分割间、配货间等车间，已经构建肉类食品流通现代化物流体系，通过了ISO9001质量管理体系认证

为国内大型零售超市，截至2006年网点总数1612家，销售额222.8亿元，名列中国超市行业第四名；设有冷冻冷藏设施，建有系列质量控制标准；是本链屠宰企业最重要的分销渠道，屠宰企业通过该渠道分销的猪肉年产值在3500万元以上

### ● 饲料生产商

本案例调研的饲料生产企业成立于 2003 年，主要从事畜禽、水产饲料、预混料和动物保健品的研究开发和生产。该企业由比利时某国际集团控股，是该集团在中国北方的生产基地，主要负责长江以北的市场；长江以南的市场由另一控股公司负责。该企业年产销过亿，是大型的外资投资控股饲料生产企业。公司秉承"以健康的饲料造就健康的食品"的服务宗旨，生产的饲料 80% 以上采用植物蛋白（如大豆、油籽等），避免使用血浆蛋白，饲料品质高，公司在同行业的竞争中处于优势地位，市场销售以国内大中型养殖企业为主。被调研下游育种、养殖企业是该饲料生产企业进入当地市场最早的商业伙伴。

### ● 育种、养殖企业

企业于 2001 年建立，实行育种、养殖一体化（属于典型自繁自养型，即从国外引进纯种种猪，根据当地市场需求，自行进行二元、三元杂交并养殖出栏）。该企业所培育的猪苗主要供给本企业的规模养殖场与养殖户，很少对外销售。企业发展到现在主要培育、养殖大白、长白、杜洛克三个品种，基础母猪有 700 多头，年出栏量大约 15000 头（其中，出栏种猪或猪苗 5000 头，育肥猪 10000 头），养殖规模属于中型养殖企业。该企业养殖包括养殖户养殖与规模猪场养殖两种，其中养殖户养殖占 40%，规模猪场占 60%。该企业是本链屠宰企业的重要生猪供应商，合作数年，已经建立了稳定、良好的战略协助关系。

### ● 兽医师

本案例所调研兽医师为育种、养殖企业内部的兽医师。除企业自有的兽医岗位外，各级政府也设有兽医站与兽医工作人员，但是在本案例中，政府设立的兽医站工作人员只负责地区一般的疫情预防与宣传，被调研企业具体的防疫检验工作则由企业自己的兽医负责。该育种、养殖企业共有兽医 4 名，主要负责产房保育与防疫、疫苗管理、配种、人员管理以及一些病情的治疗等。

### ● 运送商

本案例运送商为个体运输户，没有第三方物流公司的合法身份，但符合屠宰企业的运输要求。

### ● 屠宰企业与分销企业

本案例屠宰企业与分销企业同属一个股份制企业集团，中国肉类食品行业

50 强企业，实施生猪产供销一体化。其屠宰企业为该集团大型机械化生猪屠宰加工基地，年产能屠宰加工生猪 80 万头，年生产加工肉类制品 8800 吨。该分销公司是集团的三个物流配送中心之一，设有预冷库、暂存库、加工分割间、配货间等车间，已经构建肉类食品流通现代化物流体系，市场辐射南京、扬州、徐州、合肥、芜湖、马鞍山等地区。屠宰加工环节通过了 HACCP 食品安全控制体系认证，连锁经营环节通过了 ISO9001 质量管理体系认证。

● 零售企业

本案例零售环节调研企业为成立于 1996 年的国内某大型零售连锁超市，截至 2006 年网点总数 1612 家，实现销售规模达到 222.8 亿元，名列中国超市行业第四名。目前，该超市是被调研肉类屠宰加工企业除自营专卖店以外最大且最重要的分销渠道，由于超市设有符合国家标准的冷冻冷藏设施，管理实践遵循相关质量控制标准，故与被调研的屠宰加工企业建有长期的良好合作关系，被调研屠宰加工企业通过该渠道分销的猪肉年产值在 3500 万元以上。

# 一、交易特征

| | 交易目的<br>简单交易 VS 长期关系 | 交易沟通的本质<br>匿名 VS 公司对公司 | 交易形式<br>正式 VS 非正式 | 合同类型<br>封闭 VS 开放 |
|---|---|---|---|---|
| 饲料生产商—育种、生产商 | 长期关系：<br>育种、养殖企业是该饲料生产企业进入当地市场最早的商业伙伴，已经建立了良好的商业合作关系，双方趋于长期合作、共同发展 | 公司对公司：<br>双发长期合作，已具有良好的商业合作规范，其交易本质是利益共享、风险共担 | 正式交易：<br>签署书面合同，涉及价格协商机制、付款方式与期限、品种、规格、运输、售后、技术指导、返利点等多项事宜 | 开放式合同：<br>双方合作默契，协商有效。电话预约饲料，饲料价格基于成本参考市场价格协商确定。未竟事项还可以通过双方沟通解决 |
| 育种商—生产商 | 长期关系：<br>育种、养殖一体化，其目的是加深育种与养殖资源的专用性程度，提高养殖者对种猪、猪苗资源的控制，避免市场交易的不确定性 | 公司内部资源按照行政指令在部门与部门之间调拨，公司内部指令代替了市场交易与合同交易 | 不采用市场交易形式，一般通过公司内部的管理指令、生产计划、部门调节等形式完成 | 企业的工作规章制度会对育种、养殖部门的协作做出具体规定，同时企业管理层也会对两部门工作做出具体指示；此外，两部门还可以自行协商相关事项 |

续表

| | 交易目的<br>简单交易 VS 长期关系 | 交易沟通的本质<br>匿名 VS 公司对公司 | 交易形式<br>正式 VS 非正式 | 合同类型<br>封闭 VS 开放 |
|---|---|---|---|---|
| 育种、生产商—兽医师 | 育种、养殖企业拥有自己独立的兽医岗位，兽医的工作完全属于企业内部的管理工作，并在逐步加大兽医岗位的投资，使之成为企业的重要资源 | 公司部门之间的资源与职能互换，是公司内部生产、管理工作的一部分，其本质是职能部门（兽医）为生产部门（育种、养殖）提供技术服务 | 不采用市场交易形式，一般通过公司内部的管理指令、生产计划、部门调节等形式完成 | 兽医师的工作职责与规范由企业的工作规章制度决定，同时也受企业管理层的领导、协调 |
| 生产商—屠宰商 | 长期合作：<br>生产商是屠宰商的重要生猪供应商，合作多年已形成稳定而良好的商业合作关系，趋向于长期合作 | 公司对公司：<br>双方想通过交易与合作共同做大做强该产业链，想逐步成为利益共享、风险共担的利益共同体 | 正式合同：<br>签署书面合同，条款涉及收购数量及交付时间、收购方式、收购价格、货款结算方式及期限、奖罚办法等。具体日常交易通过电话、传真进行 | 开放式合同：<br>生产商与屠宰商的书面合同是对双方合作的一般规范，具体交易事项（如数量、品种、质量、价格等）还需根据市场行情协商确定；双方建有良好的协商机制 |
| 生产商—运送商—屠宰商 | 简单交易：<br>活猪运输由第三方个体运输商承担，运送商只负责运输 | 匿名交易：<br>负责活猪运输的第三方个体运输商没有第三方物流公司的合法身份，但生产商知道运送商的名字 | 非正式合同：<br>生产商通过口头协议的方式与运送商协商运输路线、时间、运输费等事项 | 封闭式合同：<br>生产商与运送商的合作事项都有明确规定，短期内很少变更。生产商会定期对运送商进行评估 |
| 屠宰商—分销商 | 集团内部长期合作：<br>屠宰商与分销商属于同一集团的两个独立核算子公司，分工明确，长期战略协作 | 公司对公司：<br>双方属于集团内部交易，其本质是集团内部资源与职能的交换与分配 | 非正式合同：<br>属于内部交易，屠宰公司与分销公司的负责人并不签订合同，而是由集团公司领导统一签订合同，规定两公司交易细则 | 开放式合同：<br>日常交易由双方根据市场行情协商解决，通过公司内部交易系统，分销商向屠宰场报送订单，主要传递产品数量、品种、规格等事项 |
| 分销商—零售商 | 长期合作：<br>分销公司与各级零售商建立了战略联 | 公司对公司：<br>分销商与零售商属于公司对公司的交 | 正式合同：<br>一年一签，合同内容包括质量安全、 | 开放式合同：<br>因交易频繁，年度合同外对交易事项做出 |

| | 交易目的<br>简单交易 VS 长期关系 | 交易沟通的本质<br>匿名 VS 公司对公司 | 交易形式<br>正式 VS 非正式 | 合同类型<br>封闭 VS 开放 |
|---|---|---|---|---|
| 分销商—<br>零售商 | 盟与协作关系，目的是想拥有稳定的销售渠道与市场 | 易。零售商掌握市场销售终端，分销商提供货源，市场分工、协作的结果 | 检疫证、货款结账以及国家相关规定与要求；日常交易一般通过电话或者传真，货款半月一结 | 一般约定，具体交易事项（如数量、价格、品种等）则由双方根据具体情况协商沟通解决；双方建有协商机制 |

该猪肉产业链组织治理图示：

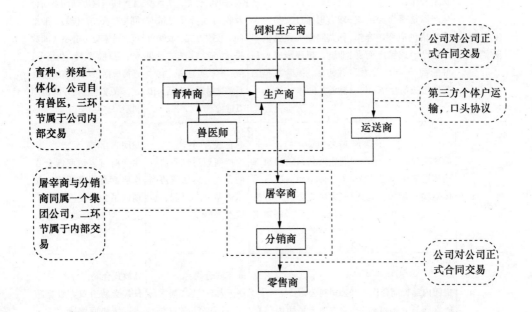

● **饲料生产商—育种、生产商**

被调研饲料生产商是由外资投资控股、年销售额过亿的大型饲料生产企业。专向中国北方大中型养殖企业提供高质量的猪用饲料。被调研下游育种、养殖企业是该饲料生产企业进入当地市场最早的商业伙伴，双方合作已五年，建立了良好的商业合作关系，双方趋于长期合作、共同发展。

饲料生产商与育种、养殖企业签订正式书面合同，合同涉及饲料价格协商办法（因近年来中国饲料成本变化较大）、付款方式与期限、品种、规格、运输、售后、技术指导、返利点等多项事宜。双方已经达成了默契的合作，育种、养殖企业所需饲料提前三天电话预约，货到验收后 30 天之内支付货款；饲料由饲料生产企业的物流部门委托第三方物流公司负责运输到养殖基地；饲料生产企业与育种、养殖企业建立了良好的价格协商机制，上游饲料生产成本上升，下游育种、养殖企业的饲料进购价也随之上浮。

目前，该饲料生产企业主要交易问题在于货款回收较慢，影响了企业的资金流动。为确保货款的回收率，对下游客户的信用资质要求较高，影响了市场销售的拓展。

● **育种商—生产商**

本案例调研企业实行育种、养殖一体化，属于自繁自养型。养殖场根据下游客户反馈的市场信息从国外直接引进纯种种猪，自行进行二元、三元杂交，使猪的性能与品种更能适应当地市场的消费需要。此外，育种、养殖一体化可以提高育种与养殖资源的专用性程度，提高养殖者对种猪、猪苗资源的控制，避免市场交易的不确定性，从源头保证质量安全。

在本案例中，育种者与生产者同属于一个企业的两个部门，它们之间以内部行政管理指令代替市场交易合同，属于合作更为紧密的组织方式。部门之间一般可以通过公司内部的管理指令、生产计划、部门调节等形式来完成交易事项，交易的实质是企业资源（主要指猪苗）在不同部门之间的配置与流动。企业的会议、规章、制度等都可以在一定程度上规范与影响两部门之间的协作。

● **育种、生产商—兽医师**

本案例所调研兽医师为育种、养殖企业内部的兽医师。除企业自有的兽医岗位外，各级政府也设有兽医站与兽医工作人员，但是在本案例中，政府设立的兽医站工作人员只负责地区一般的疫情预防与宣传，被调研企业具体的防疫检验工作则由企业自己的兽医负责。被调研企业拥有自己的兽医师，兽医的工作是企业内部生产、管理工作的一部分，兽医与育种、养殖部门的协作主要通过公司内部的管理指令、生产计划、部门调节等方式来完成，其交易的实质是企业内部的职能部门（兽医师）为生产部门（育种、养殖）提供技术服务。兽医师如何为育种与养殖部门提供技术服务，企业的工作章程中有明确的规定与规范；相关事项还可以通过部门之间自行协商解决。

● **生产商—屠宰商**

被调研生产商是屠宰企业的重要生猪供应商，合作多年，已经建立了稳定而良好的商业合作关系，趋向于长期合作；双方合作与交易的实质是为了共同做大做强该产业链，想逐步成为利益共享、风险共担的利益共同体；交易双方一般都签署正式合同，合同条款会涉及收购数量及交付时间、收购方式、收购价格、货款结算方式及期限、奖罚办法等。生产商与屠宰商的书面合同是对双方合作的一般规范，具体交易事项（如数量、品种、质量、价格等）还需根据市场行情协商确定；双方建有良好的协商机制。具体日常交易通过电话进行，即由屠宰商通过电话告知生产商当天所需生猪的数量，生产商根据屠宰商的订单需求组织货源，并在规定的时间内运送到屠宰场。收购价格由生产商与屠宰商根据当期的市场价格协商确定，除非有较大的市场波动，收购价格一般不会在短期内变化，即使因市场价格波动需要调整收购价格，也需要经双方协商确认。货款结算一般半月结算一次，由于近年来猪肉市场波动较大，市场风险加大，货款结算周期有进一步缩短的趋势。

● **生产商—运送商—屠宰商**

生产商到屠宰商的活猪运输主要借助于第三方个体运输户，即由生产商联系个体运输户将生猪原料送达屠宰公司。生产商与承运商之间一般采用口头协议的形式，协议内容较为简单，即运送时间、运送线路、数量等，一般以一次交易为主，运送费当天结算。生产商与屠宰商会对运送商进行评估，评估的主要内容包括可供量、质量、价格、地理位置、上年口头协议的履约率、供应商的诚信度、资金状况、有无不良记录等。

● **屠宰商—分销商**

屠宰商与分销商属于同一集团的两个独立核算子公司，屠宰商负责猪肉的屠宰和运送给分销商，分销商负责将冷鲜肉配送到各级零售终端。分销公司是该集团的物流配送中心，设有预冷库、暂存库、加工分割间、配货间等车间，负责将屠宰公司运送到物流中心的胴体猪肉按照客户的需求进行分割，并用公司内部冷链车配送到各个零售门面店。

屠宰商与分销商属于内部交易，具体交易事项由集团或者公司管理层会议协商决定，即屠宰公司与分销公司负责人并不签订合同，而是由集团公司领导统一签订合同规定具体交易细则。集团建有内部电子信息系统，分销商每天向屠宰商报送订单，屠宰商用公司自有冷藏运输车将胴体猪肉送到分销商物流中心。交易价格一般参照当期市场价格，屠宰公司与分销公司实行网上独立内部结算。

● **分销商——零售商**

该分销公司是集团的三个物流配送中心之一，市场辐射南京、扬州、徐州、合肥、芜湖、马鞍山等地区。分销公司与各级零售商建立了战略联盟与协作关系，目的是想拥有稳定的销售渠道与市场。

分销商和零售商签署正式合同，一般一年签订一次合同，合同内容包括质量安全、检疫证的书面证明、货款结账问题以及国家食品卫生全条例、动物防疫法的相关规定与要求等。因交易频繁，年度合同只对双发交易做出一般约定，具体交易事项（如数量、价格、品种等）则由双方根据具体情况协商沟通解决；双方建有良好的协商机制。日常交易一般通过电话或者传真，零售商提前24小时向分销商下订单，分销商接到订单经零售商确认后配货运送，货款半月一结。

分销商定期每个月对零售商进行评估，评估内容有销售额、顾客投诉、服务质量、盈利水平等。此外，分销公司还对本公司的业务员进行考核，主要考核销售额、工作量、服务质量等。

目前，该分销公司的市场范围都在公司冷藏车的快速运输半径之内，既可以快速地响应市场需求，又可以保证冷鲜肉的品质。

# 小 结

该猪肉产业链共涉及育种、养殖、饲料生产、兽医、运送、屠宰、分销、零售等八个环节，各环节的企业化、组织化程度差异较大，不同的组织形式决定了不同的交易方式，内部交易与市场交易并存。目前来看，上下游企业之间都已形成了良好的商业合作关系，基本满足了现有的交易需求。从未来几年发展的角度而言，育种、养殖、屠宰、分销企业要根据市场需求进一步扩大规模，控制成本，提高效益；饲料生产商要缩短货款结算周期，加快资金回笼；运送环节则要提高组织化、企业化程度，由个体运送商发展注册成为具有第三方物流公司身份的企业法人运送商；兽医环节应加强政府兽医对企业的监管，以外部兽医审计监督企业行为，更好地保证猪肉产品的质量安全。

1. 最重要的发现

由于产业链上主体的组织化、企业化程度差异很大，多种交易方式并存（简单交易与长期交易并存，市场交易与企业内部交易并存，正式交易与非正式交易并存）。

（1）主体的组织化、企业化程度越高，交易时越容易采用长期且正式的交易方式；组织化、企业化程度低则一般采用简单且非正式的交易方式。

（2）企业内部交易本质上是公司内部指令代替了市场交易，即公司内部的管理指令、生产计划、部门调节替代了市场交易合同。

（3）除兽医、育种与养殖实行一体化经营而采用企业内部交易与管理外，其余多数产业链上的主体在商业交易时采用开放式合同，书面总合同是对双方合作的一般规范，日常的具体交易事项（如数量、品种、质量、价格等）还需交易双方根据供需情况与市场行情协商确定。

2. 发展趋势

（1）产业链上主体之间的交易普遍倾向于实现长期合作，保证合作的稳定性。

（2）为提高自身在交易中讨价还价的能力，产业链上的核心企业（如育种、养殖、屠宰）普遍有扩大企业规模的趋势，尤其是屠宰企业，为控制与获取稳定的活猪货源，有向上游（养殖）一体化发展的趋势（如自建养殖基地）。

（3）活猪运送商发展注册成为具有第三方物流公司身份的企业法人运送商，活猪运送商与上下游之间的合作将由短期交易逐渐转变为长期交易。

3. 比较好的做法

（1）产业链上的核心企业（如育种、养殖、屠宰、零售）已经与上下环节之间建立了长期的合作关系，形成了良好的交易共识；在最大程度上控制与保障了原料供应与销售渠道的稳定，减少了交易成本。

（2）经过长期的商业合作，产业链上的多数主体对交易方式、合同内容及其协商方式较为认可，多数主体都以正式的、开放的商业合同约束双方的交易行为，并建有良好的日常交易协商与沟通机制，既保证了交易的稳定性，也保证了交易的现实性。

4. 发展瓶颈

（1）部分环节（如活猪运送商）规模较小，公司化、组织化程度低，尚不具备企业法人的交易身份与资质，在交易中多以简单交易（一次性交易）与短期交易为主；这种交易方式使活猪的质量安全控制存在一定的风险。

（2）尽管政府设有兽医部门与岗位，但产业链上的兽医工作主要由企业内部兽医承担，内部兽医受企业领导与管理，缺乏外部的有效监管。

# 二、质量标准

| 质量管理标准 | 计划<br>质量目标与危害分析 | 行动<br>风险过程控制、质量指南、培训等措施 | 质量监察 | 实施<br>界定并实施整改措施 | 公共监察 |
|---|---|---|---|---|---|
| 育种商、生产者 | 无公害畜产品产地认证单位 | 培育成活率高、生长速度快、料肉比高、瘦肉率高、体型好的猪苗及生猪；保证良好的猪舍环境；杜绝药物残留问题 | 采用人工授精进行育种，对猪苗进行隔离饲养；对刚出生的猪苗打耳缺；有效处理药物残留；对员工进行不定期的质量安全培训 | 内部兽医人员对生猪质量进行检测 | 将优秀的种猪留下配种，被淘汰的种猪则作为普通商品猪出售；对不同类型的患病猪采用不同的处理方式 | 当地农林部门每季度对猪场进行一次抽查 |
| 饲料生产商 | ISO9000、HACCP | 追求饲料产品的营养均衡和质量安全 | 从大型企业采购原料；用蛋类制品代替同源性原料；售后及时跟踪观察客户；对员工进行不定期培训 | 品控部对原料采购、饲料生产以及饲料出厂等环节都会进行严格检验；该公司客户委托当地畜牧局对饲料质量进行检验 | 通过售后服务及时跟踪观察客户，如发现质量问题，则对饲料的成分、比例进行调整改进 | 当地质量监督局不定期对该饲料企业进行督察和审计 |
| 兽医 | 无相关标准 | 及时有效地进行疾病免疫、疾病治疗、疾病扑灭工作 | 建立疾病监测及免疫制度；建立疾病扑灭制度 | 内部兽医人员对生猪质量进行检测 | 对患病猪采取相应的处理办法 | |
| 运送商（生产—屠宰） | 无相关标准 | 保证运输活猪的数量、运输时间，个体运输户一般不对运输途中活猪的质量负责 | 途中检查活猪数量，控制运输速度，保证运输时间 | 屠宰企业会清点活猪数量，记录运输时间与路线，并对运输商评分 | 数量、运输时间等问题由运输商负责；活猪质量等问题由生产商与屠宰商协商解决 | 动物检验检疫部门会在流通要道设关卡对这两个环节运输的生猪或猪肉产品进行质量检测 |

续表

| 质量管理标准 | 计划<br>质量目标与危害分析 | 行动<br>风险过程控制、质量指南、培训等措施 | 质量监察 | 实施<br>界定并实施整改措施 | 公共监察 |
|---|---|---|---|---|---|
| 屠宰商 | ISO9001、ISO14001、ISO10012、HACCP及无公害农产品认证 | 冷鲜猪肉出厂合格率达96%，逐年提高1%；对三个关键控制点进行严格控制 | 考察供应商资格；宰前检疫、宰后检验；下线后全程冷却；通过编号进行质量追溯；对员工进行不定期培训 | 质量控制中心负责质量体系标准的制定和申报工作；卫检部负责屠宰前检疫和屠宰后的质量检验工作 | 质量不合格的猪肉产品禁止出场 | 兽医卫生监督所、质量技术监督局、卫生防疫站对屠宰猪肉质量进行监督检查 |
| 运输商（屠宰—分销） | 无相关标准 | 保证全程冷链运输 | 冷链不间断运输，温度维持在0～4℃；采用吊挂式运输 | 经销商的质量检验员和兽医站的检验人员对猪肉产品质量进行检验 | 对于运输过程中"回温"导致水分外溢的冷鲜肉，迅速在低温环境下降温处理；对于疫病类问题猪肉，立即销毁 | 动物检验检疫部门在流通要道设关卡对猪肉产品进行质量检测 |
| 分销商 | ISO9001、ISO14001、ISO10012、HACCP及无公害农产品认证 | 保证猪肉无质量问题；建立零售商忠诚度体系 | 验收货源质量；冷链不间断；采用先进先出原则 | 内部质量检验员和兽医站的检验人员对猪肉产品质量进行检验 | 实施产品召回制度 | 当地质量监督局、工商部门、卫生部门对猪肉产品质量进行抽查 |
| 零售商 | 无相关标准 | 销售猪肉无任何质量问题，建立零售商忠诚度体系 | 选择有实力、产品质量有保障的供应商，查证验物；冷柜恒温 | 内部质量检验人员对猪肉产品质量进行检验 | 对于瑕疵猪肉产品，会将其加工成另一种形式出售；对于变质猪肉产品，立即销毁 | 当地质量监督局、工商部门、卫生部门对猪肉产品质量进行抽查 |

● **育种商、生产商**

受访企业的生猪育种和养殖实现了一体化，通过了无公害畜产品产地认证，以培育成活率高、生长速度快、料肉比高、瘦肉率高、体型好的猪苗及生猪作为其质量管理目标。

为了实现其质量目标，该企业在培育种猪方面主要采用人工授精的育种方式，严格要求采精、检查、储存、输精等环节，保证各个环节都使用无菌操作，同时会通过对种猪打耳缺①的方式保证生猪的可追溯性；在生猪养殖环节则采用隔离饲养的方法，即将猪群控制在一个有利于防疫和生产管理的范围内进行饲养，将养猪场严格划分为行政管理区和饲养生产区，在两区之间设立隔离屏障，保持猪舍间的彼此独立，同时定期对猪舍进行消毒，并在大门入口、饲养区入口及猪舍入口分别设立消毒池以保障生猪养殖过程中的质量安全。此外，受访企业在育种环节会对猪苗的选定进行多次选拔，通过 1 月临检、2 月临检、3 月临检和 6 月临检，逐步选拔出生长速度快、料肉比高、瘦肉率高、体型好的猪苗。对甄选出来的优秀种猪留下以进行配种，而被淘汰的种猪则作为普通商品猪对外出售；在养殖环节则通过对不同类型的患病猪区别处理的方式，严格控制出栏生猪的质量，如对于生病且即将出栏的生猪，治愈后会单独隔离一周观察，经兽医人员检测，药物残留已经通过正常生理消化排泄，才可出栏销售；对患有传染病的生猪立即进行隔离治疗；对病死猪则进行深埋焚烧、撒石灰消毒等无害化处理。

受访企业系国家生猪活体储备基地场，当地农林部门每季度会对其生猪进行一次抽查，抽查内容主要包括对生猪的药检、饲料检验，以及对猪舍、养殖设备、免疫设备、免疫记录、病死猪处理设备等是否达标进行检测，一旦检测出"瘦肉精"等违禁药物和"蛋白精"等非法添加物，会立即取消其基地资格，并处以高额罚款。

● **饲料生产商**

受访企业于 2004 年通过了 ISO9000 和 HACCP 质量体系认证，其质量目标主要是生产出营养均衡和质量安全的饲料产品。

受访企业通过选择与有信誉保障的大型原料供应商进行交易来保证其原料产品的质量安全。对于已经采购的原料，会由公司品控部对其进行检验，遇到有问题的产品坚决退货。在选择原料成分方面，该公司用植物蛋白（如玉米酒精糟）

---

①　耳缺跟耳标的性质是一样的，但耳缺比耳标稳固。

代替同源性原料（如血浆蛋白粉或血球蛋白粉等），这主要是因为植物蛋白无论从其来源还是自身的营养价值方面都是很好的替代品，并且其还具有与血液制品相同的免疫抗体物质；在生产方面，该公司会对生产工人不定期地进行有关质量安全管理的培训；在售出饲料产品的质量安全方面，公司会对每一批次的产品进行追溯跟踪，出现质量问题时会派遣相关售后服务人员或技术人员对客户进行回访及处理。

当地畜牧局和质量监督局会不定期地对该饲料企业进行督察和审计，检测其饲料是否含有瘦肉精等有害物质以及饲料成分是否符合标签内容。该公司的客户有时也会委托当地畜牧局对饲料质量进行检验。

目前，从饲料质量安全角度看，该公司的产品完全达到国际标准；但从饲料营养角度看，该公司能够满足生猪更高营养标准的高端产品品种较少，这主要是受中国养殖业特征的影响，高端产品的市场极小。预计在未来 5 年内，该公司仍会以中低端产品为主。

## ● 兽医

受访企业建立了较为完善的疾病监测体系，兽医师每天早晚两次巡视猪舍，对猪的精神状况、采食情况、排粪情况等进行检查，一旦发现猪只反应异常，及时测其体温。对于患病猪采取个体打针、群体则把药物投入食物或水中的方法。

受访企业同时建立了相应的免疫制度，每年春秋两季对猪开展免疫工作，根据猪场及周边地区的疫病情况，正确选择疫苗种类，制定科学的免疫程序，建立免疫档案。如该企业对仔猪进行免疫工作就分为两步：第一步实行"超免"（超前免疫）政策，即小猪刚生产就先接种疫苗，一个半小时后才能吃奶，接种疫苗后，猪乳中的免疫球蛋白可能会影响疫苗起作用，这就要求兽医师经常到猪场巡视，观察其反应是否异常；第二步是小猪生长到 45 日左右进行"二免"（二次免疫），即再次给猪接种疫苗，从而有效提高猪的免疫能力。

受访企业也相应地建立了疫病扑灭制度，当猪群发生疫情时，一旦明确传染病性质，立即采取隔离措施，且隔离开的猪群由专人饲养，使用专门用具，并且对假定健康猪进行紧急预防接种，对病死猪进行深埋焚烧、撒石灰消毒等无害化处理。

受访兽医师由于技术水平起点不高，有时会出现诊断病情失误或者用药过滥的情况。另外，出于对成本控制的考虑，兽医师在进行免疫工作时，对免疫次数、疫苗质量及疫苗用量的把握还存在一定的困难。

● **运送商（生产—屠宰）**

生猪从养殖企业至屠宰场的运输服务由个体运输户提供，联系等事宜则由屠宰场负责，该环节的运输工具一般为卡车，运输方式为敞车运输，其通风效果较好，但活猪在运输过程中可能被社会病源感染。目前，我国尚未对活猪运输做出相关质量规定与标准，另外，本案例中，由于个体运输户的运输工具并非专用于运送生猪产品，产品的交叉运输也可能威胁到生猪的质量安全。动物检验检疫部门会在流通要道设关卡对这两个环节运输的生猪或猪肉产品进行质量检测。

预计未来 5 年内从养殖企业至屠宰场的运输会向封闭式运输和专用性运输的方向发展。

● **屠宰商**

受访企业目前已通过危害分析与关键控制点（HACCP）认证、无公害农产品认证、ISO9001 质量管理体系认证、ISO14001 环境管理体系认证和 ISO10012 测量管理体系认证。该公司制定了"冷鲜猪肉出厂合格率达 96%，逐年提高 1%"的质量目标，由其质量控制中心负责质量体系标准的制定和申报工作。该公司还编制了质量手册供员工客户参阅，不定期对员工进行质量安全的培训。一般每年组织大范围培训一次，专业性培训两次；销售人员每月培训两次，培训时间一般每次半天。

在屠宰环节，首先，该企业会对其上游的供应商进行考察认证，以保证源头产品的质量安全。其次，生猪在进入屠宰场之前，必须具备"三证一标"，即产地检疫合格证明、运输工具消毒证明、非疫区证明和免疫耳标。当生猪运至屠宰场后，还需先停留 6～24 小时进行隔离静养，检疫无问题后方可进入屠宰线。该企业要求宰前检疫率达到 100%，对于检疫不合格的病死猪，要进行高温蒸煮、深埋等无害化处理。

生猪进屠宰线后，运用麻电致昏工艺、雾化喷淋冷却、乳酸多栅栏减菌和冷链不间断等技术屠宰，整个屠宰过程需要 45～50 分钟，控制在 1 小时内；在屠宰过程中对三个关键控制点进行严格控制，这三个关键控制点分别是生猪验收、下尾/旋毛虫检验及劈半/进预冷间前冲洗环节；猪肉产品下线进库后立即进行冷却排酸保鲜，通常是将猪肉温度控制在 4℃左右冷却 24 小时以上；猪肉在出场前还要经过 18 道检验工序，检查不合格的猪肉产品禁止出场。

企业自有的卫检部负责屠宰前检疫和屠宰后的质量检验工作，质量技术监督局、卫生防疫站也会对屠宰猪肉质量进行监督检查。其中，质监部门重点检查猪肉产品质量、产品合格率等是否符合国家标准，防疫部门则重点检查产品添加剂、微量元素含量及有害成分的残留。分析检疫检验结果的工作则由当地兽医卫生监督所派出的兽医师进行。

受访企业还建立了质量追溯体系，即每一批生猪屠宰前逐个编号，标明产地、数量，根据货源分车、分批送宰，在生猪进入同步检验线①，内脏分离后，进行逐个检验。一旦检验发现质量问题，不管是胴体、内脏抑或其他部位，都能追溯到是哪头猪出现问题，再根据编号追溯至其源头。

随着该屠宰场销售区域的扩大，屠宰规模相对偏小、设备也已老化，新屠宰场正在筹建之中。此外，为了达到食品加工出口注册企业的要求和标准，该公司已考虑未来5年内提高产品质量认证等级。

## ● 运送商（屠宰场—分销商）

猪肉产品从屠宰场至经销商的运输服务主要由屠宰企业负责，运输车辆由屠宰企业车队和第三方物流公司车队构成，运输时间3～5小时。屠宰企业车队目前拥有30多台冷藏保温车②，统一标志，车上配有制冷装置，车厢温度维持在0～4℃，产品运输采用吊挂形式。如果是委托第三方物流公司运输，则要求其运输车辆配有制冷装置和温度仪器，以保证全程冷链运输。对于运输过程中"回温"导致水分外溢的冷鲜肉，会迅速在低温环境下进行降温处理；而对于疫病类问题猪肉，则立即销毁处理。

预计未来5年，从屠宰场至经销商的运输会增加配备温度测度仪器。

## ● 分销商

受访企业已经通过危害分析与关键控制点（HACCP）认证、无公害农产品认证、ISO9001质量管理体系认证、ISO14001环境管理体系认证和ISO10012测量管理体系认证，其质量目标就是保证销售产品的质量安全，目前该企业的产品还没有出现过质量问题。

该公司会派出自己的质量检验员和兽医站的常驻4名检验人员一同对运送到企业的猪肉质量进行检验验收，验收主要包括以下四个程序：①要求运输车辆提供"三证"，即产地检疫合格证明，运输工具消毒证明，非疫区证明。②检验温度维持在0～4℃。③查看猪肉检验报告。④用仪器测量猪肉含水量，必须低于77%。对于"回温"（设定值以内）导致的冷鲜肉水分外溢问题，迅速在低温环境下进行降温处理；对于疫病类可疑猪肉，检验人员会带回化验室化验，如有

---

① 即在屠宰的同时进行质量检验。

② 不是冷藏车，冷藏车制冷量较大；而冷藏保温车不能把温度降到更低，只能维持温度在某一水平。

问题，立即销毁。此外，该公司的配送车间包括预冷库、暂存库、加工分割间、配货间，都可以实现与冷链车无缝对接，从而保证冷链的不间断。

该企业会根据客户的要求对胴体猪肉进行分割、初加工及深加工，在产品销售时采用先进先出原则。

该企业的猪肉产品在销售前会由当地质量监督局、工商部门及卫生部门联合检查其质量问题；如果是流通后出现了质量问题，则采用产品召回制，将有质量问题的产品立即撤柜，再进行详细检查。

● **零售商**

受访企业对供应商的养殖基地、运输设备及运输条件都会进行考核，最终选择有实力、质量有保障的猪肉企业作为其供应商，由当地质量监督局、工商部门、卫生部门对猪肉产品质量进行抽查。

该企业会对供应商的猪肉产品进行质量检验验收，到货时进行"查证验物"。查验的证件包括肉品检疫检验证、产地检疫合格证、品质合格证、车辆消毒证；验物则是验质量、验温度、验感观。由于检验人员非专业技术人员，也无专业仪器，可能会造成检验验收的误差，威胁到猪肉产品的质量。

该企业拥有自己的冷柜，可以将猪肉产品的温度维持在 0～4℃，保证冷鲜猪肉产品的质量。但猪肉产品在卸货、存放冷库或冷柜的过程中，会有部分热量流失。该超市对于瑕疵猪肉产品（猪肉质量只是有小问题，如感官较差，但肉质没问题），会将其加工成另一种形式的猪肉产品出售，如将未销售完的冻肉加工成卤制品销售；对于变质猪肉产品，会立即销毁。

针对质量管理追溯问题，该企业的包装肉制品比较容易实现产品的召回，因为产品包装显示了一切信息，如生产厂家、生产日期、净含量、温度，但是在生鲜猪肉的召回和追溯方面还存在很大的困难。

# 小 结

此案例猪肉产业链中，饲料生产者、养殖场、屠宰场、经销商四个环节在质量安全管理方面能够严格依据"计划—行动—检查—实施"循环进行，遵循着良好的操作规范；育种者、兽医师、运输商、零售商四个环节在质量安全管理方面相对薄弱，尤其是生产者—屠宰场运输环节，敞车运输和产品交叉运输直接威胁到生猪的质量安全。预计在未来 5 年内可能实现封闭式运输和专用性运输，解决上述可能出现的质量问题,而育种者、兽医师、零售商三个环节仍难有较大的发展。

1. 最重要的发现

(1) 该链大部分环节企业都通过了国际、国内或者相关质量认证标准,并建立了企业的质量目标。

(2) 该链各环节均接受内部和外部对产品质量的监督和审计,但在公共部门的监督审计方面,对育种者、养殖者、兽医师等环节监管力度不足;在经销商、零售商等流通环节虽然建立了多个部门共同负责的管理体制,但是各部门职责分工不明、执法标准不一等情况导致猪肉质量安全管理效率较低。

2. 发展趋势

(1) 链条各环节企业更加重视产品质量安全管理与体系建设,加强质量标准认证工作,尤其加强国际质量标准的认证;通过引进先进技术和设备完善质量追溯机制和预警机制。

(2) 运输企业会实现封闭式运输、专用性运输,并具备相关资质认证。

3. 比较好的做法

(1) 对企业员工进行有关质量安全管理的培训,提高了认识,加强了统一领导。

(2) 该链大部分环节企业会对上游供应商的产品质量进行检验。

(3) 该链养殖者保证生猪的可追溯性,隔离饲养,对不同类型的患病猪区别处理的方式严格控制出栏生猪的质量。

(4) 该链饲料生产者对每一批次的产品进行追溯跟踪,出现质量问题时会派遣相关售后服务人员或技术人员对客户进行回访及处理。

(5) 该链屠宰场在屠宰过程中对三个关键控制点进行严格控制,并建立了质量追溯体系;分销商实行产品召回制度。

4. 发展瓶颈

(1) 该链兽医师技术水平起点不高,有时会出现诊断病情失误或者用药过滥的情况,在进行免疫工作时,对免疫次数、疫苗质量及疫苗用量的把握还存在一定的困难。

(2) 该链养殖场硬件设施比较落后;生猪养殖环节尤其是散养户兽药使用极不规范。

(3) 屠宰环节后,难以建立可追溯系统,不利于最终产品的质量控制。

# 三、信息的利用

| | 产品信息<br>猪仔（生猪）死亡率、耳标、质量、包装等 | 加工过程信息<br>饲养、防疫、检疫检验、贮藏等 | 信息系统 |
|---|---|---|---|
| 育种商 | 育种企业详细记录猪仔、猪种信息，猪仔父母系信息、猪仔死亡率信息、耳标、生长特性、抗病性等方面的信息 | 育种企业对饲料使用信息、猪仔的防疫情况、猪仔养殖环境卫生等方面的信息有详细的记录，并利用实验室进行检验与检测，对相关结果进行记录 | 基本信息有专案备档，企业采用手动的形式记录信息 |
| 饲料生产商 | 饲料生产商对本企业生产的饲料的组成成分、营养成分以及包装等信息有详细的记录 | 饲料生产商对本企业饲料加工过程中使用的原料、加工过程的卫生状况和饲料研发过程中的实验结果等有详细的记录 | 企业采用电子信息系统对产品信息和加工过程信息进行记录 |
| 生产商（养殖者） | 生产者详细记录并利用生猪死亡率、耳缺、生猪料肉比、猪种的抗病性等信息 | 生产者对猪仔的饲料使用情况、防疫免疫情况、疫病发生信息和养殖过程中的用药情况都有详细的记录 | 基本信息有专案备档，企业采用手动形式记录信息 |
| 兽医师 | 企业的兽医师对猪仔死亡率、猪仔父母系情况、猪仔质量等信息掌握得很详细 | 企业的兽医师对猪仔使用饲料的安全情况、猪仔的免疫防疫情况、猪仔实验室检验结果等信息掌握得很全面 | 采用电脑系统记录信息 |
| 屠宰商 | 屠宰商对运送到场生猪的品种、来源（产地、品种和规格）、质量等信息有详细的记录，对某一批次生猪的肥肉比、骨肉比、从毛猪到腈猪的比例、出肉率、出品率都有记录；获取记录每批运送到场的生猪瘦肉精的检验结果，静养6~24小时的检测结果等 | 屠宰前的生猪验收（CCP1），屠宰过程中对头部、内脏、胴体进行同步检验并记录检验结果信息，下尾/旋毛虫检验（CCP2），并记录实验室检验结果，劈半/进预冷间前冲洗（CCP3） | 企业设有内部ERP系统，金蝶3K软件系统，对得到的数据进行及时的录入和整理，并设专项记录 |

| | 产品信息<br>猪仔（生猪）死亡率、<br>耳标、质量、包装等 | 加工过程信息<br>饲养、防疫、检疫<br>检验、贮藏等 | 信息系统 |
|---|---|---|---|
| 分销商 | 分销商对猪肉产品的质量信息、批次、三证、运输过程中的温度都有检验与记录 | 分销商对分销过程中的温度、路线、卡车数量、时间等有严格管理与记录 | 企业内部设有 OA 办公室自动化系统，及时反映冷鲜肉产品的信息 |
| 零售商 | 零售商对猪肉的质量、保质期限、价格、包装、运输信息都有记录 | 零售商在销售的过程中对验货信息、库存信息、上货信息和销售信息都有记录 | 企业采用一系列的办公室自动化信息系统进行信息的采集和记录 |

● **育种商**

产品信息——被调研企业的猪种为三元杂交猪种，母本以长大二元杂交为主，父本一般是杜洛克；猪苗的死亡率依据重量和天数的不同而不同，以两个月的猪苗为例，30~40公斤的成活率在97%以上，60公斤以上的存活率一般在98%以上。通常来说，天数越长、重量越重，猪苗成活率越高；该育种公司使用耳缺（耳缺与耳标的性质等同）记录苗猪的个体信息，如血统、品种、出生日期、特性等；另外，育种者还会对猪苗出栏时的基本质量信息如体重、健康状况等进行记录，以供下游客户使用。在本案例中，育种者能够较好地利用猪苗的产品信息，既保证企业自身能够详细了解并利用本公司猪苗情况，也能够与公司下游客户进行充分的信息交换，提高交易成功率。

加工过程信息——被调研企业在育种过程中会详细记录种猪与猪仔饲料投放信息，并对不同品种的猪投放不同类型饲料的料肉比进行分析；记录对种猪与仔猪进行疾病检疫与防疫程序的信息；同时还会将猪仔的环境卫生情况信息拍成录像进行记录。

信息系统——在本案例中，由于该育种公司长期饲养的猪仔类型较为稳定，猪仔父母系、死亡率、猪苗天数、耳标等信息情况变化较小，因此育种公司有关此类的信息由手动的形式专案备档，遇有变动时及时变更或补充。

● **饲料生产商**

产品信息——饲料生产商对所生产饲料的组成成分、营养成分以及包装等信息有详细的记录，并定期与下游客户沟通，获取饲料的实际使用效果与效益，并不断根据客户与市场信息更新、推出新产品。

加工过程信息——饲料生产商对本企业饲料加工过程中使用的原料、加工过程的卫生状况和饲料研发过程中的实验结果等有详细的记录，记录质量控制过程与结果。公司设有专门的质量检测部门检测同类蛋白与血液蛋白的含量（同类蛋白与血液蛋白易产生病毒传染），并记录检验结果，保证饲料产品的安全性。

信息系统——由于被调研饲料生产商是中外合资企业，该企业建有完备的电子信息系统，信息发布、利用、交流的平台较好。

● **生产商（养殖者）**

产品信息——本案例调研的生产者（养殖者）是与育种者一体化的公司，规范地使用耳缺记录猪的血统、品种、抗病性、特性等产品信息；详细记录育肥猪的生长与防疫情况，以便于企业对猪进行饲养管理与下游客户查询。

加工过程信息——公司在育肥过程中对饲料使用的时间、方式、反应有较为详细的记录；对育肥猪的生长、重量、抗病性、检验等信息进行记录，控制育成猪（100～120公斤）的死亡率在1%，淘汰率1%，总成活率达98%。遵循政府规定在春秋两季对生猪进行免疫防疫，对疫病发生的过程、用药处理和最终结果进行详细的记录，以备日后疫情发生时查用。

信息系统——养殖过程的信息记录与利用以手动为主，形成档案与文件存储，设有专职管理人员进行相关信息档案的管理。

● **兽医**

产品信息——本案例调研的兽医为企业自有的兽医，该兽医对猪的死亡率进行分段统计：产房阶段（产猪—断奶—育肥）成活率要求90%以上（死亡率为10%以下）。育肥阶段，70日龄25公斤猪苗的成活率控制为96%～97%（死亡率为3%～4%）；25～60公斤的育成猪成活率控制为97%（死亡率为3%）；60公斤以上一直到出栏成活率控制为98%（死亡率为1%，淘汰率为1%）。

加工过程信息——兽医定期为猪做疫苗并观察、记录防疫情况，并做好记录和备案工作，如管理者或者兽医需要经常到猪场观察猪群的精神状况、采食情况、排粪情况，发现异常情况，要及时检测体温、检验、提前治疗并记录；通过日常管理检疫措施及时掌握猪群情况。另外，兽医定期对饲料进行抽检以确认其是否合格、是否含有违禁药物等；该猪场设有人工授精实验室，详细记录与备案实验室结果。

信息系统——调研企业为兽医部门配备了专门的电脑以记录相关信息，为兽医及时掌握和统计产品与加工信息提供了便利。

● **运送商**

由于该案例中的运输商以私人个体运送商为主，他们只负责活猪运输，基本不获取产品信息、加工信息，也没有使用相应的信息系统。

● **屠宰商**

产品信息——屠宰商对运送到屠宰场的活猪的来源、品种、价格、数量等信息进行详细记录；了解生猪在运输过程中的死亡率；屠宰商对每批猪的出肉率、出品率、骨肉比和肥肉比详细记录；为保证质量安全，生猪在屠宰前静养6~24小时以观察生猪的基本情况，发现有异常个体立刻隔离，并对本批次猪进行检查，将每批次生猪静养检查的结果记录存档；另外，对猪瘦肉精含量进行检测并记录信息，以保证屠宰前的生猪质量是安全的，保证每批猪肉质量有记录可以查询，便于在出现问题后由屠宰环节向上游追溯。

加工过程信息——屠宰过程中对信息的记录比较完备，屠宰前进行生猪验收（CCP1），获取每批生猪的质量安全信息；屠宰过程中会对同一头猪的头部、血液、内脏、肠系膜、心肝肺等进行同步检测，如果出现问题立刻对出现疑似问题的胴体及其相关产品进行复核与记录，并查清该头猪的批次来源；在屠宰过程中记录水压、冲洗时间和可见污染物等信息，经检验合格后盖章记录备案；并对肉进行旋毛虫检验（CCP2），同时记录检验结果；最后将热鲜肉进行冷却排酸，记录冷却过程的温度（0~4℃）和排酸后是否达标的结果。加工信息的详细记录有利于屠宰商对猪肉质量的监控和追溯。

信息系统——本案例中的屠宰企业配有完备的信息系统平台，拥有自己的企业网站、办公系统、财务管理系统（用友）、人力资源管理系统，管理与业务实现网络化，对产品和加工信息能做到及时记录、及时录入电脑存储。

● **分销商**

产品信息——分销商在验收屠宰商发送的冷鲜肉时索取并登记每批产品的三证，即动物检疫证、车辆消毒证以及公司检测中心出具的疫病药残检测合格证信息，检查并记录运送过程中的温度控制和批次。

加工过程信息——分销商对分销过程中的温度控制（0~4℃）、使用的车辆数量、距离时间等有记录；采用计算机系统监控冷鲜肉存储室温度。

信息系统——分销商采用企业内部的OA办公室自动化系统对产品信息、加工信息进行管理，通过网络进行订货与交易。

● **零售商**

产品信息——零售商对分销到市场的猪肉的质量、数量、价格、包装、保质期限、运输等信息有明确的记录；利用条形码等记录产品信息。

加工过程信息——零售商对销售过程中猪肉的质量信息、上货销售的日期、时间、销量、毛利和顾客反应等有详细的记录，并整理汇总市场需求信息。

信息系统——零售企业具有完备的网络信息平台，接入内部 ERP 系统和销售网络。

# 小　结

过去 10 年，从整体来看，生鲜链各环节信息利用的深度与广度都有所提高，企业对信息利用的意识增强，每个环节都对相关产品信息进行详细记录并加以利用，从源头获取产业链信息，有助于产品信息的传递与质量控制、产品追溯机制的建立与完善。分环节而言，上游育种、养殖企业通过在企业内部设置专门信息制度，及时地记录和反映了猪仔、生猪和猪肉的质量信息等，形成了一系列良好的操作规范，但各环节信息利用的程度还有所差异。在未来 5 年，育种、养殖企业将实现信息管理自动化，进一步拓宽企业对信息利用的范围，加强上游实验室的建设，更精确地检验与控制猪肉质量安全。

1. 最重要的发现

（1）过去 10 年中，各环节信息利用的深度与广度都有所提高。

（2）冷鲜肉产业链整体的信息利用程度不高，从上游育种、养殖到下游屠宰加工各环节的信息利用程度不同，下游屠宰加工环节信息利用程度较高，上游育种、养殖等环节信息利用程度较低。

（3）各环节信息利用的手段电子化、无纸化程度提高。

2. 发展趋势

（1）强化加工过程的质量控制管理。

（2）重点运用系统加强经营效果的考核，减少人为管理的弊端。

（3）运用信息技术研究企业的外部竞争态势和发展战略。

3. 比较好的做法

（1）信息利用意识强，每个环节都对相关产品信息进行详细记录并加以利用。

（2）上游育种、养殖企业通过在企业内部设置专门信息制度，及时地记录和反映了猪仔、生猪和猪肉的质量信息等。

4. 发展瓶颈

（1）整体信息化程度不高，手工信息系统与自动化信息系统并存，不同环节信息化水平差异显著。饲料、屠宰、分销、零售环节组织化、企业化程度较高，信息系统与平台完善，信息利用程度较高；而育种、养殖、运输、兽医环节信息化、自动化水平较低，容易成为该产业链信息沟通与交换的制约瓶颈。个别环节信息化水平间接影响到整条链信息化的质量。

（2）产业链多数环节工艺都较复杂，软件系统难以解决深层次问题，如对猪群精神的观察与猪肉的检验目前仍以人眼目测为主，自动化软件很难代替。

（3）生鲜猪肉属于劳动密集型产业，大部分员工的素质较低，难以适应不断提升的信息化管理的要求，培训的任务较重。

# 四、信息交换

| | 生产信息交换<br>猪仔死亡率、耳标、质量数据等 | 加工信息交换<br>实验室结果、防疫、饲养、卫生等 | 计划信息<br>预测、交货期、定价、数量、质量等 | 使用的信息系统<br>传真、电话、互联网、电子数据交换的无纸贸易，电子邮件 |
|---|---|---|---|---|
| 育种商—生产商 | 被调研企业属于育种、养殖一体化，因此，生产信息的交换即是企业内部信息的交流、共享。育种者向生产者提供猪仔的品种、父母系、死亡率、耳标、质量、数量等方面的详细信息 | 育种者向生产者提供饲料使用信息、猪仔的防疫、养殖环境、卫生等方面的信息；这些信息可随时在企业内部沟通 | 育种、养殖同属一个企业，会共享生产计划、数量、价格、交货期等信息。企业会整体根据市场供需信息，制定生产计划，合理安排育种、养殖部门的生产任务 | 被调研企业尚未实现办公自动化，因此，面谈与电话是育种、养殖部门最常用的信息交换方式；记录产品信息的各类型纸质文档也是信息交换的重要方式 |
| 育种商—兽医师 | 兽医师定期向育种者提供猪仔的死亡率、抗病性，生病记录、用药记录、防疫检疫记录等信息；每周交换一次，便于让育种者及时了解猪仔的相关信息，以便对出现的问题做出及时的解决 | 兽医师向育种者提供实验室检疫结果、防疫、饲养和卫生情况，交换的频率为每周一次 | 育种者向兽医师提供其生产计划、猪仔的数量、品种、质量信息；兽医根据育种者提供的这些信息安排防疫、保健工作 | 采用的信息系统由文档和电话构成。由于本企业兽医对猪仔防疫检疫等质量安全信息有详细的记录，育种者可以通过查询文档、记录或者电话等方式与兽医进行信息沟通与交流 |

|  | 生产信息交换 | 加工信息交换 | 计划信息 | 使用的信息系统 |
|---|---|---|---|---|
|  | 猪仔死亡率、耳标、质量数据等 | 实验室结果、防疫、饲养、卫生等 | 预测、交货期、定价、数量、质量等 | 传真、电话、互联网、电子数据交换的无纸贸易，电子邮件 |
| 饲料生产商—生产商 | 饲料生产商向生产商提供饲料的组成成分、营养成分、价格、数量以及包装等信息，交换的频率为每月一次。（生产者与饲料生产商的订货周期为一月，信息交换一般伴随着交易而进行） | 饲料生产商向生产商提供饲料加工过程中使用的原料、卫生状况和饲料研发过程中的实验结果；交换的频率为每月一次。生产者会定期或者不定期就饲料的使用效果、出现的问题与生产商进行交换；饲料生产商也会主动与生产商联系，了解饲料的使用情况，并定期（一般一月）派业务员或者技术员驻场给予必要的指导 | 饲料生产商会及时将货源、价格、数量等方面的变动信息通报生产商，便于生产者合理制定饲料库存、控制饲料采购成本，保证生产的连续性生产商会将生产所需饲料数量、规格、品种、价格通报饲料生产商，交流的频率较高，平均达到一周2次 | 饲料生产商与生产者信息沟通的主要方式有电话、面谈、会议的形式；电话用于一般的信息交流，正式的交易往往需要通过面谈或者会议；饲料生产商会定期对生产者进行饲料使用的技术指导和培训，通过良好的售后服务与技术指导让生产者了解产品的相关信息 |
| 生产商—兽医师 | 兽医师向生产者提供生猪的死亡率、防疫、检疫数据，交换频率为每周一次，目的是让生产者及时了解育肥猪的生长信息，预防疾病与疫情的发生 | 兽医师向生产者提供疾病、疫情预防方案、实施情况以及结果；生猪饲养和卫生情况，交换频率为每周一次 | 兽医师向生产者提供疾病的预防信息，并对生猪饲养的日常管理与卫生工作提出建议 | 生产者与兽医沟通的主要方式有面谈、电话、工作会议等；兽医对生猪的质量安全信息有详细的记录，生产者可以通过查询相关文档获知详细资料 |
| 生产商—运送商 | 本案例中的运送商都为符合生产者运输条件的个体运送商，一般只负责运输任务。运送商只需要向生产者提供其运输资质与运输条件的信息即可 | 运送商一般不对途中生猪进行检疫、饲养 | 生产者会对运送商规定运送活猪的数量、条件与时间，并要求运送商在运送途中保证生猪的安全 | 生产者与运送商信息沟通的主要方式为面谈与电话。交换频率随交易次数而定 |

|  | 生产信息交换 | 加工信息交换 | 计划信息 | 使用的信息系统 |
|---|---|---|---|---|
|  | 猪仔死亡率、耳标、质量数据等 | 实验室结果、防疫饲养、卫生等 | 预测、交货期、定价、数量、质量等 | 传真、电话、互联网、电子数据交换的无纸贸易,电子邮件 |
| 生产商—屠宰场 | 生产商向屠宰商提供的产品信息有生猪的肥肉比、骨肉比、从毛猪到腈猪的比例,出肉率、出品率、生猪的品种、来源(产地、品种和规格)等,信息的交换在生产商将生猪运送给屠宰商时进行,每天一次 | 生产商向屠宰商提供生猪的饲养、防疫卫生情况;交换的频率为每月一次;另外,屠宰商会定期每月一次派专人到生产商的养殖基地进行信息交流;屠宰商会将屠宰过程中发现的生猪质量问题向生产者反馈并追溯原因 | 生产商向屠宰商提供生猪养殖的生产计划、可提供的数量、价格、质量等;交流的频率为每天一次;如果生猪的供给价格、数量出现较大变化,生产者会及时向屠宰场进行信息通报,协助屠宰场组织生猪货源 | 生产者与屠宰场信息沟通的方式较多,一般有电话、传真、面谈、会议、人员互派等多种形式。一般的业务信息通过电话沟通,正式商业合同通过传真或者面谈、会议达成;此外,双方还会派人员互访,加强信息交流 |
| 屠宰商—分销商 | 屠宰商向分销商提供三证、批次、运输过程中的温度和质量等产品信息,交流的频率为每天一次,包装等信息在包装材料或过程中有变化时与分销商进行交流 | 屠宰商向分销商提供屠宰过程检验检疫和实验室结果等过程信息,交换频率为每月一次,每次供货时也有交流 | 分销商向屠宰商提供价格、订单、预测等计划信息,交换频率为一天一次,一般提前72小时订货 | 采用ERP信息交换系统、传真、网络系统;通过内部ERP系统,屠宰商可以较为及时地得到分销商取得的市场行情信息,传真可以快速地下订单,签订合同 |
| 分销商—零售商 | 分销商将产品的规格、数量、品种和产品表象(色泽)等产品信息与零售商进行交流,频率为每天一次 | 分销商在发货时向零售商提供产品的检验、检疫、卫生等方面的信息,信息交换的频率为每天一次 | 零售商将企业生产计划、采购信息、价格趋势、数量、质量的要求以及市场需求等信息与分销商进行信息交换,交换的频率为每天一次 | 分销商与零售商进行信息交换的方式有电话、传真、会议、网络。电话可以及时交流信息,传真可以交换正式的订单,双方可以通过会议协商解决重大交易事项,日常的商业交易订单通过网络交易平台进行 |

# 小 结

过去10年，从整体来看，生鲜链各环节信息交换的准确性、时效性、完整性程度都得到了极大的提高，很多环节之间都已充分认识到信息及时沟通的重要性，并根据实际情况逐步建立信息交换平台，形成良好操作规范。但是，上游育种、养殖环节的信息化、自动化程度低，沟通方式较为传统与单一，屠宰、分销和零售环节信息交换存在相互隐瞒的现象，而从整条产业链来看，任何一个环节信息交换的质量都会影响到整条链信息交换的效率。未来5年，随着信息化管理对市场发展的引领作用越来越大，下游会加快电子商务发展进程，各环节迫切需要与上游供应商实现实时信息的共享与交换，逐步向现代物流管理体系发展。

1. 最重要的发现

(1) 通过近几年的发展，该产业链信息交换的准确性、时效性、完整性都得到极大的提高。

(2) 上游育种、养殖环节的信息化、自动化程度低，沟通方式较为传统与单一，主要依靠电话与面谈，信息的获取、存储、利用、交换效率低。

(3) 链条中的上游会隐瞒部分时期行情下跌的信息，下游会隐瞒部分时期市场产品价格上涨的信息。

2. 发展趋势

(1) 各环节之间可实现电话、传真、互联网、电子邮件等多种方式进行信息交换。

(2) 从分销环节与下游零售环节的信息交换来看，随着信息化管理对市场发展的引领作用越来越大，下游会加快电子商务的发展进程，各环节迫切需要与上游供应商实现实时信息共享与交换，逐步向现代物流管理体系发展。

3. 比较好的做法

(1) 育种、养殖和饲料生产环节，各方经常通过会议的形式探讨产业发展较为深层次和全面的问题。

(2) 饲料生产商召开饲料使用研讨会宣传和扩大该产品的影响力。

(3) 下游分销、零售商每天都向上游发布需求数量、规格、质量、价格等采购信息，屠宰商每天可以根据市场反馈信息及时均衡采购生猪的数量，安排屠宰任务，并安排产品运输及其他相关事宜。

(4) 市场行情变化时相关环节都会及时向上下游进行信息通报，善意提醒合作者调整生产计划与库存；遇到重大交易变动至少提前一至数天告知对方。

4. 发展瓶颈

（1）上游育种、养殖环节的信息化、自动化程度低，沟通方式较为传统与单一，是影响该产业链提升信息交换与利用整体效率和效果的瓶颈。

（2）屠宰、分销和零售环节信息交换的主要瓶颈在于某些重要信息不能实现共享，导致市场信息不能及时传递，信息的滞后带来企业经营决策的滞后与失误。如上游会隐瞒部分时期行情下跌的信息，下游会隐瞒部分时期市场产品价格上涨的信息。

# 五、绩　效

| | 过去10年中的变化<br>有效性、可响应性、质量、灵活性 | 未来5年期待的变化<br>有效性、可响应性、质量、灵活性 | 绩效评价<br>采用何种数据、以什么作为目标、采取何种评价体系 | 关键绩效指标<br>例如，每年出栏幼猪数量 |
|---|---|---|---|---|
| 育种商 | 从财务指标转向关注响应速度、质量指标等 | 在有效性及灵活性方面作出改进 | 目前仍以财务指标为主进行评价，以获利为目标 | 销售额、年出栏量 |
| 饲料生产商 | 采用国外的指标体系，以财务指标为主，兼顾有效性、可响应性、质量及灵活性指标，10年来变化不大 | 基本保持不变 | 对有效性、可响应性、质量、灵活性等指标均有所考虑 | 销售量、货款回收率 |
| 生产商 | 由单一的财务指标转为以财务指标为主，兼顾质量指标的评价体系 | 会考虑适当增加销售指标、供应指标等 | 以实现产品数量与质量的共同增长为目标 | 利润、销售额、生猪出栏量 |
| 兽医师 | 注：兽医师属于育种、养殖企业内部员工，不独立作为主体考评与核算 | | | |
| 运送商 | 变化不大，以财务指标为主，兼顾质量指标 | 基本保持不变 | 以保证运输过程中的产品质量为主要目标 | 主要包括运输距离及产品合格率指标 |
| 屠宰商 | 由以数量指标为主转为数量与质量指标并重 | 由数量型向质量型指标转变 | 以获利为目标 | 利润率、屠宰量、产品的市场适销率、毛利率、生产费用率、人力成本等 |

续表

|  | 过去 10 年中的变化<br>有效性、可响应性、质量、灵活性 | 未来 5 年期待的变化<br>有效性、可响应性、质量、灵活性 | 绩效评价<br>采用何种数据、以什么作为目标、采取何种评价体系 | 关键绩效指标<br>例如，每年出栏幼猪数量 |
|---|---|---|---|---|
| 分销商 | 以财务指标为主，兼顾其他指标的评价体系，10 年来变化不大 | 基本保持不变 | 以销售利润最大化为主要目标 | 销售量、销售额、毛利率、费用、利润及质量指标 |
| 零售商 | 由财务指标转为以财务指标为主，兼顾质量指标 | 会加入可响应性、灵活性等指标 | 主要采用财务数据进行绩效考评 | 产品净利润及销售额指标 |

● **育种商**

育种环节在绩效评价方面一直以财务指标为主，兼顾质量指标，同时与供需情况相挂钩，但销售额是其最关键的指标。在最近几年加入了可响应性指标及灵活性指标，如考虑了猪苗的供需状况、交易方式等，从而使该环节的绩效评价体系有所改进。但有效性指标等的缺乏导致其在对总体绩效进行评价时不够完善，因此在未来 5 年将会逐步将上述指标纳入绩效评价体系中。

● **饲料生产商**

该饲料生产者由中外合资建立，在引进国外先进生产流水线的同时也引入了较为成熟的绩效评价体系。该体系以销售量以及货款回收率作为关键指标，除此之外还将有效性、可响应性、质量及灵活性指标均纳入自身的评价体系中。此体系会随着市场变化不断进行自我调整，预计未来 5 年内该体系能够基本满足市场的变化。

● **生产商**

生产者的绩效评价由过去单一考虑财务指标转为财务指标与质量指标并重，但总体来说还是以财务指标为主。以利润、销售额以及生猪出栏量等指标作为最关键指标的同时也加入了一些其他指标，如生产率、可响应性指标等，这些指标与个人经济利益相挂钩，因此在一定程度上提高了员工的工作积极性。从目前的实施情况来看，该评价体系运行较好，预计未来 5 年为了适应市场的变化还会加入一些新指标，如产品的供应情况指标等。

● **兽医师**

兽医师属于育种、养殖企业内部员工，不作为独立主体考评与核算。

● **运送商**

该环节外包给独立第三方，以个体运输者为主，即运送商符合屠宰公司的考核要求后按照与公司签订的合约进行活猪运送。其绩效评价体系主要是考虑运输途中活猪质量的保证以及运输的距离。就目前的现状来看，针对这一环节的绩效评价体系较为简单，未来5年会更加注重活猪质量及产品安全等指标以有效保证产品的质量。

● **屠宰商**

猪肉屠宰环节的绩效考评采取的是财务指标与质量指标并重的评价方法，同时也考虑了有效性、灵活性等指标。财务指标中，销售额和利润的考核更偏重于净利润，效率指标主要有出品率、损耗率、毛利率、费用率等；质量指标方面对产品合格率的考核较直观，质量安全方面的追溯只是在处理投诉层面上，还没有硬性指标考核；柔性管理体现在产品交货方式和供应量均有一定的灵活性，企业暂定的指标为90%。因为下游最重要的客户（分销商）属于同一集团公司，相关信息易沟通，所以响应指标考核没有得到重视。对各个部门、各个岗位制定详细的绩效考核办法，由专门的考核组按周、月进行考核，同时采取后道工序为前道工序把关；考核组的工作质量由总经理室考核，工资的发放完全依据绩效考核结果。基本做到"增人不增资，减人不减资，岗变薪变，按质按量，计时计件"，从而有效地保障猪肉产品质量的安全性，使屠宰环节的运营更有效率。如对于屠宰线上的员工，不仅考核每天的屠宰数量，还要考核安全产品的数量，这就要求员工不仅要关注数量，还要注重质量。

该种评价体系尽管目前运行较好，但还是存在一定的问题，如员工素质的参差不齐，难以形成全员参与绩效考核的氛围，在量与质的关系上还偏重量；绩效指标难以涵盖生产的深层次问题，以及效率和费率指标没有真正与员工收入挂钩等。预计未来的5年公司绩效指标将向质量型方向转变，以提高生产的科学性、高效性为重点，注重劳动效率、投入产出、万元产值费用率等指标的考核，同时在质量、安全、可追溯性方面进行突破，将核心的指标集中在市场适销度、质量安全性、节能降耗性、效益优先性等方面。

● **分销商**

分销商环节按业务部门的不同采用不同的绩效评价体系进行核算，其关键指标主要有销售量、销售额、毛利率、费用率、利润及质量指标等。该评价体系每半年会按照ISO9000的标准进行完善，例如配送部门最初以销售额和毛利指标进行考核，但销售额以及毛利额随市场价格的波动而不断变化，并不能完全、准确地反映出实际绩效水平，如价格高时猪肉的销售额会较高，但销售量则未必增加；相反，肉价低时销售额可能不高，销售量却很大。为了使绩效评价更为合理，目前对该部门已经改为按照销售数量进行考核。从当前情况看，这种绩效评价体系已经基本达到预期目的，未来5年内也不会再有大的变化。

● **零售商**

零售商环节主要还是围绕财务指标建立绩效评价体系，关键包括销售额、产品净利润等指标。但随着消费者对食品安全关注程度的提高，零售商在绩效考评中也适当地加入了一些质量指标，如产品质量指标、产品安全性指标等。预计在未来5年内会进一步增加交货的灵活性等新指标以满足消费者的需求，最终实现自身价值的最大化。

# 小 结

总体来看，该产业链各环节对绩效评价指标都进行了创新，具有一定的效果。但由于上游环节的交易主要是原始的口头协议的方式，信息的传递和共享也仅限于电话的联络。因此，需要通过上游供应商和下游屠宰加工企业的供应链整合，提升产业链整体绩效。对该产业链核心企业——屠宰公司来说，生猪的品质、价格以及内部的屠宰成本、管理成本、质量成本的控制对其绩效影响最大。另外，员工的参与度对企业绩效的影响也不显著，因为员工拿固定工资，并不关心企业的效益。这些不足之处需要在日后的发展过程中进一步完善。

1. 最重要的发现

随着消费者对猪肉产品质量越来越关注，绩效考核指标也有了较大转变，很多环节的绩效考核都由传统的财务指标考核方式逐渐向数量指标与质量指标并重的考核方式发展。

2. 发展趋势

由于生活水平的不断提高，消费者对产品会越来越挑剔，对产品质量、供货及时性等的要求也会不断提高，这就使得产业链上各环节在绩效考核过程中也要加入更多的非财务类指标以完善自身的绩效考核机制。

3. 比较好的做法

该企业的猪肉屠宰环节绩效考评采取了财务指标与质量指标并重的评价方法，同时也考虑了有效性、灵活性等指标，对各个部门、各个岗位制定详细的绩效考核办法，由专门的考核组按周、月进行考核，同时采取后道工序为前道工序把关，考核组的工作质量由总经理室考核，工资的发放完全依据绩效考核结果。

4. 发展瓶颈

员工素质参差不齐，难以形成全员参与绩效考核的氛围，考核偏向于数量指标，绩效指标难以涵盖生产的深层次问题，效率和费率指标控制有待提高。

# 六、成　本

● **育种、生产商**

受访企业为育种与养殖一体化企业，主要考虑企业的整体经营情况，因此将育种和养殖环节的投入和产出综合起来进行核算。

经访谈得知，该企业在过去几年内的成本呈现明显的增加趋势，其中，饲料成本与人本成本增长是推动整体成本上升的主要因素。饲料投入占总成本的70%，近年来，饲料价格大幅上涨，直接导致总成本增加；人工成本也呈现平稳上升趋势。除此以外，为提高产能而进行的设备更新也带动了总成本的增长。与成本增长相对应，产品单价也呈现显著的增长趋势。预计未来，成本和价格呈现波动上升态势。

● **饲料生产商**

受访企业总成本呈逐年递增趋势，具体表现在投入成本及加工成本的增长。其中，投入成本上升主要受原材料成本上升的影响，固定资产的投入也占了很大的比例，如该企业新近投资170万美元进行某设备的改造；从加工成本看，电费、机器磨损、内部管理及办公费用也都不断增长，只是增长速度比投入成本稍低。与投入成本及加工成本增长趋势相反，该企业的劳动力成本近年来呈现下降趋势，如员工工资出现小幅下降。与成本增加相对应，随着近年原材料价格的不断攀升，该企业的产品价格也逐渐上涨。该企业预计，未来5年饲料产品的价格可能会有所增长，但增幅不会过大。

● **屠宰商**

屠宰环节近年的成本、价格都有所增加。成本增加主要原因是，消费者对产品品质要求提高，生产过程中的废弃、辅助材料、人员消耗、工艺要求标准提高而导致生产成本增加。此外，劳动力成本逐年上涨也是导致总成本增加的重要原因。据受访企业专家介绍，近两年屠宰行业的利润率比以前有所下降。

● **分销商**

受劳动力成本与油价上涨的影响，分销环节的成本逐年上升。由于该产业链要加强分销环节的质量安全管理而配备相应的冷链设备及其管理体系，未来5年分销、运输环节的成本还会有所提高。

● **零售商**

零售环节的成本也逐年增长。为提高产品质量安全管理而配备的固定资产投入增长和人工费用的增长是推动成本增加的主要因素。零售环节产品价格也呈现增长的趋势，且增长幅度大于成本增长幅度，因此零售商利润率有所提高。零售企业预计，未来几年该环节的成本投入及价格还会提高。

# 七、创　新

| | 产品创新 | 加工过程创新 | 营销（市场）创新 | 组织创新 |
|---|---|---|---|---|
| 育种商、生产商 | 引进国外优秀种猪；培育出三元杂交猪 | 采用人工授精育种技术；使用耳缺对猪进行标记；引进采食设备 | 网站发布信息、出版企业刊物 | 种猪外包培育 |
| 饲料生产商 | 拥有独立的研发部门；研制出萃取中草药有益元素的育肥饲料 | 同源性原料替代品（如苹果干、酒糟、玉米酒精糟等）的选择性增强 | 拓展市场范围，以天津为中心，向东北、河北、山东、山西等地区拓展 | 缩短汇款周期与增加现款现货交易，加快了资金周转速度；以返利形式对销售人员和经销商进行激励 |
| 兽医师 | 利用比色卡技术检测猪血清中的抗体水平，判断猪的疾病 | | | |

| | 产品创新 | 加工过程创新 | 营销（市场）创新 | 组织创新 |
|---|---|---|---|---|
| 屠宰商 | 品种分类精细化；推出淮黑猪肉、真空包装保鲜分部位猪肉、乳酸减菌冷却猪肉等新产品；创立子品牌；导入 CIS（企业形象与发展战略）系统 | 引进了优化麻电致昏工艺、雾化喷淋冷却、冷链不间断技术；与高校合作开展课题研究以提高屠宰技术 | | 与供应商定价方法更为合理；实行"自繁自养" |
| 运输商 | 建立了统一标志的车队 | 冷藏保温技术，车厢维持在 0~4℃；采用吊挂式运输 | | |
| 分销商 | 产品品种分类趋于精细化，推出淮黑猪肉、真空包装保鲜分部位猪肉、乳酸减菌冷却猪肉等新产品 | 引进先进技术，兴建大型低温物流配送中心 | 通过批发、零售、配送、团购四种经营业态扩大销售市场；通过广告、公共关系的维系（如资助当地贫困小学等）手段进行宣传企业产品及企业形象 | 采购部门根据市场需求预测决定生猪购货量，并将信息反馈给屠宰场，为上游屠宰场确定其屠宰量提供依据；分销对象向连锁专卖店趋势发展 |
| 零售商 | 根据市场需求分割肉品 | 肉食品贮藏条件的改善（如冷藏柜的使用、对贮藏温度的严格控制等） | 注重对市场需求的调查，根据需求调查结果对产品进行再加工处理，并采取特价销售等手段促进销售 | 产品采购由该零售商所属集团总部统一负责，所购货物由上游供货商直接运输至各门店 |

● **育种商、生产商**

被调研企业属于育种、养殖一体化企业。在产品创新方面，该公司引进了英系和美系的优良种猪，通过三元杂交的育种手段培育新型猪种，缩短了生猪的生长周期。目前，该公司的育种水平与国外相比仍然偏低，其产品创新主要受育种技术及资金等条件限制。

在技术创新方面，该公司 2000 年从法国引进了人工授精技术，保证了种猪的优良品质；在养殖环节，该公司引进了国外先进的采食设备，提高了养殖环节的自动化程度。

在营销创新方面，该公司改变了以往单一的营销方式，通过在相关网站发布信息及出版企业刊物等新式营销手段，较大地提高了企业的知名度，增加了企业的销售量。

在组织创新方面，该公司采用了种猪外包培育的方式，即选择一个养殖小区，对养殖户在种苗、人工授精、饲料配给、病情防疫等方面实行统一培训和管理，统一收购。这种方式由于签订了收购合同并以高于市场平均价格的收购价进行收购，因此吸引了大批的养殖户。通过这种组织创新，该公司以较低的运营成本增加了产能。

● **饲料生产商**

该公司拥有独立的研发部门进行饲料产品的创新，其研制的育肥饲料，通过萃取中草药中的有益元素，提高了猪的生长速度和瘦肉率，且无副作用。目前，该企业的销售网络正以天津为中心，向东北、河北、山东、山西等地区辐射，营销范围不断扩大。

在饲料生产过程创新方面，该公司利用植物蛋白代替国内饲料生产者普遍使用的同源性原料作为其原料成分。替代品的种类也在不断创新，如苹果干、酒糟、玉米酒精糟、下脚料、糖渣、胡萝卜渣、次品奶粉等，从原材料方面降低了企业的饲料生产成本。

该企业在与下游养殖场合作过程中，主要选择大中型养殖场和养殖散户。与前者合作采用直销模式；而向后者销售饲料主要通过当地经销商，交易时采用现款现货制度，加快了资金周转速度。

目前，国内饲料竞争主要以低价格取胜，因此，研发产品是否具有价格优势是饲料生产商产品创新决策的首要影响因素。由于饲料成本占下游购买者养殖成本的 70% 以上，养猪场和养殖户对饲料价格十分敏感，这在一定程度上制约了该饲料生产商在高端产品品种上的创新选择。

● **兽医师**

该养殖场的兽医人员学历较低，技术水平起点不高，制约了其在疾病检测、疾病免疫、疫苗研制等技术方面的创新。目前，该养殖场的兽医人员并不进行疫苗研制工作，所需疫苗全部外购。随着养殖环节竞争的加剧以及疾病检测难度的加大，该养殖场的兽医人员对技术创新越来越重视，如近期就引进了比色卡技术检测猪血清中的抗体水平，以快速、简便、直观地判断猪的疾病。

● **屠宰场**

在产品创新方面，该公司一是对原有品种分类更精细化，如将排骨分为大排、小排；二是推出了不添加任何违禁激素、添加剂以及抗生素的黑猪肉、真空包装保鲜猪肉、乳酸减菌冷却猪肉等新产品；三是向深加工产品发展，增加高温、腌腊、卤菜等产品系列。

在屠宰技术、设备创新方面，该公司引进了优化麻电致昏工艺、雾化喷淋冷却、冷链不间断技术，未来还将引进乳酸多栅栏减菌、TTI卡（温度—时间指示）技术。目前，该公司与某农业大学合作开展了"抑制细菌繁殖保持鲜度"课题，项目的研究有助于提升肉的感官和品质。

在营销创新方面，首先，该企业开拓产品品牌，目前已拥有五个独立的品牌。其次，该企业于1998年导入CIS（企业形象与发展战略）系统，并专门设立了视觉识别系统管理部门，负责设计产品外包装与整体企业形象。

在组织创新方面，该屠宰场已投资建成6个现代化养猪场，实行"自繁自养"。目前，养猪场年总存栏量3万头、母猪存栏3000头，年出栏杜洛克三元杂交商品猪6万头左右。

从内部环境看，该企业存在创新的迫切性与人才引进滞后的矛盾，部分设施条件制约着组织创新的进一步深化；从外部环境看，企业创新受政府管理力度和市场引导因素的影响，如生猪定点屠宰各地政府要求不一、政策各异，很多地区存在地方保护主义，极大地限制了企业的发展。

预计未来5年，该企业会更多关注产品的创新，将推出生态猪肉、有机猪肉、分部位真空小包装猪肉、微波猪肉系列产品、猪肉料理品、半成品系列等产品。

### ● 运输商（屠宰场—经销商）

生猪从养殖场至屠宰场的运输服务由个体运输户提供，创新较少。而从屠宰场到分销商的运输服务主要由屠宰场提供，屠宰场建立了统一标志的车队，目前拥有30多台冷藏保温车，车上配有制冷装置，车厢温度维持在0~4℃，运输过程中产品采用吊挂形式。屠宰场车队实现了封闭式运输和专用性运输。

预计未来从养殖场至屠宰场的运输会实现封闭式运输、专用性运输。

### ● 分销商

在产品创新方面，该分销商根据市场需求调查，推进产品向精细化发展。按照客户的要求对购进肉品进行粗加工或深加工处理，在市场推出了淮黑猪肉、真空包装保鲜分部位猪肉、乳酸减菌冷却猪肉等新产品。在未来5年内，该公司计划推出生态猪肉、有机猪肉、分部位真空小包装猪肉、微波猪肉系列产品、猪肉料理品、半成品系列等产品，丰富产品种类，扩大消费市场。

在分销过程中，受访分销商从 2005 年起开始在中国华东地区兴建起大型的低温物流配送中心，构建了肉类食品流通现代化物流体系。新建的南京物流配送中心，占地面积近 7 万平方米，是当前国内最大的以肉类产品为主的低温物流配送中心，以占地面积大、制冷和配送技术先进领先于同行业其他企业。

在营销创新方面，该分销商在巩固传统批发业务的基础上，开发了超市、大卖场（苏果、麦德龙、欧尚、家乐福超市等）及伙食单位（大专院校、企事业单位、部队、医院等）的配送业务，拓展业务范围。另外，该企业还通过电视广告、平面广告、资助当地贫困小学等手段开展宣传活动，扩大公司知名度，塑造企业形象，打造企业品牌。

在组织创新方面，由于该企业与上游屠宰场属于同一集团公司，上游屠宰场冷鲜肉生产量的 90% 以上都是为了实现对受访分销商的供给，因此该分销商的采购部门会根据市场需求预测判断其生猪购买量，并将信息反馈给上游屠宰场，为上游屠宰场确定其屠宰量提供依据。企业对其下游零售商的选择倾向于专卖店形式的规模化发展，计划全面开展肉品连锁专卖，为塑造品牌形象、保证产品质量奠定基础。

● **零售商**

受访零售商的产品创新主要体系在，定期对消费需求进行调查，并根据调查结果对猪肉进行分割、包装与产品再加工，以满足不同产品需求。对于贮藏过程的创新，该零售商主要通过改善猪肉食品的储藏容器（如贮存及销售过程全程冷链，防止肉品产生质量问题）、储藏温度等来保证产品的质量安全。营销创新主要体现在与降价等多种促销方式。产品采购由该零售商所属集团总部与供货商联系，所购货物由上游供货商直接运输至各门店，这种做法更有利于保障猪肉品质。

# 小 结

1. 最重要的发现

（1）该链育种企业采用了种猪外包培育的方式，即选择一个养殖小区，对养殖户在种苗、人工授精、饲料配给、病情防疫等方面实行统一培训和管理，统一收购。通过这种组织创新，企业在低成本运作下实现了产能的增加，同时，也基本解决了农户散养猪肉质量安全难以得到保障的问题。

（2）该链饲料生产企业用植物蛋白代替国内饲料生产者普遍使用的同源性原料作为其原料成分，在降低饲料生物风险的同时，也降低了企业的生产成本。

（3）该链分销商从 2005 年起开始在中国华东地区兴建起大型的低温物流配送中心，构建肉类食品流通现代化物流体系。

2. 发展趋势

（1）产业链各环节企业更加注重市场细分，推出更加多元化的产品，尤其是质量安全、口感美味、方便、营养的猪肉产品。

（2）运输企业会实现封闭式运输、专用性运输，并具备相关资质认证。

（3）通过高质量的产品和高质量的服务体系拓展营销范围。

3. 比较好的做法

（1）根据企业实际情况，积极引进国外先进生产技术和装备，实现产品和生产过程的创新，提升产品质量。

（2）改变单一营销方式，通过在相关网站发布信息，出版企业刊物，开拓产品品牌，肩负社会责任等新式营销手段提高企业知名度，塑造企业形象，增加企业销售量。

（3）对下游消费者进行细分，根据消费者的多元化需求进行产品创新，增强企业竞争力；根据消费者类型进行交易方式创新，降低企业成本，提高交易效率，加快资金周转速度。

4. 发展瓶颈

（1）企业的资金和发展规模会制约创新的发展。

（2）育种环节和养殖环节的从业人员学历较低，技术水平起点不高，制约了技术创新和产品创新。

（3）猪场和养殖户对饲料的价格十分敏感，这在一定程度上制约了饲料生产商在高端产品品种上的创新选择。

（4）企业创新受政府管理力度和对市场引导的因素影响，很多地区存在地方保护主义。

# 八、相关法规

|  | 质量和安全性 | 可追溯性 | 动物健康和动物福利 | 环境 |
|---|---|---|---|---|
| 育种商 | — | — | — | — |
| 饲料生产商 | 《饲料和饲料添加剂管理条例》、《饲料标签》标准 | — | — | 《饲料和饲料添加剂管理条例》 |

续表

| | 质量和安全性 | 可追溯性 | 动物健康和动物福利 | 环境 |
|---|---|---|---|---|
| 生产商 | 《中华人民共和国农产品质量安全法》、《中华人民共和国动物防疫法》、《重大动物疫情应急条例》 | 《中华人民共和国动物防疫法》 | 尚没有保护动物福利的法案出台，但个别省市（如海南省）正酝酿出台相关的动物福利保护法规 | 《中华人民共和国农产品质量安全法》、《畜禽养殖业污染物排放标准》 |
| 兽医师 | 执业兽医管理办法（草案） | — | 执业兽医管理办法（草案） | — |
| 运送商 | — | — | 正在协商运输过程中动物福利保护的相关规定 | — |
| 屠宰商 | 《中华人民共和国农产品质量安全法》、《国务院关于加强食品等产品安全监督管理的特别规定》、《中华人民共和国食品卫生法》、猪肉卫生标准（GB2707—1994），个别省份开始实施《无公害猪肉质量标准》和《天然无抗猪肉标准》 | 《国务院关于加强食品等产品安全监督管理的特别规定》、《中华人民共和国农产品质量安全法》 | 中国尚没有保护动物福利的法案出台，但个别省市（如海南省）正酝酿出台相关的动物福利保护法规 | 《国务院生猪屠宰管理条例》 |
| 加工商 | 《中华人民共和国农产品质量安全法》、《国务院关于加强食品等产品安全监督管理的特别规定》、《中华人民共和国食品卫生法》、猪肉卫生标准（GB2707—1944），QS认证标准，个别省份开始实施《无公害猪肉质量标准》和《天然无抗猪肉标准》 | 《国务院关于加强食品等产品安全监督管理的特别规定》、《中华人民共和国农产品质量安全法》 | 中国目前没有保护动物福利的法案出台，中国肉类协会正在对动物福利问题进行协商 | 《中华人民共和国农产品质量安全法》 |

| | 质量和安全性 | 可追溯性 | 动物健康和动物福利 | 环境 |
|---|---|---|---|---|
| 零售商 | 《国务院关于加强食品等产品安全监督管理的特别规定》、《中华人民共和国农产品质量安全法》 | 《国务院关于加强食品等产品安全监督管理的特别规定》、《中华人民共和国农产品质量安全法》 | — | — |

### ● 育种商

在我国，目前并未专门针对育种环节的质量安全、可追溯性、动物健康和福利及环境保护方面出台相关法律法规。预计未来，有关部门可能会针对这几个方面制定相应的法律法规，从猪肉产业链源头提高质量安全性、保护生猪的动物福利及减少该环节对环境的破坏。

### ● 饲料生产商

在猪饲料质量安全的控制方面，我国已于1999年5月29日颁布《饲料和饲料添加剂管理条例》，该条例是我国针对饲料行业管理出台的第一部行政法规，目的是加快实施以监控、检测体系建设为主体的饲料安全工程，它的颁布和实施为饲料的安全管理工作提供了法律依据。另外，我国于2000年6月1日开始实施GB 10648—1999《饲料标签》这一强制性国家标准，规定标签上必须标注"本产品符合饲料卫生标准"字样，并补充了加入药物饲料添加剂饲料标注的内容，即对于添加有药物饲料添加剂的饲料产品，其标准上必须标注"含有药物饲料添加剂"字样，同时还必须标明所添加药物的法定名称、准确含量、配制禁忌、停药期及其他注意事项。由中国监督所及农林厅下设的农产品检测中心这两个政府机构负责饲料质量的监督检查，每年进行两次全国性的普查，以前的普查结果显示全国饲料检验合格率达到96%以上。

### ● 生产商

生产者对生猪质量安全的控制需依据《中华人民共和国农产品质量安全法》。该规定从猪肉食品产业链源头对猪肉的质量安全加以控制，此外还有专门针对生猪养殖过程中环境保护的条款，如"禁止在有毒有害物质超过规定标准的区域生产、捕捞、采集食用农产品和建立农产品生产基地；禁止违反法律、法规的规定向农产品产地排放或者倾倒废水、废气、固体废物或者其他有毒有害物质"。如违反规定"向农产品产地排放或者倾倒废水、废气、固体废物或者其他有毒有害物质的，依照有关环境保护法律、法规的规定处罚；造成损害的，依法承担赔偿责任"。新修订的《中华人民共和国动物防疫法》于2008年1月1日起正式实施，修改了大部分条款，增加了疫情预警、疫病风险评估、疫情认定、疫病可追溯体系、无规定动物疫病区建设、官方兽医、执业兽医制度、动物防疫保障机制等方面的内容，进一步明确饲养者和经营者的责任。另外，《重大动物疫情应急条例》从2005年11月开始实行，该条例对生猪养殖过程中高致病性禽流感等发病率或者死亡率高的动物疫病发生和应急解决方案进行了详细规定。

目前，我国猪肉质量安全的主要瓶颈在于生猪养殖环节兽药使用不规范而导致生猪质量无法得到有效保障。此外，受我国土地资源约束，国际通行的生猪养殖过程中动物福利与健康保护条款的制定与实施还存在很大障碍，这也是影响我国肉食品出口的重要因素。

● **兽医师**

我国政府颁布的执业兽医管理办法（草案），对猪肉食品的质量安全性以及动物福利与健康方面的规范做出了相关规定，如"执业兽医应当按照国家有关规定合理用药，不得使用假劣兽药和农业部规定禁止使用的药品及其他化合物"、"爱护动物，宣传动物保健知识和动物福利"等。

当前，我国大多数散养户在遇到疫情后通常求助于当地的兽医，但由于农村的兽医站技术水平落后，有时难以有效地对疫情加以控制，大部分病猪可能会流通到当地市场上，导致当地市场上的猪肉产生极大的质量安全隐患。而本案例所涉及的养殖基地和规模化管理水平相对较高，一般都配有兽医部门，在生猪疾病预防方面会对生猪进行疫苗接种，遇到疾病疫情，能够及时有效地进行药物控制，对病死猪会进行焚烧、深埋等无害化处理，可以有效地保障猪肉的质量安全。

● **运送商**

本案例中各环节的运送商会在每次运输之后对运输工具进行全面消毒，防止病毒传播，交叉感染。目前，我国政府尚未就质量与安全性、可追溯性和环境方面对猪肉产业链上的运送商出台相关法规，而有关动物福利的一些规定正在协商制定过程中。

● **屠宰商**

在屠宰及加工企业产品的质量安全方面，《中华人民共和国农产品质量安全法》第三十三条规定，"有下列情形之一的农产品，不得销售：（一）含有国家禁止使用的农药、兽药或者其他化学物质的；（二）农药、兽药等化学物质残留或者含有的重金属等有毒有害物质不符合农产品质量安全标准的；（三）含有致病性寄生虫、微生物或者生物毒素不符合农产品质量安全标准的；（四）使用的保鲜剂、防腐剂、添加剂等材料不符合国家有关强制性的技术规范的；（五）其他不符合农产品质量安全标准的"，同时该法案第四十九条规定，"如果使用的保鲜剂、防腐剂、添加剂等材料不符合国家有关强制性的技术规范的，责令停止销售，对被污染的农产品进行无害化处理，对不能进行无害化处理的予以监督销毁；没收违法所得，并处以2000元以上2万元以下罚款"。

在猪肉产品的可追溯性方面，根据中国国务院2007年7月26日颁布的《国务院关于加强食品等产品安全监督管理的特别规定》，要求县级以上生猪定点屠宰企业全部实现肉品质量安全可追溯性。但目前，我国大部分猪肉食品企业的实践中并未达到此要求。

在环境保护方面，《畜禽养殖业污染物排放标准》等规章都对生猪屠宰过程中产生的污水、废弃物的排放数量、排放去向、处理方式和处理效果处理做出了相应的规定。《国务院生猪屠宰管理条例》对屠宰场无害化处理还给予适当补贴，法律责任加大了处罚力度，规定了最高20万元以下不等的处罚金额。但是，私屠乱宰现象是中国猪肉质量安全问题一个很大的隐患，在城区、县城范围内，定点屠宰率能达到95%，在乡镇范围，私人屠宰现象仍时有发生，定点屠宰率只占70%左右。私人屠宰过程卫生情况较差，更为严重的是，私屠乱宰助长了生猪养殖过程中使用违禁药物、"瘦肉精"等非法添加物行为和屠宰加工病死猪肉、注水肉等违法行为。目前，我国政府正在进行定点屠宰企业的清理整顿工作，对手工小作坊式、基本生产条件差、管理混乱的屠宰场提出了整改意见，限期进行整改，问题严重的予以取缔。《畜禽养殖业污染物排放标准》通过卫生学指标（寄生虫卵数和粪大肠菌群数）、生化指标（BOD5、CODcr、SS、NH3—H、TP）和感官指标（恶臭）对畜禽养殖业企业对环境的影响进行监控，并鼓励畜禽养殖业企业节约用水，对不同清粪工艺的最高费水允许排放量也做出了明确规定。由于这些规定会对企业的生产成本产生直接影响，屠宰、加工企业在此方面规定的执行中自觉性有待提高，仍然需要相关监督执法部门监督执行，这也是政府部门在完善此类法规时需要考虑的重要问题。

我国尚未出台动物福利保护的相关法案，生猪屠宰、加工企业在动物健康及福利方面仍处于探索实施阶段。我国部分生猪屠宰企业正在逐渐关注动物福利的改善（如生猪饲养环境的改善和采用先进的屠宰设备等），肉类协会等相关行业组织已就改善动物福利的问题开展广泛讨论，个别省市（如海南省）正酝酿出台相关的动物福利保护法规，如《海南省动物保护规定》和《关于立法反对虐待动物的提案》。

● **加工商**

猪肉食品加工企业对产品质量安全要求比较高，企业一旦违反政府的质量法规会受到相应的惩罚，具体惩罚力度依据其造成后果的危害而定，罚金数额在5000~100000元，危害极其严重者甚至会被取消生产经营资格。《中华人民共和国食品卫生法》第九条明确规定，"禁止销售含有致病性寄生虫、微生物的，或者微生物毒素含量超过国家限定标准的以及未经兽医卫生检验或者检验不合格的肉类及其制品"，并规定"违反本法规定，生产经营不符合卫生标准的食品，造成食物中毒事故或者其他食源性疾患的，责令停止生产经营，销毁导致食物中毒或者其他食源性疾患的食品，没收违法所得，并处以违法所得1~5倍的罚款；没有违法所得的，处以1000元以上5万元以下的罚款"。《国务院关于加强食品等产品安全监督管理的特别规定》第九条规定，"生产企业发现其生产的产品存在安全隐患，可能对人体健康和生命安全造成损害的，应当向社会公布有关信息，通知销售者停止销售，告知消费者停止使用，主动召回产品，并向有关监督管理部门报告；销售者应当立即停止销售该产品。销售者发现其销售的产品存在安全隐患，可能对人体健康和生命安全造成损害的，应当立即停止销售该产品，通知生产企业或者供货商，并向有关监督管理部门报告"，并规定"生产企业和销售者不履行前款规定义务的，由农业、卫生、质检、商务、工商、药品等监督管理部门依据各自职责，责令生产企业召回产品、销售者停止销售，对生产企业并处货值金额3倍的罚款，对销售者并处1000~50000元的罚款；造成严重后果的，由原发证部门吊销许可证照。"

我国近期还颁布了《国务院关于加强食品等产品安全监督管理的特别规定》，具体规定包括：猪肉经营户持照率为100%；县城以上城市所有市场、超市销售的猪肉100%来自定点屠宰企业；猪肉经营户100%建立进货索证索票制度、进货台账制度；猪肉经营户100%挂牌经营等。但是当前，我国仍然存在很多屠宰、加工小作坊，以及不规范的进货流程，这些都制约了部分加工企业猪肉产品质量安全的提高。另外，《食品卫生法》也对猪肉质量安全作出了全面的规定。猪肉卫生标准（GB2707—1994）适用于生猪屠宰加工后，经兽医卫生检验合格，允许市场销售的鲜猪肉和冷冻猪肉。合格产品到市场出售时，必须有QS标志，它是加工食品的市场准入标准。

2007年，浙江省开始实施《天然无抗猪肉标准》，对饲料种植、添加剂生产加工和生猪养殖、屠宰加工等过程全部按ISO22000（食品安全）国际质量体系进行全程监控。浙江也因此成为我国天然无抗猪肉（猪肝）产品达到无抗质量标准的第一个省份。在今后的几年中，此类标准的制定可能会列入到中国国家级标准计划范围之内。

● **零售商**

肉品零售商销售猪肉及加工产品不涉及动物福利与健康及环境污染问题，我国政府并未出台相关强制性政策法规。大中型超市销售的肉制品一般会选取有品牌、有实力、产品质量有保障的猪肉产品供应商作为合作对象。在合作之前，零售商会对肉食品供应商的养殖基地、运输设备等进行考察。在到货时也会进行"查证验物"。查证，即肉品检疫检验证、产地检疫合格证、品质合格证、车辆消毒证；验物，即验质量、验温度、验感观。零售商拥有自己的冷柜以控制猪肉产品的温度保持在 0 ~ 4℃，保证猪肉产品的质量。但是，多数大中型超市在处理瑕疵猪肉产品上（猪肉质量只是有小问题，如感官较差，但肉质没问题）的做法还有待改善。

# 小 结

相对而言，我国在猪肉及其产品质量和安全性方面的法规制定数量较多，环境方面的法规次之，可追溯性方面的法规较少，动物福利方面的法规几乎为空白。

从已制定法规的执行情况看，即使在制定了相关法规的前提下，部分产业链环节上的企业在法规执行过程中仍然存在很大障碍，主要原因是企业为求自身利益不惜违背法律进行违规操作，做出损害社会其他利益相关者利益的行为。当然，作为执法者的政府职能部门监督不严也是造成这一问题的重要原因。

从相关执法部门的监督执法情况看，一旦查出企业的违规操作行为，执法部门的处罚力度不够，一般仅给予有限金额的罚款。虽然部分条款明文规定，"造成严重后果的，由原发证部门吊销许可证照"，但真正涉及违规企业从业资格的处罚很少，这就在一定程度上降低了部分企业违规操作的机会成本。

1. 最重要的发现

（1）从整个猪肉产业链条的法规制定来看，在生产商、屠宰场和加工商环节政府制定了较多的法规条款，而针对育种者、饲料生产者、兽医师、运送商和零售商环节的法规则比较缺乏。

（2）中国企业尚无统一的动物福利与健康方面的法规作为其执行依据，与国际存在较大差距。

2. 发展趋势

（1）对监管力度薄弱环节的法规进行完善，制定一套严格、可操作性强的法规体系，从源头开始提高猪肉产品的质量安全性和可追溯性。

（2）在法规制定过程中添加有关环境保护及动物福利保护的强制性条款，提升各企业在这些法规执行方面的主动意识，改变中国目前动物福利与健康法规空白的现状，实现与世界主流趋势的接轨。

3. 比较好的做法

（1）该链从饲料生产者到零售商各环节均有可遵照执行的质量安全法律法规，尤其以屠宰场和加工商的法规内容最为全面和严格。

（2）针对国家法规的不完善，各地尤其是发达地区因地制宜制定了相关地方规定与执行标准。

4. 发展瓶颈

（1）相关法规的执行牵涉多部门，效率较低。

（2）法规不完善、不具体，执法缺失。

（3）法规的执行主体责任机制不明确，多头管理现象严重。

（4）生猪各环节企业对动物福利与健康方面的认识严重不足。

（5）法规的执行存在地区差异，在农村，私人屠宰、环境污染等现象仍然存在；法规的执法力度存在地区差异，在农村，执法力度往往没有城市严格。

# 九、资源利用和废物处理

| | 运输，离上一环节的距离及类型 | 资料投入 | 能源和水的利用 | 其他投入 | 产出 | 废水及其他废物的处理 | 环境核算使用的工具 |
|---|---|---|---|---|---|---|---|
| 育种商 | 饲料生产商与育种者之间的距离为500公里，饲料通过卡车运输 | 核心饲料、玉米等 | | | 猪苗与种猪5000头/年 | 粪便处理 | 无 |
| 饲料生产商 | | 投入物料主要为植物蛋白如玉米、豆粕和油籽 | | | 6000吨/年 | 饲料生产不会产生污染；还可回收、利用酒厂、糖厂的废弃物，如酒渣、玉米渣等 | 无 |

续表

| | 运输，离上一环节的距离及类型 | 资料投入 | 能源和水的利用 | 其他投入 | 产出 | 废水及其他废物的处理 | 环境核算使用的工具 |
|---|---|---|---|---|---|---|---|
| 生产者 | 饲料生产商与生产者距离500公里，饲料通过卡车运输 | 核心饲料、玉米等 | | | 育肥猪10000头/年 | 粪便处理 | 无 |
| 屠宰场 | 养殖到屠宰，卡车运输710公里 | 年30万头活猪 | | 饲料 | 年屠宰生猪302906头 | 年产29.2吨废物。循环利用于农田，煤渣制砖 | 无 |
| 贮藏设施 | 屠宰到分销商，冷藏车运输180公里 | 冷鲜肉 | | | | | 无 |
| 零售 | 分销到零售，冷藏车运输10~100公里，平均30公里 | 冷鲜肉 | | | | | 无 |

目前，该猪肉产业链的多数环节对资源利用的认识正在逐渐提高，但是在生产实践中尚未形成良好的操作规范，资源利用的效率较低，也没有纳入绿色核算。但是该链多数环节已经充分认识到环境保护的重要性，能够对生产中产生的废弃物进行处理与回收再利用。提高资源利用与环境保护效率，发展集约化生产模式，将资源投入与环境纳入到企业的财务核算，更加真实的反应产业发展的成本与受益是未来该产业链的发展方向。

# 附录4 屠宰、加工一体化猪肉产业链案例

## 产业链各环节主体简介

　　本案例为深加工产业链，共涉及饲料生产商、育种商、生产商（养殖者）、兽医、运送商、屠宰商、加工商、零售商等八个环节。本产业链高度一体化，集生猪育种、养殖、屠宰、加工于一体，其核心企业均隶属于同一大型食品加工企业集团。目前，该集团位列国内最大的肉食品加工企业前三甲。集团创立于1993年，拥有下属分（子）公司达60余家，经营范围覆盖了全国28个省、自治区、直辖市。集团主要以食品，尤其是肉制品作为其主营产业，其中猪肉的年屠宰量是1200万头，深加工能力达到18.6万吨，产品包括冷鲜肉、冷冻肉以及以猪肉为主的低温肉制品、高温肉制品，产品类型达到1000多种，拥有四个知名品牌，远销俄罗斯、中国香港、东南亚等国家和地区。该集团在中国肉类食品加工业中率先通过ISO9001国际质量体系认证、ISO14001环境管理体系认证、QS质量安全市场准入认证、HACCP认证，其低温肉制品通过了出口卫生注册，被评为国家级技术中心、"AAAA级标准化良好行为企业"。

　　目前，该集团有生猪屠宰企业30余家，猪肉加工企业20余家。其中，屠宰、加工一体化企业有12家。该集团目前仅有一家育种、养殖基地——即为本案例所调研育种、养殖企业，该育种、养殖基地是本产业链屠宰企业最重要的活猪供应商。因此，本产业链最大的特点就是育种、养殖、屠宰、加工一体化经营。

### ● 饲料生产商

　　受访企业属于中外合资饲料加工企业，成立于1994年，合资期限50年，总投资3300万元人民币，占地43亩，年生产高品质饲料12万吨。该公司引进过国外全套现代化饲料生产设备，采用泰国某集团先进的饲料生产配方与现代化管理手段，生产与经营各种优质猪、鸡、鸭、鱼等全价饲料、浓缩饲料。其生产的各种优质饲料营养全面，适口性好，适合畜禽、鱼虾各阶段生长发育的需要。

### ● 育种、养殖商

　　属于集团下属的生猪育种、养殖基地，是本案例屠宰企业最重要的种猪繁殖与苗猪供应基地，获无公害畜产品产地认证。拥有一个养殖基地与15个养殖小区，引进国外优良纯种猪500头，年出栏种苗猪共1万头，年产生猪25万头，所

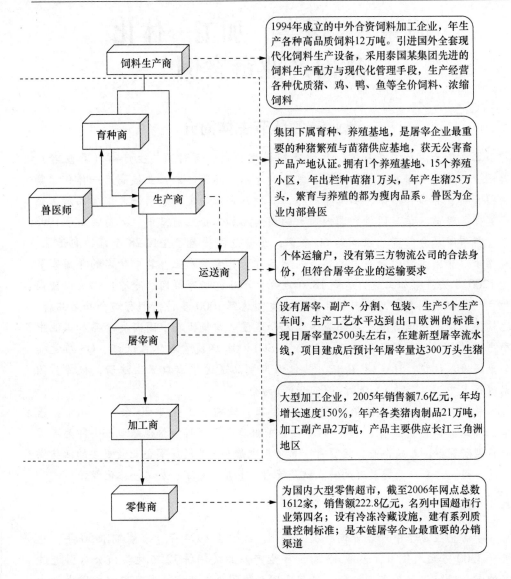

繁育与养殖的活猪都是瘦肉品系，例如 PIC 优质五元瘦肉型猪、长白，大约克、杜洛克等。企业占地 92 亩，固定资产 1600 万元，建有标准化的配种舍、妊娠舍、产房、保育舍、育肥舍、兽医工作站、实验室等一流厂房，配有妊娠仪、培养箱、电子天平、显微镜等先进的生产设施。全场共有员工 25 人，其中有中级职称者 10 人。曾获得中国科技部 2003 年重大科技成果推广计划《优质良种猪繁育场建设项目》《生猪全程清洁化技术》。该育种、养殖企业所饲养生猪不对外销售，全部供应下游屠宰企业。

● **兽医师**

受访兽医师隶属育种、养殖企业，主要负责被调研育种、养殖企业具体的防疫检验工作，如产房保育与防疫、疫苗研制与管理、配种、人员管理以及一些病情的治疗等。除企业自有的兽医岗位外，各级政府也设有兽医站与兽医工作人员，政府的兽医工作人员定期对该企业的生猪进行检疫，出具检疫结果。

● **运送商（养殖—屠宰）**

养殖企业到屠宰企业的活猪运输任务由个体运输户负责，一般不具备第三方物流公司的合法身份，但符合屠宰企业的运输资质的要求。

● **屠宰商**

受访企业是于 1997 年建立起来的大型生猪屠宰、加工企业，设有屠宰、副产、分割、包装、生产 5 个生产车间，生产一线的工人达到 450 人，拥有国际最先进的设备和生产线，技术工艺水平达到出口欧洲的标准。现日屠宰量 2500 头左右，在建新型屠宰流水线，项目建成后预计年屠宰量达 300 万头生猪，将成为中国东部某省最大的生猪屠宰加工基地，同时也是该省唯一的猪肉出口企业。

该企业先后建成了万吨预冷肉小包装车间、肝素钠车间、2000 吨污水处理厂、1000 吨急冻冷库等项目。1999 年顺利通过了 ISO9001 国际质量体系认证、2002 年通过了无公害农产品认证、2005 年通过 HACCP 认证。

● **运送商（加工—零售）**

加工企业到零售环节的运输任务由加工企业自有的冷链车队负责，全程冷链温控、悬挂运输。运输车队不进行独立核算。

● **加工商**

受访加工企业是于 1997 年建立起来的大型生猪屠宰、加工企业，到 2005 年已实现销售额 7.6 亿元，年均增长速度达到 150%。年产各类猪肉制品已达到 21 万吨，加工猪肉副产品 2 万吨，产品主要供应长江三角洲地区，市场销售额年增长率 10%。该企业通过了 ISO9001 国际质量体系认证、ISO14001 环境管理体系认证、QS 质量安全市场准入认证、HACCP 认证，其低温肉制品通过了出口卫生注册，被评为国家级技术中心。

● **零售商**

被调研超市成立于 1996 年，为国内大型零售超市，截至 2006 年网点总数

1612 家，实现销售规模达到 222.8 亿元，名列中国超市行业第四。目前该超市是被调研肉类屠宰、加工企业重要的零售，由于超市设有符合国家标准的冷冻冷藏设施，建有一系列的质量控制标准，故与被调研的屠宰加工企业建有长期的良好合作关系。

# 一、交易特征

| | 交易目的<br>简单交易对长期关系 | 交易方式<br>匿名对公司对公司 | 交易形式<br>正式对非正式 | 合同类型<br>封闭对开放 |
|---|---|---|---|---|
| 饲料生产商—育种、生产商 | 长期关系：<br>饲料生产商是育种、养殖企业主要的饲料供应商，合作多年，已经建立了良好的商业合作关系，双方趋于长期合作、共同发展 | 公司对公司：<br>双发长期合作，已具有良好的商业合作规范 | 正式交易：<br>签署书面合同，涉及价格协商机制、付款方式与期限、品种、规格、运输、售后服务、技术指导、返利点等多项事宜 | 开放式合同：<br>年度合同未具体约定事项，经双方协商、沟通，供货合同需要传真确认。主要涉及日常饲料所需数量、价格、品质要求等，双方建有良好的协商、沟通机制 |
| 育种商—生产商 | 长期关系：<br>育种、养殖一体化，其目的是加深育种与养殖资源的专用性程度，提高养殖者对种猪、猪苗资源的控制，避免市场交易的不确定性；该育种、养殖企业还是该集团的养殖实验基地 | 内部交易：<br>公司内部资源按照行政指令在部门与部门之间调拨，公司内部指令代替了市场交易与合同交易 | 不采用市场交易形式，一般通过公司内部的管理指令、生产计划、部门调节等形式完成 | 企业的规章制度会对育种、养殖部门的协作做出具体规定；下游屠宰、加工企业，集团管理层会对育种、养殖工作做出规划与指示 |
| 育种、生产商—兽医师 | 育种、养殖企业拥有自己独立的兽医岗位，兽医的工作完全属于企业内部的管理工作，并在逐步加大兽医岗位的投资，使之成为企业的重要资源 | 公司部门之间的资源与职能互换，是公司内部生产、管理工作的一部分，其本质是职能部门（兽医）为生产部门（育种、养殖）提供技术服务 | 不采用市场交易形式，一般通过公司内部的管理指令、生产计划、部门调节等形式完成 | 兽医师的工作职责与规范由企业的工作规章制度决定，同时也受企业管理层的领导、协调 |

续表

| | 交易目的<br>简单交易对长期关系 | 交易方式<br>匿名对公司对公司 | 交易形式<br>正式对非正式 | 合同类型<br>封闭对开放 |
|---|---|---|---|---|
| 生产商—屠宰商 | 长期合作：<br>二者同属一个集团，生产商是屠宰商的重要生猪供应商，长期战略发展 | 公司对公司：<br>双方想通过交易与合作共同做大做强该产业链，是利益共享、风险共担的利益共同体 | 正式合同：<br>签署书面生产合同，条款涉及总体数量、品种、养殖要求等，具体日常交易通过电话、传真进行 | 开放式合同：<br>具体交易事项（如每天所需生猪的数量、品种、质量等）由双方采购负责人通过电话与内部交易平台沟通；货款内部结算，价格参考市场价格 |
| 生产商—运送商—屠宰商 | 简单交易：<br>活猪运输由第三方个体运输商承担，运输商只负责运输 | 匿名交易：<br>负责活猪运输的第三方个体运输商没有第三方物流公司的合法身份，但生产商知道运输商的名字 | 非正式合同：<br>生产商通过口头协议的方式与运送商协商运输路线、时间、运输费等事项 | 封闭式合同：<br>生产商与运送商的合作事项都有明确规定，短期内很少变更。生产商会定期对运送商进行评估 |
| 屠宰商—加工商 | 屠宰、加工一体化：<br>屠宰商与加工商属于同一集团的两个独立核算子公司，分工明确，长期战略协作 | 公司对公司：<br>双方属于集团内部交易，其本质是集团内部资源与职能的交换与分配 | 非正式合同：<br>属于内部交易，屠宰公司与加工公司的负责人签订生产合同，根据生产合同安排双方企业的生产计划 | 开放式合同：<br>屠宰与加工企业的日常交易主要通过内部电子订单确认；也可以通过双方管理层与业务员协商解决 |
| 屠宰商—（运输）—零售商 | 长期合作：<br>屠宰商与各级零售商建立了战略联盟与协作关系，目的是想拥有稳定的销售渠道与市场 | 公司对公司：<br>屠宰商与零售商属于公司对公司的交易。零售商掌握市场销售终端，分销商提供冷鲜肉货源，市场分工、协作的结果 | 正式合同：<br>一年一签，合同内容包括质量安全、检疫证、货款结账以及国家相关规定与要求；日常交易一般通过电话订货，需要传真正式订货单，货款半月一结 | 开放式合同：<br>因交易频繁，年度合同外对交易事项做出一般约定，具体交易事项（如数量、品种等）通过订单确认；双方协商确定价格，短期内不变 |

| | 交易目的<br>简单交易对长期关系 | 交易方式<br>匿名对公司对公司 | 交易形式<br>正式对非正式 | 合同类型<br>封闭对开放 |
|---|---|---|---|---|
| 加工商—（运输）—零售商 | 长期合作：<br>加工商与零售商建立了战略联盟与协作关系，目的是想拥有稳定的销售渠道与市场 | 公司对公司：<br>加工商与零售商属于公司对公司的交易。加工商为零售商提供产品货源，零售商为加工商提供销售渠道与终端 | 正式销售合同：<br>一年一签，合同涉及产品品种、产品合格证、质检报告、产品召回的处理、货款结算方式与周期等；日常交易一般通过电话订货，需要传真正式订货单 | 开放式合同：<br>因交易频繁，年度合同外对交易事项做出一般约定，具体交易事项（如数量、品种等）通过订单确认；双方协商确定价格，短期内不变 |

该猪肉产业链组织治理图示：

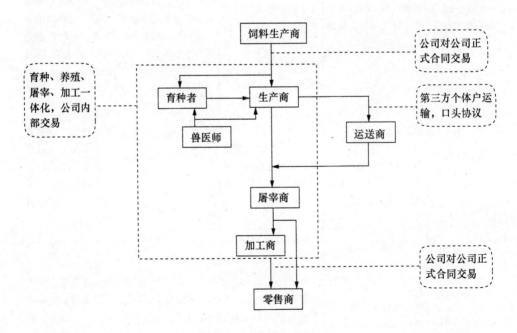

● **饲料生产商—育种、生产商**

被调研饲料生产商是由外资投资控股、年销售额过亿元的大型饲料生产企业，向大、中型养殖企业提供高质量的猪用饲料。被调研饲料生产企业是下游育种、养殖企业最重要的饲料供应商，双方合作多年，已经建立了良好的商业合作关系，双方趋于长期合作、共同发展。

饲料生产商与育种、养殖企业签订年度正式书面合同，合同涉及饲料价格协商办法（因来中国饲料成本变化较大）、付款方式与期限、品种、规格、运输、售后服务、技术指导、返利点等多项事宜。日常商业合作多通过电话、拜访等形式完成，育种、养殖企业所需饲料提前一周电话预约，告知饲料生产商所需饲料品种、数量，订货合同经传真确认后生效，货到验收后45天之内支付货款；双方建有良好的价格协商与信息传输机制，饲料生产成本若有变动，饲料企业会及时通过传真告知育种、养殖企业，并与之协商饲料的销售价格。饲料由饲料生产企业的物流部门委托第三方物流公司负责运输到养殖基地。

● **育种商—生产商**

本案例调研企业实行育种、养殖一体化。被调研企业是集团唯一的育种、养殖基地，承担着集团生猪育种、养殖的实验任务，因此，该育种、养殖企业从国外直接引进优良纯种种猪，自行进行二元、三元杂交，探索发展大规模育种与养殖的经验。自繁自养可以提高育种与养殖资源的专用性程度，提高养殖者对种猪、猪苗资源的控制，避免市场交易的不确定性，从源头保证质量安全。

在本案例中，育种商与生产商是养殖基地的两个部门，它们之间以内部行政管理指令代替市场交易合同，属于合作更为紧密的组织方式。部门之间一般可以通过公司内部的管理指令、生产计划、部门调节等形式来完成交易事项，交易的实质是企业资源（主要指猪苗）在不同部门之间的配置与流动。养殖基地的会议、规章、制度等都可以在一定程度规范与影响两部门之间的协作。此外，作为集团唯一的生猪育种、养殖实验基地，下游屠宰、加工企业，集团公司管理层也会根据发展需要对该育种、养殖基地做出战略规划与工作指示。

● **育种、生产商—兽医师**

本案例所调研兽医师为育种、养殖企业内部的兽医师。兽医师的工作是企业内部生产、管理工作的一部分，兽医师与育种、养殖部门的协作主要通过公司内部的管理指令、生产计划、部门调节等方式来完成，其交易的实质是企业内部的职能部门（兽医师）为生产部门（育种、养殖）提供技术服务。兽医师如何为育种与养殖部门提供技术服务，企业的工作章程中有明确的规定与规范；相关事项还可以通过部门之间自行协商解决。

● **生产商——屠宰商**

被调研生产商与屠宰商同属一家集团公司，也是屠宰企业最重要的生猪供应商，是战略合作伙伴；双方合作与交易的实质是为了共同做大做强该产业链，已经成为利益共享、风险共担的利益共同体；双方签署正式生产合同（属于集团内部生产合同），养殖企业根据屠宰企业的要求选育、饲养生猪，并每天根据屠宰企业上报的数量与品种提供生猪。收购价格一般参考市场行情，货款实行集团内部财务结算。

● **生产商—运送商—屠宰商**

生产商到屠宰商的活猪运输主要借助于第三方的个体运输户，即由生产商联系个体运输户将生猪原料送达屠宰公司。生产商与运送商之间一般采用口头协议的形式，协议内容较为简单，即运送时间、运送线路、数量等，一般以一次交易为主，运送费当天结算。生产商与屠宰商会对运送商进行评估，评估的主要内容包括可供量、质量、价格、地理位置、上年口头协议的履约率、供应商的诚信度、资金状况、有无不良记录，等等。

● **屠宰商—加工商**

屠宰商与加工商属于同一集团的两个独立核算子公司。屠宰商与加工商属于内部交易，具体事项屠宰公司与分销公司负责人签订生产合同（属于集团内部生产合同），双方会根据生产合同的计划安排生产活动，日常交易由双方的管理层与业务员内部联系。屠宰商与加工商都建有集团内部电子信息系统，加工商每天向屠宰商报送订单，告知所需冷鲜肉的品种、数量，屠宰商用公司自有冷藏运输车将胴体猪肉送到加工车间。交易价格一般参照当期市场价格，屠宰公司与分销公司实行集团内部独立结算。

● **屠宰商—（运输）—零售商**

该零售商是屠宰企业的最重要的销售渠道，已经建立了战略联盟与协作关系，屠宰商通过与零售商的合作拥有稳定的销售渠道与市场。

屠宰商和零售商签署正式销售合同，一般一年一签，合同内容包括质量安全、检疫证的书面证明、货款结账问题以及国家食品卫生全条例、动物防疫法的相关规定与要求等。因交易频繁，年度合同只对双发交易做出一般约定，日常交易事项如数量、品种等由订单确定，双方建有网上交易平台，可以实现网上订单。零售商提前24小时向分销商发出订单，经电话确认后配货运送。货款半月一结，交易价格由双方根据市场行情协商确定，一般短期内不会变动。屠宰企业自有的冷链物流车承担运输任务。

● **加工商—（运输）—零售商**

与屠宰商一样，被调研零售商也是加工商最重要的零售合作伙伴，也建立了良好的商业合作伙伴关系，趋向于长期发展。加工商提供优质的猪肉加工产品，零售商提供市场销售渠道与终端。

加工商与零售商签订正式的销售合同，一年签订一次。合同主要涉及产品品种、产品合格证、质检报告、产品召回的处理、货款结算方式与周期等；日常交易通过网上订单，24 小时订货，电话确认每天交易的数量、品种、规格等具体事项；价格由双方根据市场行情与加工成本协商确定，短期内不会变动。加工商自有的冷链物流车承担运输任务。

# 小　结

本产业链高度一体化，集生猪育种、养殖、屠宰、加工于一体，其核心企业均隶属于同一大型食品加工企业集团，故多数环节之间的交易属于集团内部交易，这些企业之间拥有共同的发展战略与目标，容易形成良好的商业合作关系；集团的内部管理也便于这些核心企业建立良好的业务沟通与协商机制，提高了交易效率；由于该产业链主体企业的组织化程度高，企业之间多采用正式的、公司对公司的交易方式。但是，由于活猪运输商尚不具备企业法人资格，使活猪运输在很大程度上存在质量管理风险。因此，发展壮大活猪运送商使之成为具有第三方物流公司身份的企业法人运送商是保障活猪质量安全的重要发展方向。此外，该产业链有进一步加大一体化程度，扩大各环节企业规模的趋势。

1. 概述最重要的发现

（1）该产业链一体化程度很高（集育种、养殖、兽医、屠宰、加工、冷鲜肉运输为一体，同属一家集团公司），具有共同的战略发展目标，且产业链主体之间具有稳定的商业合作关系，分工与协作非常明确，产业链上主体企业的发展很大程度上受该集团的控制。

（2）除活猪运输环节外，该产业链主体企业的组织化程度高，多采用正式的、公司对公司的商业交易方式，企业倾向于签订开放式的合同约束交易双方的行为；但是，由于该产业链多数企业同属一家集团，集团内部管理战略与指令对企业交易影响巨大。

（3）活猪运输商因规模小、组织化程度低，不具备企业法人资格，在交易中多采用非正式的、简单的交易方式。

2. 发展趋势

（1）该产业链有进一步加大一体化程度，扩大各环节企业规模的趋势；尤其在育种、养殖环节，通过扩大与发展自有育种、养殖企业，深入一体化程度，扩大生猪生产规模，保障活猪供给；同时，通过长期合同与养殖户合作建立规模养殖小区，提供多种生猪供给渠道。

（2）活猪运送商发展注册成为具有第三方物流公司身份的企业法人运送商，活猪运送商与上下游之间的合作将由短期交易逐渐转变为长期交易。

（3）兽医师工作由企业内部兽医师承担逐渐转移由独立于企业的外部兽医承担，增强产品质量检验检疫的质量与社会公信力。

3. 比较好的做法

（1）产业链上的企业之间已经建立了长期的、稳定的战略合作关系，拥有共同的发展目标，形成了良好的交易共识。

（2）由于一体化程度较高，内部交易取代了外部交易，减少了交易成本，企业容易获得稳定的市场与渠道。

（3）集团的内部管理有利于企业之间日常业务的沟通与协商，提高了交易效率。

4. 发展瓶颈

（1）活猪运送商规模较小，公司化、组织化程度低，尚不具备企业法人的交易身份与资质，在交易中多以简单交易（一次性交易）与短期交易为主；这种交易方式使活猪的质量安全控制存在一定的风险。

（2）该产业链一体化程度高，内部交易较多，缺乏市场的外部监督，可能会形成一定的质量安全隐患。

# 二、质量标准

| | | 采用何种质量管理要素 | | | | |
|---|---|---|---|---|---|---|
| | 质量管理标准 | 计划（质量目标与危害分析） | 行动（风险过程控制、质量指南、培训措施等） | 质量监查 | 实施（界定并实施整改措施） | 公共监察 |
| 育种商、生产商 | GAP 认证标准 | 采用产品合格率、顾客满意率等指标作为公司内部的质量目标，并建立质量追溯机制 | 控制生猪来源及生长环境，对养殖人员进行培训等 | 内部由兽医部门监测，外部由政府兽医卫生监督局和动物检疫部门监测 | 根据监测报告和抽检结果及时处理可能存在问题的生猪，并向上游追溯查找危害源头 | 农业部和科研机构会对育肥猪质量进行定期监测 |
| 兽医师 | 无相关标准 | 保障产品安全，降低出厂产品危害的可能性 | 负责生猪的卫生防疫工作，并向养殖户提供兽药产品及服务 | 企业管理层对兽医部门工作效果进行监管 | 通过检疫、用药等手段预防及解决可能出现的生猪质量风险 | — |
| 运送商（生产—屠宰） | 无相关标准 | 主要在运输过程控制活猪运输密度，避免相互撕咬 | 运输途中人为监控 | 屠宰企业会对每一批活猪的精神与外表情况进行检查、记录 | 主要通过屠宰企业的质检业务员的观察 | 动物检验检疫部门在流通要道设置关卡，对生猪进行检疫 |
| 屠宰商 | ISO9000、ISO14000、HACCP 认证，未来几年计划申请 QS 认证标准 | 根据产品品种制定相应的质量目标，对各环节关键控制点进行危害分析，并建立质量追溯机制 | 采用"三证一标"和"静养"的方式对猪肉的质量安全进行监控，定期对员工进行安全知识的培训 | 公司内部设置检疫部门，外部主要通过动物检验检疫部门的抽查、监测 | 制定了应对产品质量问题的应急预案，对通过"静养"、抽查等监测手段对有质量安全问题的生猪进行处理 | 动物检验检疫部门通过在流通要道设卡、驻场等方式进行监测 |

| | 质量管理标准 | 计划（质量目标与危害分析） | 行动（风险过程控制、质量指南、培训措施等） | 质量监查 | 实施（界定并实施整改措施） | 公共监察 |
|---|---|---|---|---|---|---|
| | | | | 采用何种质量管理要素 | | |
| 加工商 | HACCP、GMP、QS认证标准 | 采用市场供货率等指标作为公司内部的质量目标，建立对关键控制点的危害分析，并建立了质量追溯召回机制 | 要求上游环节提供质检报告，同时公司自身的化验室对肉品质量进行抽查，定期对员工进行质量安全的培训 | 肉品进场前由化验室检测，公司品质管理部门在屠宰过程中实时监控，外部卫生监督部门不定期进场抽查 | 根据上游质检报告、公司内部品质管理部门及卫生监督部门的检测结果，发现质量问题及时撤离生产线，启动质量追溯召回机制 | 卫生监督部门对肉品的质量安全情况进行不定期抽查 |
| 运送商（加工—零售） | 肉品进行全程低温冷链运输 | 主要在运输过程中对车内的温度、湿度及产品摆放位置进行控制 | 猪肉在运输车内采用倒挂式摆放，并要求运输司机保持车内持续低温 | 企业内部相关人员对运输途中温度变化曲线进行检测 | 不定期抽检电子监控器材，发现违规现象及时予以惩罚或解约 | 动物检验检疫部门在流通要道设置关卡，对生猪或肉品进行检测 |
| 零售商 | 无相关标准 | 建立肉品存储容器的温度控制等目标 | 安装温度监控仪或采取人员监控等方式控制温度达到标准 | 公司内部设置监控部门，外部由专门的质量监督部门对其销售的产品质量进行抽检 | 追查质量问题的源头，及时处理，避免继续流通，并将出现的问题向上游反馈 | 质量监督管理部门对零售商产品进行定期抽查 |

● **育种商、生产商**

受访企业属于生猪育种和养殖一体化企业，目前已经通过了 GAP 认证①。其制定了产品合格率及顾客满意率均达到 100% 的质量目标，主要从两个方面确保生猪育种及养殖环节的质量安全：一是对生猪来源及养殖过程中使用的饲料、药物进行严格控制；二是对养殖人员每周进行一次质量安全培训，由企业内部的技术人员放映幻灯片或发放纸质材料进行教学，每次培训为期一天。

对受访企业的监督检查由企业内部的检验检疫部门和政府的动物检疫部门联合进行，其中企业内部检验检疫部门主要负责搜集整理育肥猪的养殖、疾病及用药情况并归档，而政府的动物检疫部门、农业部和科研机构也会对育肥猪的质量进行定期监督检测，一旦发现生猪出现质量问题及时进行处理。

受访企业已经建立了相应的追溯机制，同时拥有专门的养猪管理软件，可以通过生猪的耳缺对母猪来源、配种时间、生病期间用药情况等进行记录，从而在生猪产品发生质量问题时能够及时追溯至危害的源头。但由于客观条件的限制（如猪舍面积小，猪在运动时会相互撕咬等），对于耳标的管理目前还存在很大的漏洞，这是未来几年该企业在提高猪肉质量、完善追溯机制时亟待解决的问题。

● **兽医师**

中国目前还没有出台针对兽医师的质量管理标准，本案例中受访对象为驻厂兽医师，其隶属于企业内部，主要负责生猪育种和养殖环节的质量安全，具体措施包括对非养殖人员进场前进行消毒、培育疫苗以控制疫情的蔓延及对出现病变的生猪进行治疗等。对该环节的监督和考核由企业内部的管理层负责，通过将兽医师个人的绩效与生猪产品质量安全相挂钩的方式以提高其工作积极性，保证生猪产品的质量安全。

● **运送商（生产—屠宰）**

本案例中从养殖场到屠宰场的生猪运输由养殖场负责，运输途中车厢内生猪的摆放密度不能过大，在运输车到达屠宰场卸货时，由屠宰场的质检人员对生猪质量进行检测。受到客观条件的限制，目前中国生猪运输水平还有待提高，该环

---

① GAP 系良好农业规范认证，是 Good Agriculture Practice 的缩写，其基本思想是，在建立规范的农业生产经营体系、保证农产品产量和质量安全的同时，更好地配置资源，寻求农业生产和环境保护之间平衡，实现农业可持续发展。该种认证在中国尚不属于强制性执行标准，目前国内通过此认证的公司不到 10 家。

节的未来发展趋势主要是实现生猪从养殖场到屠宰场的全程封闭式运输。

## ● 屠宰商

受访屠宰商已经通过了 ISO9000、ISO14000、HACCP 等质量标准的认证，目前正在积极准备获取 QS① 认证。

为了保证猪肉产品的质量安全，屠宰商首先通过选择收购地区（即避免选择有疫情或疾病的猪群所在区进行收购）、与有质量保证的大型养殖商合作以保证所购生猪的质量安全。此外，生猪在进入屠宰场之前必须具备"三证一标"（包括检疫证、卫生许可证、动物检验检疫证明和耳标），生猪运送到屠宰场之后还要经过 6 个小时的隔离静养，只有通过无农药残留检验的才能够进场屠宰。其次，受访屠宰商在进行关键控制点危害分析时，设置了贯穿整个屠宰环节的关键控制点，如运送车进场时的消毒检测、屠宰过程中的进出探测仪检测等，并在生猪饲养的 150 天中分成三个时段进行监督检查以保障屠宰过程中猪肉产品的质量安全。

受访屠宰商还定期对员工进行质量安全的培训，此种培训通常安排在每天上班之前，以班前会议形式将质量标准的修订情况及时传达给员工。与此同时，企业针对猪肉质量安全问题建立了预警机制，对可能出现的各种质量风险都制定了相应的解决方法。在未来几年，受访企业将对这套应急预案加以修改使其更加完善，从而能够及时有效地应对各种突发的质量问题。

## ● 加工商

受访加工商目前已经通过了 GMP 认证标准②。其制定了市场供货率达到99%、产品线合格率达到98%、产品出厂合格率达到100%、市场投诉处理率要求达到100% 等质量目标。从上游进行质量控制，在屠宰场出具猪肉产品质检报告后猪肉产品还要进一步接受实验室的检验，对验收合格的产品准其进入加工生产环节。

受访加工商建立了较为完善的产品追溯召回机制，对每批次产品的去向、发

---

① "QS" 是 Quality Safety 的英文缩写，中文的意思是"质量安全"。"QS" 认证制度是食品质量安全市场准入制度，它是国家质检总局制定的对食品及其生产加工企业的监管制度。其中，ISO9000、ISO14000、HACCP 及 QS 认证在中国屠宰企业都属于非强制执行标准。

② "GMP" 是 Good Manufacturing Practice 的英文缩写，中文的意思是"良好作业规范"，或"优良制造标准"，是一种特别注重在生产过程中实施对产品质量与卫生安全的自主性管理制度。它要求食品生产企业应具备良好的生产设备，合理的生产过程，完善的质量管理和严格的检测系统，确保最终产品的质量（包括食品安全卫生）符合法规要求。目前，GMP 认证只在中国的制药业和食品行业被要求强制执行，在其他行业包括生猪养殖业和猪肉食品加工制造业仍属于非强制性执行标准。

出时间等都有档案记录，从出现问题到产品被召回最快只需要一个星期的时间。例如生产某猪肉制品，不仅在包装上打了操作工代码、机器代码及生产公司代码，装箱后的箱体上也会印有这些代码，同时记录了产品的到货地点，一旦出现质量问题可立即召回并追究到具体责任人员。与此同时，受访加工商也会对员工进行相关培训，主要分为新上岗员工培训、关键岗位员工培训和老员工定期培训三种，培训频率为每月一次。

作为下游加工企业，受访企业认为保证猪肉食品质量安全的最大困难是无法对生猪的养殖过程及其疫病防治过程进行实时监控，因此无法从源头控制质量风险。

● **运送商（加工—零售）**

从屠宰、加工企业到零售商的猪肉产品运输由屠宰、加工企业负责，采取全程低温冷链运输的方式，猪肉在运输车内采用倒挂式摆放且车内温度持续控制在0~4℃。每一辆冷藏车内都安装了电子监控器材，企业内部相关人员可以据此对运输途中温度变化曲线进行检测，发现异常现象及时召回，从而有效防止了有质量问题的产品流入下一环节。

● **零售商**

目前，中国尚未对零售商制定强制性质量标准。零售商会通过温度监控仪等电子设备对肉食品储存温度进行控制和监督，一旦温度高于控制点，温度监控仪就会发出警报。另外，在超级市场还设置专人负责温度的控制，避免因温度过高而引起猪肉产品的质量安全问题。为加强该环节产品质量管理，政府部门还设置了专门的职能机构（如中国食品质量监督局）对零售肉品的质量问题进行定期或不定期的抽查、监督。

# 小　结

从横向来看，本案例的猪肉产业链条从源头育种商到销售终端零售商都遵循着各自的质量标准，但各自的约束程度不同，标准制定较为完善的环节有屠宰场和加工商，尚不够完善的有育种商、运输商、生产商、兽医师和零售商，部分环节质量标准的缺失往往导致无法有效地从源头或者产业链整体保证猪肉产品的质量安全。从纵向来看，近几年来各环节质量标准都在不断完善，能从关键点进行质量控制，逐步建立了政府机构、消费者市场和企业内部三位一体的监控平台，并在逐步建立并完善产品质量追溯和召回制度；各项质量标准实施的瓶颈主要表现在部分环节质量标准的缺失以及已存在质量标准缺乏可操作性等方面。国家、行业以及企业应当制定更加完善的质量标准，建立一套可操作、可衡量、可追溯的质量标准，建立企业质量信息公开制度，加大消费者的市场监督。各环节企业也应当提高质量安全认识、规范管理、加大投资，严格控制猪肉产品质量。

1. 最重要的发现

（1）本案例猪肉产业链条上各环节企业，尤其是核心企业均在近年来通过了多项国际公认的质量管理标准，如 ISO9000、ISO14000 及 HACCP 等认证标准，既保证了产品质量，又在合作伙伴和消费者心目中树立了良好的形象，有利于提升产品在市场中的地位。

（2）该链条上如生产商、屠宰商和加工商等关键环节均建立了贯穿整个链条的产品质量追溯机制，以保证中间产品即最终产品的质量。其中该产业链中的生产者还在追溯机制中引入养猪管理软件，利用耳缺母猪来源、生病期间用药情况随时记录，方便质量问题发生后及时、准确地向上追溯。

（3）在产业链中的运输环节和屠宰环节，企业逐渐开始关注生猪的福利与健康。

2. 发展趋势

（1）在目前已经通过的国际质量标准的基础上，未来5年内屠宰企业计划申请在屠宰行业尚属非强制执行的 QS 标准以保证猪肉产品质量。

（2）在预警机制的完善方面，在未来几年，受访企业将对这套应急预案加以修改使其更加完善，从而能够及时有效地应对各种突发的质量问题。

（3）生猪运输环节的运输条件将会在未来几年有所提高，未来的发展趋势主要是实现生猪从养殖场到屠宰场的全程封闭式运输。

3. 比较好的做法

（1）猪肉产业链各环节都安排了对员工质量安全知识的培训，培训手段除了最基本的纸质材料之外还增加了播放幻灯等形式辅助教学、提升培训效果。

（2）产业链条各环节均联合企业内外多方力量对猪肉产品质量进行监控，除企业自身以外，还包括农业部、动物检验检疫部门和科研机构等。

（3）对运输商（冷链运输环节）的监控采用电子监控设备，可对运输过程中的违规现象进行事前、事中、事后控制，即时发现问题并作出适当处置，例如即时召回问题产品、更换运输商等。

（4）受访加工商建立了较为完善的产品追溯召回机制，对每批次产品的去向、发出时间等都有档案记录，从出现问题到产品被召回最快只需要一个星期的时间。

（5）零售环节除设置人员监控外，零售商还在放置产品的容器上安装温度监控仪，采取人员与电子仪器双重监督标准，按要求严格控制猪肉产品的温度，保证质量。

（6）产业链中各环节对产品质量监控方面的合作进一步加强，在质量方面的问题可以及时在上、下游之间进行沟通，逐渐做到对上游及时反馈问题，对下游控制问题产品流出。

4. 发展瓶颈

（1）在整条猪肉产品产业链上只有兽医师和运送商尚未建立任何质量控制标准，不能做到产业链中所有环节的质量协调监控，不利于最终产品的质量控制。

（2）由于中国大部分养殖场客观条件的限制，对于耳标的管理目前还存在很大的漏洞，影响质量追溯机制作用的更有效发挥。

（3）受到客观条件的限制，目前中国企业在运输过程中尚不能较好地关注生猪的福利问题，与国际要求尚有较大差距，对中国企业向国际输送产品造成了一定的障碍。

（4）作为下游加工企业，加工商在保障猪肉食品质量安全的最大困难是无法对生猪的养殖过程及其疫病防治过程进行实时监控，无法从源头控制质量风险。

# 三、信息的利用

| | 产品信息<br>猪仔（生猪）死亡率，耳标、质量、包装等 | 加工过程信息<br>饲养、防疫、检疫检验、储藏等 | 信息系统 |
|---|---|---|---|
| 育种商、生产商 | 猪种、猪仔信息，如母猪来源、仔猪的父系及母系情况、配种时间、猪仔断奶期等 | 猪仔抗病性、疫苗和药品使用情况、养殖环境卫生等方面的信息 | 内部对生猪信息有专档记录保存，外部通过互联网向国外合作企业传递育种值 |
| 饲料生产商 | 饲料的主要成分、营养成分、安全性及包装等信息 | 饲料加工过程中使用的原料、卫生状况以及饲料研发部门的实验室结果 | 运用企业内部电子信息系统进行记录并存储相关信息 |
| 兽医师 | 猪仔死亡率，质量、品种、抗病性等信息 | 猪仔在养殖过程中使用饲料的安全情况、患病症状、防疫用药等信息 | 运用电子信息系统进行记录并备案 |

| | 产品信息<br>猪仔（生猪）死亡率，耳标、质量、包装等 | 加工过程信息<br>饲养、防疫、检疫检验、储藏等 | 信息系统 |
|---|---|---|---|
| 运送商 | 运输生猪的数量 | 运送路线、距离、时间、运输密度等 | 无信息系统，由人工填写运输单据 |
| 屠宰商 | 对运送到场生猪的品种、来源、规格、质量等信息有详细记录，对某一批次生猪的肥肉比、骨肉比、出肉率都有记录；对运送到场的生猪进行瘦肉精、药物残留等常规检验，静养 6～24 小时观测检验并记录是否有异常情况 | 屠宰过程中对猪的头部、血液、内脏进行同步检验，对猪旋毛虫进行实验室检验，并记录结果；屠宰后记录每批次肉的冷却时间与结果，并备案 | 运用外购的 ERP 软件和企业内部的电子信息系统记录并存储相关信息，利用自动化软件管理生产 |
| 加工商 | 对采购的生猪肉的常规检验结果、异常情况及其处理，所采购猪肉的品质等 | 加工过程中的技术、储藏等信息，发出产品的数量、规格、运送商等相关信息 | 运用 ERP 软件、企业内部电子信息系统与手工档案进行信息记录 |
| 运送商（加工—零售） | 肉品的质量安全信息 | 运送路线、距离、车内储藏温度、湿度及货品摆放等信息 | 专人手动记录，并采用温度控制芯片配合温度曲线图等电子设备监控运送车厢内温度变化情况 |
| 零售商 | 猪肉产品的保质期限、包装、价格等信息 | 储藏的温度及时间，验货情况、库存数量、货品上架及销售信息 | 配置自动温度监控仪、企业内部有自动化信息管理系统 |

● **育种商、生产商**

受访企业属于生猪育种和养殖一体化企业，其利用的信息包括从猪苗培育到育肥猪出场的所有信息内容。其中，产品信息包括母猪来源、配种时间、产仔量、猪仔类型（如猪仔属于瘦肉型还是脂肪型）、猪仔出生重、断奶期等。加工过程信息包括饲料和疫苗的使用情况、猪仔生病期间的症状及用药情况等。为了方便产品加工过程信息的保存和使用，受访企业运用专门的养猪管理软件，通过打耳缺（因目前猪舍面积小，生猪在运动时会相互撕咬，因此耳缺的使用比耳标更加安全）的方式对猪的品种、出生日期、抗病性、生长与防疫情况等信息进行记录，并建立专门档案进行保存，每头生猪都有唯一的耳缺号。除此之外，该育种者与国外知名育种企业（如PIC）合作，定期将该企业的育种数据通过互联网上报给全球育种中心，并获取有参考价值的反馈信息，以此来提高其培育猪种的品质。

● **饲料生产商**

饲料生产商需要掌握饲料的主要成分、营养成分、安全性及包装等相关产品信息，内部的质量检测部门会对同类蛋白与血液蛋白的含量进行检测。受访企业还设有专门的实验室，对研制的新饲料产品性能作前期检验，主要记录腹泻率、日增量、料肉比等指标并分析结果，为饲料产品的改进提供依据。该企业拥有自主设计的电子信息系统，对饲料的相关信息进行记录并存储。

● **兽医师**

本案例的兽医师访谈对象主要是育种养殖企业设置的企业内部兽医部门，同时外部还有政府的专门检测机构。兽医师利用的产品信息主要包括猪仔的患病及用药情况和猪仔死亡率等，如兽医师会对猪仔死亡率进行分段数理统计，为企业下一阶段猪种的选择以及养殖环节关键点的控制提供依据。在加工过程中，兽医师会定期对每一批饲料进行抽检以确认其是否合格或者是否含有违禁药物，以此来衡量饲料的质量，并为购买下一批饲料的提供质量依据。同时，兽医师还对生猪养殖过程中的免疫、防疫情况（主要是抗体、抗原等信息）进行及时的记录并备案。目前，兽医师记录猪仔死亡率、患病及用药情况等产品及养殖过程信息都依靠专门的电子信息系统进行操作。

● **运送商**

本案例中涉及的运送商包括从养殖场到屠宰场的生猪运送商和从屠宰、加工养殖场的到零售环节的猪肉产品运送商两大类。其中，生猪从养殖场到屠宰场这段距离的运输以个体运送商为主，此环节的运送商只需要保证被运输活猪的质量安全，因此它们主要关注活猪的质量安全信息（如生猪的病菌感染情况、有无相互撕咬造成的皮肤疤痕等）。此类信息由屠宰场验收货物的专门人员进行记录，并最终归入相关档案。

● **屠宰商**

受访屠宰商通过企业内部电子信息系统对购进的每一批活猪的来源、品种、规格、质量等信息进行详细记录，并掌握生猪在运输过程中的死亡率。屠宰商派专人对运送到场的生猪进行瘦肉精含量、药物残留等常规检验，并及时记录生猪静养 6~24 小时的观测结果；若发现有异常则立刻隔离，记录对异常情况的处理措施与结果。

屠宰加工过程中，由专人对猪的头部、血液、内脏等进行同步检验，如果出现问题立刻停止屠宰，并查清该头猪的来源。屠宰后的热鲜肉经多项检验（如旋毛虫检验）合格后盖章登记，每批次肉进行冷却的时间与结果也必须记录并备案。

公司现有两套办公系统同时使用，公司管理人员和经营人员通过公司网站、电子邮件系统、财务管理和人力资源管理系统实现网上办公与业务往来。

● **加工商**

加工商自身的化验室会对采购的生猪肉进行常规检验并作详细记录，合格之后才可以进入加工环节。公司品控部门在加工过程中实时监控和记录有关技术、储藏等方面的信息，在产品包装上都有操作工代码、机器代码和生产公司代码，一旦出现质量问题可立即追溯。关于每批次产品的去向、数量、规格、发出时间等相关信息也有专档备存。

受访企业下设生产公司和销售公司，二者使用同一套 ERP 信息系统。生产公司通过内部平台将加工产量等信息及时提供给销售公司，销售部门再将市场调研的结果反馈给生产部门，这种先进的信息利用方式对加工商准确把握市场行情、合理安排生产进度有极大的帮助。企业相关的订单、价格、财务等信息全部使用计算机系统和专门的软件进行统计、归类和预测。

● **运送商（加工—零售）**

猪肉产品从屠宰、加工环节到零售环节的运输则由屠宰、加工商负责，采取全程冷藏运输，运送商在整个过程中必须保持车内持续低温（一般是 0~4℃）。在此环节，运送商需要记录并保存的信息主要包括运送路线、运输距离、车厢内储藏温度、湿度及货品摆放等信息。受访运送商拥有一套专门的电子监控设备对以上信息进行管理和监测。这套设备的使用主要是在每一辆冷藏运输车内安装电子监控芯片，并通过不定期地抽检与该芯片配套的温度变化曲线图来确保车内温度全程符合冷藏运输标准。

● **零售商**

零售商对猪肉产品的保质期限、包装、价格等产品信息有明确的记录，能够及时、准确地掌握相关内容的变动情况。零售商对猪肉产品储藏的温度和时间有严格的标准与要求，一般通过温度监控仪等电子设备对肉食品储存温度进行控制与监督。受访企业已实现了办公自动化，通过计算机对诸如验货、库存、上货和销售等信息进行管理。

# 小 结

从横向来看，本案例猪肉产业链条上各环节信息利用的水平差异较大。下游环节如屠宰商、加工商和零售商的信息系统平台比较完善，信息利用程度高；而育种生产商、运送商、兽医师等环节信息利用的效率低，辅助决策的作用较小，反映问题时间滞后，成为该产业链信息利用的主要瓶颈。从纵向来看，各环节的信息利用内容还比较简单，范围受到局限，在广度和深度方面都有待提高。

1. 最重要的发现

随着产业协作的不断深化，该链上的主要环节主体对信息利用重要性的认识也在不断增强，有意识地利用信息支持管理决策。取得的良好规范主要在以下几个方面：

（1）多数环节已经建有电子信息系统，日常生产、管理逐步实现自动化，通过该系统企业可以最大程度地收集与整理内外部信息，为日常生产与管理服务；

（2）企业为提高信息利用的效率，不断加大信息系统的投资，及时应用适合自己企业信息特性的先进适用技术与软件；

（3）企业各部门之间信息沟通与交流的数量、质量以及频率都有了极大提高。

2. 发展趋势

未来几年，该链核心企业将进一步扩大信息利用的范围，提高信息利用的深度；进一步整合企业内外部信息系统，在整条链实现信息的集成和共享。

3. 比较好的做法

育种商拥有专门的养猪管理软件，可以通过生猪的耳缺对母猪来源、配种时间、生病期间用药情况等进行记录；运送商每一辆冷藏车内都安装了电子监控器材，企业内部相关人员可以据此对运输途中温度变化曲线进行检测；加工商对每批次产品的去向、发出时间等都有档案记录，例如生产某猪肉制品，不仅在包装上打了操作工代码、机器代码及生产公司代码，装箱后的箱体上也会印有这些代码，同时记录了产品的到货地点，一旦出现质量问题可立即召回并追究到具体责任人员；零售商会通过温度监控仪等电子设备对肉食品储存温度进行控制和监督，一旦温度高于控制点，温度监控仪就会发出警报。另外，在超级市场还设置专人负责温度的控制，避免因温度过高而引起猪肉产品的质量安全问题。

4. 发展瓶颈

我国普遍存在的散养模式导致生猪养殖、运输、兽医等环节信息利用的效率低，辅助决策的作用较小，反映问题时间滞后，成为该产业链信息利用的主要瓶颈。

# 四、信息交换

|  | 生产信息交换<br>（猪仔死亡率、耳标、质量数据等） | 加工信息交换<br>（实验室结果、防疫、饲养、卫生等） | 计划信息<br>（预测、交货期、定价、数量、质量等） | 使用的信息系统<br>（传真、电话、互联网、电子数据交换的无纸贸易，电子邮件） |
|---|---|---|---|---|
| 育种商—生产商 | 受访企业属于育种、养殖一体化，因此生产信息的交换即是企业内部信息的交流、共享。育种者向生产者提供种猪的来源、猪仔父母系、死亡率、耳标和质量等方面的信息。交换频率为每周一次 | 育种者向生产者提供饲料使用情况、猪仔防疫、养殖环境卫生等方面的信息。交换频率为每周一次 | 受访企业属于育种、养殖一体化，双方共享交货期、定价、数量等信息，有利于制定生产计划。交换频率为每周一次 | 平时双方通过互联网进行信息交换，有时育种者也通过电子邮件向生产者发送有关育种技术进展的专刊资料 |
| 育种商—兽医师 | 兽医师向育种商提供猪仔的死亡率信息，让育种商能及时解决出现的问题。每周交换一次信息 | 兽医师定期安排防疫保健工作，向育种商提供猪的抗病性，生病记录，用药情况等。每周交换一次信息 | 兽医师向育种商提供关于猪仔质量信息的预测。每周交换一次信息 | 兽医师以表格的形式将信息传真给育种商，并要求主要负责人签字 |
| 饲料生产商—生产商 | 生产商向饲料生产商提供猪料肉比、育成率等信息，饲料生产商向生产商提供饲料的组成成分、营养以及包装等信息。两个月交换一次 | 生产商向饲料生产商提供猪食用饲料后的生长与疾病状况，饲料生产商向生产商提供加工过程中的卫生状况和研发过程中的实验室结果。两个月交换一次 | 饲料生产商对货源、价格方面的变化作预测，生产商也就饲料数量、规格品种的信息与饲料生产商进行交流。两个月交换一次 | 拜访多以面对面交流的形式<br>如果遇到突发事件，生产商会主动打电话联系，饲料供应商必须准确地做出回复 |

续表

| | 生产信息交换（猪仔死亡率、耳标、质量数据等） | 加工信息交换（实验室结果、防疫、饲养、卫生等） | 计划信息（预测、交货期、定价、数量、质量等） | 使用的信息系统（传真、电话、互联网、电子数据交换的无纸贸易，电子邮件） |
|---|---|---|---|---|
| 生产商—兽医师 | 兽医师向生产商提供猪仔的死亡率信息，让生产者能及时了解育肥猪的生长情况，预防疾病与疫情的发生。每周交换一次 | 兽医师向生产商提供实验室结果、猪的疾病状况等信息，还就兽药产品成分进行检测。每周交换一次 | 兽医师向生产商提供关于猪仔质量信息的预测。每周交换一次 | 生产商需要的信息可以通过电子邮件和查询文档的形式从兽医部获得 |
| 生产商—屠宰商 | 生产商向屠宰商提供猪的产地、质量安全等信息。每天都有交换 | 屠宰商检查生产者"三证"是否齐全。每天都有交换 | 双方分享有关价格、运货量、送货时间、具体的产品要求、产品质量追溯等方面的信息。每天都有交换 | 主要使用企业内部ERP系统。电话起确认作用 |
| 生产商—运送商—屠宰商 | 交换活猪运输数量 | 告知运输的时间、运输路线 | 活猪运输数量、运输时间、路线费用等 | 一般采用电话、当面协商的形式，无电子信息系统 |
| 屠宰商—加工商 | 屠宰商向加工商提供肉品质检报告和运输中的温度信息 | 屠宰商向加工商提供屠宰过程的检验检疫结果 | 双方约定交货期、定价、数量等相关信息 | 开始以电话、邮件为主，到后期订货都是用传真和正式的书面合同 |
| 加工商—运送商 | 属于企业内的信息交换，涉及产品的数量、规格、运输要求（时间、温度、路线等）等信息 | 运输部门检验并记录装载每批产品时的温度与环境控制 | 属于企业内部生产计划信息交换，如交换运输数量、产品类型、运输要求、运输任务等信息 | 使用企业的电子信息系统进行生产信息的交换，电话、传真以及部门会议、工作人员的协商是信息交换的辅助手段 |
| 运送商—零售商 | 运送商向零售商提供产品数量、规格、运输时间、温度控制等信息 | 运送商全程监控运输途中的温度变化，并向零售商提供此信息 | 双方就运输要求进行沟通协商 | 使用电子信息系统，日常业务沟通通过电话、传真等完成 |

续表

| | 生产信息交换<br>（猪仔死亡率、耳标、质量数据等） | 加工信息交换<br>（实验室结果、防疫、饲养、卫生等） | 计划信息<br>（预测、交货期、定价、数量、质量等） | 使用的信息系统<br>（传真、电话、互联网、电子数据交换的无纸贸易，电子邮件） |
|---|---|---|---|---|
| 加工商—零售商 | 零售商向加工商反馈所需的产品种类、规格等信息 | 加工商向零售商告知猪肉产品在加工过程中的卫生状况 | 双方约定价格、到货时间等信息 | 实现网上订单，日常沟通使用电话、传真等方式，重大事项通过面谈与会议形式 |
| 屠宰商—零售商 | 零售商向屠宰商投诉猪肉的质量问题和分割肉的定量包装差重。每天都有交换 | 屠宰商向零售商提供屠宰过程的检验检疫信息和实验室结果等。每天都有交换 | 零售商向屠宰商提供订单、预测等信息。每天都有交换 | 零售商将需求的数量、供货时间通过电话、传真上报给代理商，代理商通过 ERP 系统下订单及时反馈到工厂 |

● **育种商—生产商**

育种、生产商会将猪食用饲料后的死亡率、成活率、育成率等表现情况与往月的对比反馈给饲料供货商，反映饲料的质量是否稳定。饲料生产商定期对育种、养殖公司进行回访，了解饲料的实际使用效果和存在的问题，给予必要的技术指导，并不断根据客户与市场信息推出新产品。同时，饲料生产商会对价格的变化进行预测并与生产者取得及时的联系。以上信息交换的频率为两个月一次。拜访多以面对面交流的形式，但如果遇到突发事件，生产商会主动打电话联系，饲料供应商必须准确地作出回复。

● **育种、生产商—兽医师**

本案例育种、生产商环节设有自己专门的兽医部，兽医师向生产商提供猪仔的死亡率信息，让生产商能及时了解育肥猪的生长情况，预防疾病与疫情的发生。彼此间的信息交换频率为每周一次。同时还有与政府外部机构的短期合作行为，即生产商提供猪的疾病状况信息，半年一次送检到外部机构，后者提供关于猪仔质量信息的预测。兽医师还会对兽药产品成分进行检测，此数据可作为生产商对上游供应商的考查依据。

● **生产商—屠宰商**

生产商向屠宰商提供关于猪的产地、具体的产品要求、产品质量追溯等相关信息，如果在屠宰过程中生猪质量出现问题，屠宰商也会向上游生猪供应商进行追溯。防疫方面，屠宰商要检查生产者"三证"是否齐全，"三证"是指产地检疫合格证明，运输工具消毒证明和非疫区证明，反映了生猪的质量安全信息。屠宰商和供应商分享的主要信息有：价格，量的变化等，屠宰商会通过调研和预测与生产商交流。如果数量出现较大变化，生产商会及时向屠宰商进行信息通报，协助屠宰商组织生猪货源。以上信息每天都有交换，全部通过 ERP 系统，电话只起确认作用。此外，屠宰商会定期派专人到生产商的养殖基地进行信息交流。

● **生产者—运送商—屠宰商**

生产商与运送商，运送商与屠宰商交换的信息较为简单。生产商与运送商只交换活猪运输数量、运输时间、运输费用、运输路线等信息；运送商与屠宰商交换活猪运输数量、运输时间、运输路线等信息。双方一般采用电话与当面协商的方式进行信息沟通，没有电子信息系统。

● **屠宰商—加工商**

屠宰商向加工商提供肉品质检报告和运输过程中的温度控制信息，必须符合加工商的要求才能收货。加工商内部有一套供应商评价系统，其与屠宰商的信息交换包括从询价到最后订货的一系列内容，具体频率要考虑市场行情。使用的信息系统开始以电话、邮件为主，到后期订货都是用传真和正式的书面合同。

● **加工商—运送商**

加工商到零售商的运输任务由加工企业的运输部门承担，因此，加工商与运送商的信息交换属于企业内部部门与部门之间生产与管理信息的交换。双方部门定期交换生产计划、运输要求以及运输标准，运输部门会根据零售商的订单制定运输计划并执行。运输部门会将产品装载时的环境与温度等信息记录并上报企业作为产品质量控制的依据。双方部门之间的信息交换主要通过企业自有的电子信息系统完成，电话、传真以及部门会议、工作人员的协商是信息交换的辅助手段。

● **运送商—零售商**

运送商向零售商提供每批产品的规格、数量、运输时间、运输路线等信息。运送商全程监控与记录产品运输途中的温度变化，并将此信息告知零售商。因运送商只负责运输任务，运送商与零售商只对产品的运输要求进行协商与沟通。双方主要通过电子信息系统进行信息交换，电话与传真是信息交换的重要方式。

● **加工商—零售商**

本案例中加工商通过自己的销售公司负责与零售商的信息交换，加工部门不直接与客户接触。加工商将猪肉产品生产过程中的卫生情况和产品价格告知零售商，零售商把需要的产品种类和服务改进信息反馈给加工商，双方约定价格、到货时间等计划信息，交换的频率主要看货源、订单的具体情况。

● **屠宰商—零售商**

本案例具有两套销售体系：一个是自有品牌的商运公司体系（专卖）；另一个是面向批发和超市的生鲜销售系统。商运公司对所有代理商制定了终端配送价格，所以专卖系统不会进行价格方面的信息交换。每天下午零售商将需求的数量、供货时间上报给代理商，代理商通过 ERP 系统下订单及时反馈到工厂，工厂根据订单制定生产计划。零售商一般提前 3 天订货，但信息的反馈不够理想，工厂何时能把货发到终端是不确定的。

商运公司与小的代理商靠电话联系，与大的代理商靠传真联系，到目前为止还没有启用电子邮件。商运公司每周与代理商开会，对订货发生异常的通过计算机重点监控，防止"串货"。如果发生质量问题或者分割肉的包装定量不足，零售商会进行投诉，屠宰商要做好记录与反馈。

# 小　结

随着猪肉产业链一体化程度的提升，本案例所有环节之间都已充分认识到信息及时交换的重要性，初步建立了信息实时共享的平台。与国内同类产业链相比，该产业链信息交换的准确性、时效性、完整性友善程度在中国都属于比较高的水平，但是，由于信息交换机制、管理水平的制约，改产业链的信息交换仍具有较大的改进与发展空间。

1. 最重要的发现

（1）随着产业协作的不断深化，该链上的主要环节主体之间对信息交换重要性的认识也在不断增强，有意识地利用信息支持管理决策。

（2）多数环节已经建有电子信息系统，日常生产、管理逐步实现自动化，通过该系统企业可以最大程度地收集与整理内外部信息，为日常生产与管理服务。

（3）企业为提高信息利用的效率，不断加大信息系统的投资，及时应用适合自己企业信息特性的先进适用技术与软件。

（4）各企业之间信息沟通与交流的数量、质量以及频率都有了极大提高。

2. 发展趋势

未来可能推出网络终端管理系统，能够对包括政策、价格、订货计划、发货情况等各方面的消费者信息进行查询。未来上游企业之间的信息交换将会更加关注价格和稳定的合作，而与下游企业之间的信息交换将会更加关注品牌和合作的共赢。随着信息化管理对市场发展的引领作用越来越大，各企业会进一步加强实时信息共享和及时交换，逐步向现代化物流管理方向发展。

3. 比较好的做法

育种、养殖和饲料生产环节形成了定期的会议和拜访机制，通过发布招标进行合作；屠宰商/加工商与零售商的日常交易事项如数量、品种等由订单确定，双方建有网上交易平台，可以实现网上订单；零售商提前 24 小时向分销商发出订单，经电话确认每天交易的数量、品种、规格等具体事项后配货运送；下游零售商每天都发布需求数量、规格、质量等采购信息，屠宰商可以根据市场反馈及时调整生猪的采购数量，合理安排屠宰任务和产品运输事宜；当市场行情发生重大变化时，相关各环节都会提前向上、下游进行信息通报，以便及时调整生产计划与库存，规避市场波动的风险。

4. 发展瓶颈

下表是以该链的核心环节——屠宰加工企业为例，采用专家打分法对该企业的信息交换情况从准确性、实效性、完整性和友善程度四个维度进行评价。可以看出，与上游的信息交换主要是完整性和准确性有所欠缺，而与下游的信息交换主要是时效性和友善程度有所欠缺。与上游信息交换不太完整的情况会导致质量信息向上传递和价格信息向下传递的缺失，与下游信息交换实效性不太强的情况会导致信息向上传递和价格市场信息向下传递的速度缓慢，信息更新的速度下降。

## 屠宰加工企业与上下游信息交换的得分情况表

| 与上游供应商 | 得分 | 与下游零售商 | 得分 |
|---|---|---|---|
| 准确性 | 3 | 准确性 | 4 |
| 时效性 | 4 | 时效性 | 2 |
| 完整性 | 2 | 完整性 | 4 |
| 友善程度 | 4 | 友善程度 | 3 |

标准说明：准确性按非常准确、较准确、一般、不太准确、不准确得分分别为 5 分、4 分、3 分、2 分和 1 分；时效性按很强、较强、一般、不太强和不强得分分别为 5~1 分；完整性按完整、较完整、一般、不太完整和不完整得分分别为 5~1 分；友善程度按友善、较友善、一般、不太友善和不友善得分分别为 5~1 分。

# 五、绩　效

| | 过去 10 年中的变化（有效性、可响应性、质量、灵活性） | 未来 5 年期待的变化（有效性、可响应性、质量、灵活性） | 绩效评价（采用何种数据、以什么作为目标，采取何种评价体系） | 关键绩效指标（例如，每年出栏幼猪数量） |
|---|---|---|---|---|
| 育种、养殖商 | 由财务指标转而考虑响应速度及质量指标 | 会加入市场反馈等新的指标 | 采用财务数据为主要评价指标，以盈利为主要目标 | 利润、生产率 |
| 饲料生产商 | 由财务指标转为以财务指标为主，以其他指标为辅 | 增加产品安全性以及交货的灵活性等指标 | 主要采用财务类数据进行绩效评价，以利润最大化为目标 | 销售量 |
| 兽医师 | 注：兽医师属于育种、养殖企业内部员工，不独立作为主体考评与核算 | | | |
| 运送商（生产—屠宰） | 以财务指标为主 | 逐步引入质量指标，保证活猪质量 | 主要采用财务数据进行绩效评价，以获利为目标 | 主要考核运输成本与利润 |
| 屠宰商 | 由以数量指标为主转为重视效率和时间 | 注重品牌的价值，产品的毛利和产能利用 | 降低产品的成本，创造产品的附加值 | 对不同部门采用不同的考核指标 |
| 加工商 | 由财务指标转为兼顾财务指标及其他指标 | 财务与质量指标并重 | 主要采用财务数据进行绩效评价，以实现利润的最大化 | 净利润、销售额 |

续表

| | 过去 10 年中的变化（有效性、可响应性、质量、灵活性） | 未来 5 年期待的变化（有效性、可响应性、质量、灵活性） | 绩效评价（采用何种数据、以什么作为目标，采取何种评价体系） | 关键绩效指标（例如，每年出栏幼猪数量） |
|---|---|---|---|---|
| 运送商（加工—零售） | 财务成本指标与质量指标，变化不大 | 会对运行途中的温度控制状况纳入指标体系中 | 首先以保证运输过程中的产品质量为主要目标，其次控制运输成本 | 运输距离、产品合格率、运输成本 |
| 零售商 | 由财务指标转为兼顾财务指标与质量指标 | 会加入其他的指标，如产品的响应时间、交货的灵活性等指标 | 主要以财务数据为依托进行绩效评价，以获利为目标 | 销售额、产品净利润 |

● **育种、养殖商**

　　育种商环节在过去 10 年绩效评价的最大变化就是由主要采用财务指标进行绩效评价转为以财务指标为主，兼顾可响应性及质量指标的评价体系，以经济利润与生产率为其关键指标。目前该评价体系较好的对该环节绩效做出了评价，在实践中也得到了验证，预计未来 5 年可能会加入市场反馈指标等新的指标以更全面地对绩效进行衡量。

● **饲料生产商**

　　饲料生产商在过去 10 年内一直采用财务指标进行绩效考评，关键指标就是产品的销售量指标。近几年由于质量安全问题日益受到关注，作为猪肉产业链源头的饲料生产者也不可避免要考虑饲料食品的安全，因此目前也已经加入质量指标，但是力度较小。在未来 5 年会逐渐加大对质量指标的考评，如在现有的绩效评价体系中加入产品安全性等指标。

● **兽医师**

　　兽医师属于育种、养殖企业内部员工，不独立作为主体考评与核算。

● **运送商（生产—屠宰）**

　　生产到屠宰环节的运输任务由第三方个体运输户承担。运送商只负责运输任务，不为活猪运输的质量负责。个体运输户的考核较为简单，一般只考核运输成本与运输所获取的利润。

● **屠宰商**

猪肉屠宰环节目前采用兼顾数量与质量指标的评价方法，过去 10 年更注重的是财务指标，同时也坚持质量指标，现在则越来越重视效率和时间。因此，目前除使用财务指标外，还选用了其他绩效指标，主要包括市场服务的及时性、反腐败、安全指标等。具体来说，该环节针对不同部门设计了不同的考核标准，如对原料采购实施了"数量＋质量"的考核方式；在生产环节中采用计件与系数相结合的方式，比如对生产车间一线员工根据其劳动强度即工作系数进行考评，对其他部门的员工按照其计件量进行评价。此外，针对管理方面、产品质量方面、卫生要求方面都有细化的标准。相比而言，过去采用的是单一的数量指标，员工在追求高数量时忽略了产品的质量，而现在的这种考评体系则在保证数量的同时也保证了质量。该体系遇到的瓶颈是如何有效地降低产品的成本，创造产品的附加值和提升企业产品的品牌价值。预计未来 5 年在运用绩效指标时，会更注重品牌的价值，产品的毛利和产能利用。

● **加工商**

加工环节采用的绩效评价体系相比 10 年前已经有了显著进步，以前仅考核财务指标，关键使用净利润与销售额指标，同时也考虑了有效性、可响应性、质量及灵活性等指标，不过这些指标的应用范围和应用频率都很小，这也直接导致目前的评价体系并不能对绩效进行全面考评，因此在未来 5 年加工环节的绩效评价体系中会加入更多非财务指标。

● **运送商（加工商—零售商的冷链运输）**

大部分猪肉通过自有物流部门进行猪肉产品的运输，以冷链运输为主，运输部门与其他部门采用同样的绩效评价体系，考核内容主要包括运输距离及到达后的猪肉合格率，使用该考核方式是由于在运输环节对温度等控制不当极有可能引起质量安全问题。目前针对这一环节的绩效评价体系运行较为有效，未来 5 年可能会加入对途中温度的控制指标等以有效保证猪肉产品的质量。

● **零售商**

零售商一直以利润最大化作为自己的目标，因此其主要采用财务指标，如销售额、产品净利润等作为其关键指标进行绩效评价，但随着消费者对食品安全关注程度的提高，零售商也相应地加入了一些质量指标，如产品质量指标、产品安全性指标等。预计未来5年会进一步增加交货的灵活性、响应速度等新指标以满足消费者的需求。

# 小　结

该产业链在绩效评价过程中日益注重质量指标、灵活性指标及可响应性指标的综合运用，收到了良好的效果。随着消费者对产品质量的不断关注，在以后的发展过程中要进一步加强对非财务类指标的运用。

1. 最重要的发现

该产业链在对绩效考核指标较为重视，采取了多种指标并重的考核方式对各环节进行绩效考评。

2. 发展趋势

随着消费者对猪肉产品质量要求提高，在绩效考核过程中，猪肉产业链上各环节会更多的考虑质量指标等非财务类指标。

3. 比较好的做法

该企业的猪肉屠宰环节针对不同部门设计了不同的考核标准，如对原料采购实施了"数量+质量"的考核方式；在生产环节中采用计件与系数相结合的方式，比如对生产车间一线员工根据其劳动强度即工作系数进行考评，对其他部门的员工按照其计件量进行评价。此外，针对管理方面、产品质量方面、卫生要求方面都有细化的标准。

4. 发展瓶颈

传统的财务考核方式依然占据主导地位，由于非财务类指标的考评有效性易受干扰，因此对非财务类指标的运用还比较少。

# 六、成　本

本案例产业链的一体化程度很高，集生猪育种、养殖、屠宰、加工、运输及销售于一体，因此可以从猪肉产业链的整体角度对其各环节的成本、价格的变动趋势进行分析。

受访企业的相关专家认为，近几年在不同的时期，各环节的成本和利润变化趋势有所不同，就整体产业链而言，各项成本均呈现明显上升趋势，部分成本项目如饲料成本、生猪价格在部分时期内上升幅度很高，人工成本有上升趋势但幅度很小，甚至在有些环节人工成本呈现下降趋势。养殖环节的利润在过去几年一直处于微利甚至亏损水平，零售环节获利最多，屠宰、加工环节获利水平则处于二者之间。

产业链分环节而言：

● **育种、养殖环节**

育种、养殖环节的成本主要有：饲料成本、固定资产的折旧、劳动力成本、材料消耗、防疫、检疫成本等，其中饲料成本大约占总成本的 70%~80%。根据案例调研情况来看，前几年正常情况下生猪养殖的生产成本在 2.8~3.2 元/斤，生猪的收购价格一般在 3.5 元/斤左右，纳入防疫疾病的成本，收购价格与养殖成本基本持平甚至略低，养殖户处于微利甚至亏损水平。养殖环节利润过低导致生猪养殖数量巨幅萎缩，猪肉产品的供给短缺直接引发了 2007 年猪肉价格的上涨。在 2007 年，生猪销售价格的上涨幅度远远大于生产成本（如人工成本、饲料成本）的上涨幅度，因此育种、养殖环节的获利大幅度上升。

● **饲料生产商**

饲料生产企业的成本主要由原材料成本（如玉米、豆粕等）、人工成本、加工成本（如机械损耗、电、水的消耗等）、管理成本等部分组成。近几年原材料成本巨幅上升，人工成本略有下降（员工平均工资下降），加工成本略有上升，总成本呈现明显上升趋势。虽然饲料销售价格也随之上升，但利润率却呈现下降趋势；饲料企业的利润率普遍较低。

● **运送商（生产商—屠宰商）**

从生产商到屠宰商的活猪运输主要由个体运送商负责，运输成本主要有油费、过路费、交通保险、购置货车的折旧费等。近几年，由于油价上涨，运输成本略有增加但是整体变动较小且趋势平缓。运送商的运输劳务费由口头协议商定，较为稳定。

● **屠宰商**

屠宰环节的成本项目主要有：原料成本（活猪）、人工成本、加工成本、物流成本等，其中原料成本（生猪）占总成本 95%，其余成本项目只占总成本 5%。虽然原料收购成本大幅增加，但是由于该屠宰企业采用较为科学的管理系统模式，持续进行成本控制与管理，减少了各个环节不必要的损耗，近几年生产成本以 3%~5% 的比率逐年降低。

● **加工商**

加工环节的成本项目主要有：原料成本（冷鲜肉）、人工成本、加工成本、物流成本、研发成本等。由于生猪供给减少，原料成本（冷鲜肉）上升幅度较大；该加工企业成功地实施了成本控制与管理，加工成本逐年下降；此外，该加工企业重视产品开发，逐年加大研发投入；总体而言，加工环节的总成本逐年呈现上升趋势。加工环节产品的销售价格虽然呈上升趋势，但是成本上升的幅度远大于销售价格上升的幅度，所以加工环节的利润水平也呈现下降趋势。

● **运送商（加工商—零售商）**

从屠宰商到加工商之间的冷鲜肉运输由企业自有的冷链车负责，运输成本主要有油费、购置冷藏车的折旧费、保险等。冷链车队隶属于加工企业，不单独进行利润核实。

● **零售商**

零售环节的成本主要有进货成本、销售成本、人工成本等。近几年，销售成本与人工成本无明显变化，而产品价格与进货成本有大幅上升且变化程度相同，利润率较之以前有小幅下降，但利润率在一段时期内会保持不变。

# 七、创　新

| | 产品创新 | 加工过程创新 | 营销（市场）创新 | 组织创新 |
|---|---|---|---|---|
| 育种商 | 引进国外瘦肉型猪种或冻精进行繁殖 | 引进先进育种技术，采用"二元"、"三元"杂交等方法培育适合中国养殖的猪种 | 提高猪种的肉—料比等指标吸引养殖者 | 参与全球联合育种模式，繁殖后直接提供给养殖基地和养殖小区 |
| 饲料生产商 | 研制生产新型饲料配方，生产针对不同类型肥猪的专门性饲料 | 对于新型饲料引进配套设备进行生产和配比 | 主要依靠饲料的高营养性和高料—肉转化率吸引下游购买者 | 销售市场主要以大型养殖场的批量采购为主 |
| 生产商 | 引进国外瘦肉型猪种繁殖饲养，未来几年计划向有机猪肉方向发展 | 养殖场引入"三点式"布局，改进育肥技术 | 主要依靠产品本身品牌及可获得的高额利润扩大市场 | 主要采用养殖基地加养殖小区的模式，养殖规模将逐步扩大 |

续表

|  | 产品创新 | 加工过程创新 | 营销（市场）创新 | 组织创新 |
|---|---|---|---|---|
| 运送商（生产—屠宰） | 无 | 加强了运输途中的人为监控，避免活猪相互撕咬 | 无 | 逐步成立具有第三方物流合法资质的运输公司 |
| 屠宰商 | 在冷冻肉的基础上推出冷鲜肉 | 引进全新的流水线设备，自动化程度提高，减少人接触产品的概率，避免交叉污染 | 通过推出新产品、降价等优惠措施促进销售 | 主要采取的是养殖小区—基地—公司供应链模式，提高组织的一体化程度 |
| 加工商 | 产品口味和外包装的改变，倾向于绿色包装。针对市场需求推出按部位分割产品，计划推出小包装肉食品和即食品 | 在生产流程设计中注重产品口味的变化，加强中国传统肉食品加工工艺，如腌、卤、油炸等；加强卫生管理 | 设置大客户部，实施全国统一促销形式促进产品销售，逐渐采用网络营销这一促销手段 | 逐步向合作采购的模式转变，内部管理流程趋向扁平化 |
| 运送商（加工—零售） | 肉食品运送过程中逐步采用全程冷链运输，车内温度持续控制在 0～4℃ | 安装电子监控器材监测运送冷藏车内温度，猪肉采用倒挂式运送 | 主要依靠运输车辆自身的制冷性能等优势扩大市场 | 由运送商自有车队组织运输，另有少部分运输车辆采用社会车辆租赁的形式获得 |
| 零售商 | 增加产品品种，着重发展冷鲜肉市场，根据市场需求分割肉品，按季节提供季节性产品 | 采用冷柜保持肉食品新鲜 | 拓展销售市场，采取降价等营销手段 | 零售商主要有专卖店和超级市场两种，其中专卖店以加盟的方式逐渐取代直营方式 |

● **育种商**

受访育种商与其下游生产商隶属于同一家公司，属于自繁自养型。根据购买市场对产品的不同需求，该育种商在过去十年中从国外引进了一些适合中国市场的瘦肉型猪种，主要包括：英国的 PIC、美系的长白猪、大约克、杜洛克等。受访育种商与国外知名育种企业，如 PIC 等采取全球联合育种的方式，定期将本企业的育种情况进行上报并接收反馈数据，不断提高猪种的品质和质量。企业在引进这些国外猪种的基础上采用"二元"杂交、"三元"杂交等方法培育适合中国养殖的猪种。繁育的猪苗直接提供给基地和养殖小区，不对外销售。在未来几年，该育种商将加大与国外知名育种公司的合作，引进先进经验和品种，提高猪种品质。

● **饲料生产商**

受访饲料生产商近几年对其产品有所创新，研制出新型饲料配方，该配方可以缩短猪的生长周期，节省饲料，保持猪的肠道环境健康，并使猪肉产品的肉质变得优良。另外，它们还根据不同类别的肥猪生产有针对性的高效饲料，如专门针对育种母猪的饲料等，提高饲料的转化率。

在对生产饲料进行营销时，饲料生产商主要通过提高产品自身特性吸引消费者，如提高猪饲料的料—肉转化率使其更容易被消费者所接受。其销售对象主要以大型养殖场的批量采购为主，以对零散养殖户销售为辅。

● **生产商**

受访生产商在近几年的养殖过程创新主要是由原来的"单点式"、"一条龙"式生产转变为从国外引进的"三点式"生产，即把养殖场划分为三个区间，分别用作种公猪和怀孕母猪的饲养、产子母猪和保育猪的饲养以及育肥猪的饲养，另外还将配套建立废物处理区、消毒区、产品出厂销售区、办公区等。其育肥技术的改进则包括高床分娩、高床产子、高床保育、人工授精等，例如对怀孕母猪的B超扫描，可以作出科学准确的判断。在营销方面，该公司养殖的生猪品种主要依靠生长周期短、肉质好、利润率高吸引购买者。

受访生产商在创新中的瓶颈主要是有机饲料供应、猪的疾病用药和养殖成本问题。在未来5年内，该养殖场计划达到1000万头的生产量，并计划成立自己的饲料生产厂，在购买核心料的基础上自己调配猪饲料，以节约饲料的购买成本。另外，该公司计划向培育有机猪肉方向发展，将其产品出口至日、韩、欧美等地。

● **运送商（生产—屠宰）**

生产者到屠宰环节的运输由个体运输户承担，大部分尚不具备第三方物流公司的合法资质，创新较少。成立具备第三方物流公司的合法资质是活猪运输户未来努力的方向。

● **屠宰商**

受访屠宰商的主要产品创新是以冷鲜肉生产取代了以前的冷冻肉，在0～

4℃保存的冷鲜肉口感比冷冻肉要好，营养也流失的更少。在未来几年内公司还计划推出相当于半成品的即食性方便食品，以满足消费者对产品方便性的需求。

其加工过程的创新则是引进了一套自动化程度较高的全新流水线设备，减少了工作人员接触产品的概率，避免了交叉污染，目前这套设备在国内尚处于领先地位。

受访屠宰商采取了"农户—基地—公司"的新型组织模式，通过公司与农户及基地签订供货协议的方式保证猪源供应的稳定及安全。公司预计在未来 5 年内与更多的大型养殖基地合作，从而进一步提高产量。

● **加工商**

受访加工商的产品创新主要体现在产品的口味和包装两个方面，如该公司一直不间断地推出不同口味的火腿肠、玉米肠、甜香肠及辣味香肠等。受访加工商还在传统形式食品的基础上，推出即食性半成品，方便消费者食用；企业针对肉食品市场消费者的具体需求，推出按部位分割产品。在加工企业，某些生产技术的改变会影响产品的特性，例如杀菌温度低一些，猪肉食品的口感会更加鲜嫩，在这个方面本企业更加注重产品口味的变化。中式传统肉制品主要是腌腊制品、酱卤制品、熏烤制品、干制品、油炸制品、香肠制品和中式火腿七大类 500 多个品种。产品包装样式的策划原来由受访公司自己承担，现在逐渐外包出去，聘请了专门的策划公司，倾向于绿色包装，改善产品形象。该加工商近年来着重考虑这些加工制法的改进，提高产品销售量。

一方面是加工过程的创新主要体现在新设备的投入和使用，以提高生产能力；另一方面是卫生管理，加强对肉制品加工过程中卫生条件的控制。公司的大客户部会在特定时间统一采取降价等促销措施，为大零售商扩大利润空间和吸引更多的消费者群体。

关于营销手段的创新，该公司已经逐渐开始在中国国内一些规模较大的食品行业网站上刊登广告，宣传企业自身以及企业产品，该公司在未来几年将会更多地采取网络营销这一新的营销手段。加盟店由公司统一进行装修。对于制约企业创新的因素，主要是该企业的定位较高，所以任何创新都要以注重产品高品质为前提，因此需要慎重行事。组织创新主要在采购和内部管理的流程两个方面，在一定条件下，采购正逐步向合作采购的模式转变，公司的内部管理流程也正趋向扁平化。

● **运送商（加工—零售）**

受访运送商在运输车辆方面已经由原来的"敞篷车"运送全部更换为封闭

式的冷藏车，并且保证运送全程温度控制在 $0 \sim 4 ℃$，以避免运输环节中可能发生的猪肉食品质量安全隐患。猪肉产品运输服务主要由上游加工企业的自有车队提供，另外少部分运输车辆采用社会车辆租赁的形式获得，供货商会不定期对租赁车辆的车内温度、湿度等指标进行监控，保证运送车辆全程符合冷藏运输的各项标准。

● **零售商**

受访零售商在冷鲜肉生产能力及水平上处于同行业的先进水平。在市场范围的拓展方面不同于其他肉食品牌，其将自己的零售终端向南京周边的农村地区发展，寻找新的消费市场。

在组织流程上，该零售商采取的销售组织模式主要有超市租位和专卖店两种，其中专卖店以加盟的方式为主，只在南京地区设有直营店，公司最初采用的是直营方式进行销售，但经过一段时间的运作发现加盟的形式更适合于中国的企业，经营渠道也比较方便，因为直营店自己经营的成本很高，而且人员流动也很大，现在这种方式正逐渐被其他的方式取代。

# 小　结

产业链上各环节的企业会根据链条中上、下游企业的需求及消费者的反馈信息对本企业的产品加以改变；企业本身寻求改变，提升产品市场竞争力，引领行业创新。这些创新有利于降低各环节企业的产品生产成本，提高猪肉产业链条的整体生产效率，保证猪肉产品的质量安全。至于未来几年各环节企业创新的发展，亟待解决的问题主要有相关的技术支持、管理层的创新理念以及政府通过政策的引导、手段扶持等。

1. 最重要的发现

（1）产业链的初始阶段育种商采取全球联合育种的方式，定期将本企业的育种情况进行上报并接收反馈数据，不断提高猪种的品质和质量；生产商根据市场需求开始向有机猪肉、绿色猪肉等生产方向发展。

（2）链条中屠宰商的加工过程的创新则是引进了一套自动化程度较高的全新流水线设备，减少了工作人员接触产品的概率，避免了交叉污染，在国内尚处于领先地位。

（3）生产及加工企业越来越关注中国消费者的偏好，在加工技术的改进时更加注重消费者对产品口味的要求，推出了腌腊制品等多种不同的中式传统肉制品。

（4）该猪肉产业链中的大多数企业均采取签订合同、定点采购的合作方式，保证产品质量的标准化的同时还可以规避可能发生的市场风险。

2. 发展趋势

（1）在未来几年，该链条中的育种者将加大与国外知名育种公司的合作，引进先进经验和品种，提高猪种品质。

（2）受访养殖商计划扩大年生产能力，并计划成立自己的饲料生产厂，在购买核心料的基础上自己调配猪饲料，以节约饲料的购买成本。另外，该公司计划向培育有机猪肉方向发展，将其产品出口至日、韩、欧美等地。

（3）在组织创新方面，链条中加工商的采购正逐步向合作采购的模式转变，公司的内部管理流程也正趋向扁平化。

（4）零售商在市场范围的拓展方面计划将其零售终端向南京周边的农村地区发展，寻找新的消费市场。

（5）成立具备第三方物流公司的合法资质是活猪运输户未来努力的方向。

3. 比较好的做法

（1）在产业链各环节的产品创新方面，育种商与国外知名育种企业采取全球联合育种的方式，定期将本企业的育种情况进行上报并接收反馈数据，不断提高猪种的品质；饲料生产商生产更具有针对性，生产针对不同类型生猪的专门性饲料；根据消费观念的转变，生产商逐渐向有机猪肉及无污染绿色包装方向发展，并依据消费习惯为消费者提供季节性产品。

（2）在产业链各环节的生产过程创新方面，育种商在引进国外优秀猪种的基础上，将其与国内传统猪种进行杂交，培育适合中国养殖的猪种；生产商的饲养方式转变为从国外引进的"三点式"生产方式；屠宰商从国外引进了一套自动化程度较高的全新流水线设备，减少了工作人员接触产品的概率，避免了交叉污染；加工商在加工技术的改进上更加注重消费者对产品口味的要求，推出了腌腊制品等中式传统肉制品七大类500多个品种。

（3）在营销创新方面，产业链各环节中越来越多的企业选择以产品本身的品质及高回报率来提高顾客的忠诚度。该产业链中的加工商还开始通过网络营销这一新兴营销手段提高产品的知名度。

（4）在组织创新方面，该猪肉产业链上的各环节企业多采取以签订合作合同为前提的协作式生产，一体化程度增强，保证了产品的标准化与安全性；零售商采取的销售组织模式主要有超市租位和专卖店两种，其中专卖店以加盟的方式为主。

4. 发展瓶颈

（1）生产商到屠宰环节的运输由个体运输户承担，大部分尚不具备第三方物流公司的合法资质，创新较少。

（2）营销创新方面，产业链条各个环节上的企业多数仍以价格促销来吸引下游消费者，未采取多种不同形式的有效措施进一步开拓市场。

# 八、相关法规

| | 质量和安全性 | 可追溯性 | 动物健康和动物福利 | 环境 |
|---|---|---|---|---|
| 育种商 | — | — | — | — |
| 饲料生产商 | 《饲料和饲料添加剂管理条例》<br>《饲料标签》标准 | — | — | 《饲料和饲料添加剂管理条例》 |
| 生产商 | 《中华人民共和国农产品质量安全法》<br>《中华人民共和国动物防疫法》<br>《重大动物疫情应急条例》 | 《中华人民共和国动物防疫法》 | 尚没有保护动物福利的法案出台，但个别省市（如海南省）正酝酿出台相关的动物福利保护法规 | 《中华人民共和国农产品质量安全法》<br>《畜禽养殖业污染物排放标准》 |
| 兽医师 | 执业兽医管理办法（草案） | | 执业兽医管理办法（草案） | |
| 运送商（生产—屠宰） | — | — | 正在协商运输过程中动物福利保护的相关规定 | — |
| 屠宰商 | 《中华人民共和国农产品质量安全法》<br>《国务院关于加强食品等产品安全监督管理的特别规定》<br>《中华人民共和国食品卫生法》<br>猪肉卫生标准（GB 2707—1994）<br>个别省份开始实施《无公害猪肉质量标准》和《天然无抗猪肉标准》 | 《国务院关于加强食品等产品安全监督管理的特别规定》<br>《中华人民共和国农产品质量安全法》 | 中国尚未有保护动物福利的法案出台，但个别省市（如海南省）正酝酿出台相关的动物福利保护法规 | 《国务院生猪屠宰管理条例》 |

| | 质量和安全性 | 可追溯性 | 动物健康和动物福利 | 环境 |
|---|---|---|---|---|
| 加工商 | 《中华人民共和国农产品质量安全法》<br>《国务院关于加强食品等产品安全监督管理的特别规定》<br>《中华人民共和国食品卫生法》<br>猪肉卫生标准（GB 2707—1994）<br>QS认证标准<br>个别省份开始实施《无公害猪肉质量标准》和《天然无抗猪肉标准》 | 《国务院关于加强食品等产品安全监督管理的特别规定》<br>《中华人民共和国农产品质量安全法》 | 中国目前没有保护动物福利的法案出台，中国肉类协会正在对动物福利问题进行协商 | 《中华人民共和国农产品质量安全法》 |
| 运送商（加工—零售） | 《中华人民共和国农产品质量安全法》<br>《国务院关于加强食品等产品安全监督管理的特别规定》<br>《中华人民共和国食品卫生法》<br>猪肉卫生标准（GB 2707—1994） | 《国务院关于加强食品等产品安全监督管理的特别规定》<br>《中华人民共和国农产品质量安全法》 | — | — |
| 零售商 | 《国务院关于加强食品等产品安全监督管理的特别规定》<br>《中华人民共和国农产品质量安全法》 | 《国务院关于加强食品等产品安全监督管理的特别规定》<br>《中华人民共和国农产品质量安全法》 | — | — |

● **育种商**

在我国，大部分企业采用的是育种及养殖一体化经营，目前并没有专门针对育种环节的质量安全性、可追溯性、动物健康和福利及环境保护方面出台相关法律法规。预计未来5年内，我国有关政府部门可能会针对这几个方面制定相应的法律法规，从猪肉产业链源头提高质量安全性、保护生猪的动物福利及减少该环节对环境的破坏性。

● **饲料生产商**

在猪饲料质量安全的控制方面，我国已于1999年5月29日颁布《饲料和饲料添加剂管理条例》，该条例是我国针对饲料行业管理出台的第一部行政法规，目的是加快实施以监控、检测体系建设为主体的饲料安全工程，它的颁布和实施为饲料的安全管理工作提供了法律依据。另外，我国于2000年6月1日开始实施GB 10648—1999《饲料标签》这一强制性国家标准，其规定了标签上必须标示"本产品符合饲料卫生标准"字样，并补充了加入药物饲料添加剂饲料标注的内容，即对于添加有药物饲料添加剂的饲料产品，其标准上必须标注"含有药物饲料添加剂"字样，同时还必须标明所添加药物的法定名称、准确含量、配制禁忌、停药期及其他注意事项。由中国监督所及农林厅下设的农产品检测中心这两个政府机构负责饲料质量的监督检查，每年进行两次全国性的普查，以前的普查结果显示全国饲料检验合格率达到96%以上。

● **生产商**

生产商对生猪质量安全的控制需依据《中华人民共和国农产品质量安全法》。该规定从猪肉食品产业链源头对猪肉的质量安全加以控制，此外还有专门针对生猪养殖过程中环境保护的条款，如"禁止在有毒有害物质超过规定标准的区域生产、捕捞、采集食用农产品和建立农产品生产基地；禁止违反法律、法规的规定向农产品产地排放或者倾倒废水、废气、固体废物或者其他有毒有害物质。"如违反规定"向农产品产地排放或者倾倒废水、废气、固体废物或者其他有毒有害物质的，依照有关环境保护法律、法规的规定处罚；造成损害的，依法承担赔偿责任"。新修订的《中华人民共和国动物防疫法》于2008年1月1日起正式实施，修改了大部分条款，增加了疫情预警、疫病风险评估、疫情认定、疫病可追溯体系、无规定动物疫病区建设、官方兽医、执业兽医制度、动物防疫保障机制等方面的内容，进一步明确饲养者和经营者的责任。另外，《重大动物疫情应急条例》从2005年11月开始实行，该条例对生猪养殖过程中高致病性禽流感等发病率或者死亡率高的动物疫病发生和应急解决方案进行了详细规定。

目前我国猪肉质量安全的主要瓶颈就在于生猪养殖环节兽药使用不规范以及散养户提供生猪的质量无保障。此外，由于目前我国生猪养殖单位普遍存在面积狭小、设备落后等问题，关于生猪养殖过程中动物福利与健康保护条款的制定与实施还存在很大障碍，这也是我国政府在未来几年中亟待解决的问题。

● **兽医师**

我国政府颁布的《执业兽医管理办法》（草案），对猪肉食品的质量安全性以及动物福利与健康方面都做出了相关规定，如"执业兽医应当按照国家有关规定合理用药，不得使用假劣兽药和农业部规定禁止使用的药品及其他化合物"、"爱护动物，宣传动物保健知识和动物福利"等。对于兽医师的可追溯性和环境保护目前还没有出台相应的法规。

当前我国大多数散养户在遇到疫情后通常求助于当地的兽医，但由于农村的兽医站技术水平落后，有时难以有效地对疫情加以控制，大部分病猪可能会流通到当地市场上，导致当地市场上的猪肉产生极大的质量安全隐患。而本案例所涉及的养殖基地和规模化管理水平相对较高，一般都配有兽医部门，在生猪疾病预防方面会对生猪进行疫苗接种，遇到疾病疫情，能够及时有效地进行药物控制，对病死猪会进行焚烧、深埋等无害化处理，可以很好地保障猪肉的质量安全。

● **运送商（生产—屠宰）**

本案例中各环节的运送商会在每次运输之后对运输工具进行全面消毒，防止病毒传播，交叉感染。目前我国政府尚未就质量与安全性、可追溯性和环境方面对猪肉产业链上的运送商出台相关法规，而有关动物福利的一些规定则正在协商过程中，一段时间后有望正式出台。

● **屠宰商**

在屠宰及加工企业产品的质量安全方面，《中华人民共和国农产品质量安全法》第三十三条规定："有下列情形之一的农产品，不得销售：（一）含有国家禁止使用的农药、兽药或者其他化学物质的；（二）农药、兽药等化学物质残留或者含有的重金属等有毒有害物质不符合农产品质量安全标准的；（三）含有致病性寄生虫、微生物或者生物毒素不符合农产品质量安全标准的；（四）使用的保鲜剂、防腐剂、添加剂等材料不符合国家有关强制性的技术规范的；（五）其他不符合农产品质量安全标准的"。同时该法案第四十九条规定："如果使用的保鲜剂、防腐剂、添加剂等材料不符合国家有关强制性的技术规范的，责令停止销售，对被污染的农产品进行无害化处理，对不能进行无害化处理的予以监督销毁；没收违法所得，并处以2000元以上2万元以下罚款"。

在猪肉产品的可追溯性方面，根据中国国务院2007年7月26日颁布的《国务院关于加强食品等产品安全监督管理的特别规定》，要求县级以上生猪定点屠宰企业全部实现肉品质量安全可追溯性。但在目前我国部分猪肉食品企业的实践中并未达到此要求。

在环境保护方面，《畜禽养殖业污染物排放标准》等规章，都对生猪屠宰过程中产生的污水、废弃物的排放数量、排放去向、处理方式和处理效果处理做出了相应的规定。《国务院生猪屠宰管理条例》对屠宰场无害化处理还给予适当补贴，法律责任加大了处罚力度，规定了最高20万元以下不等的处罚金额。但是私屠乱宰现象是我国猪肉质量安全问题一个很大的隐患，在城区、县城范围内，定点屠宰率能达到95%，在乡镇范围，私人屠宰现象仍时有发生，定点屠宰率只占70%左右。因为其屠宰过程卫生情况较差，更为严重的是，私屠乱宰助长了生猪养殖过程中使用违禁药物、"瘦肉精"等非法添加物行为和屠宰加工病死猪肉、注水肉等违法行为。目前，我国政府正在进行定点屠宰企业的清理整顿工作，对手工小作坊式、基本生产条件差、管理混乱的屠宰场提出了整改意见，限期进行整改，问题严重的予以取缔。《畜禽养殖业污染物排放标准》通过卫生学指标（寄生虫卵数和粪大肠菌群数）、生化指标（BOD5、CODcr、SS、NH3—H、TP）和感官指标（恶臭）对畜禽养殖业企业对环境的影响进行监控，并鼓励畜禽养殖业企业节约用水，对不同清粪工艺的最高费水允许排放量也做出了明确规定。由于这些规定会对企业的生产成本产生直接影响，屠宰、加工企业在此方面规定的执行中自觉性有待提高，仍然需要相关监督执法部门监督执行，这也是政府部门在完善此类法规时需要考虑的重要问题。

目前，我国尚没有保护动物福利的法案出台，生猪屠宰、加工企业在动物健康及福利方面几乎没有任何保护意识。我国的部分生猪屠宰企业正在逐渐关注动物福利的改善（如生猪饲养环境的改善和采用先进的屠宰设备等），我国肉类协会等组织已经就改善动物福利的问题开展讨论，个别省市（如海南省）正酝酿出台相关的动物福利保护法规，如《海南省动物保护规定》和《关于立法反对虐待动物的提案》，预计在较短时间内，我国将会有动物福利保护的相关法案出台。

## ● 加工商

猪肉食品加工方面对食品的质量安全要求比较高，企业一旦违反政府的质量法规会受到相应的惩罚，具体惩罚力度依据其造成后果的危害而定，罚金数额为5000~100000元，危害极其严重者甚至会被取消生产经营资格。《中华人民共和国食品卫生法》第九条明确规定："禁止销售含有致病性寄生虫、微生物的，或者微生物毒素含量超过国家限定标准的以及未经兽医卫生检验或者检验不合格的肉类及其制品"，并规定"违反本法规定，生产经营不符合卫生标准的食品，造成食物中毒事故或者其他食源性疾患的，责令停止生产经营，销毁导致食物中毒或者其他食源性疾患的食品，没收违法所得，并处以违法所得 1~5 倍以下的罚款；没有违法所得的，处以 1000 元以上 5 万元以下的罚款"。《国务院关于加强食品等产品安全监督管理的特别规定》第九条规定："生产企业发现其生产的产品存在安全隐患，可能对人体健康和生命安全造成损害的，应当向社会公布有关信息，通知销售者停止销售，告知消费者停止使用，主动召回产品，并向有关监督管理部门报告；销售者应当立即停止销售该产品。销售者发现其销售的产品存在安全隐患，可能对人体健康和生命安全造成损害的，应当立即停止销售该产品，通知生产企业或者供货商，并向有关监督管理部门报告"，并规定"生产企业和销售者不履行前款规定义务的，由农业、卫生、质检、商务、工商、药品等监督管理部门依据各自职责，责令生产企业召回产品、销售者停止销售，对生产企业并处货值金额 3 倍的罚款，对销售者并处 1000 元以上 5 万元以下的罚款；造成严重后果的，由原发证部门吊销许可证照。"我国近期还颁布了《国务院关于加强食品等产品安全监督管理的特别规定》，具体规定包括：猪肉经营户持照率为 100%；县城以上城市所有市场、超市销售的猪肉 100% 来自定点屠宰企业；猪肉经营户 100% 建立进货索证索票制度、进货台账制度；猪肉经营户 100% 挂牌经营等。目前，我国仍然存在很多小的屠宰、加工作坊，以及不规范的进货流程，这些都制约了部分加工企业猪肉产品质量安全的提高，单本案例涉及的加工企业直接与其集团内部的屠宰场合作，不存在此方面的问题。另外，《食品卫生法》也对猪肉质量安全做出了全面的规定。猪肉卫生标准（GB 2707—1994）适用于生猪屠宰加工后，经兽医卫生检验合格，允许市场销售的鲜猪肉和冷冻猪肉。合格产品到市场出售时，必须有 QS 标志，它是加工食品的市场准入标准。

2007 年，我国浙江省首个《天然无抗猪肉标准》开始实施，对饲料种植、添加剂生产加工和生猪养殖、屠宰加工等过程全部按 ISO22000（食品安全）国际质量体系进行全程监控成为我国天然无抗猪肉（猪肝）产品达到无抗质量标准的第一个省份。在今后的几年中，此类标准的制定可能会列入到我国国家级标准计划范围之内。

● **运送商（加工—零售）**

我国尚未对猪肉产品的运输做出具体的法规与标准，加工企业的运输部门主要参考《中华人民共和国农产品质量安全法》、《国务院关于加强食品等产品安全监督管理的特别规定》、《中华人民共和国食品卫生法》、猪肉卫生标准（GB 2707—1994）等相关规定，执行相关标准，并接受各地卫生防疫检疫检验部门的抽检与质量监督。

● **零售商**

肉品零售商销售猪肉及加工产品不涉及动物福利与健康及环境污染问题，我国政府并未出台相关强制性政策法规。零售商中的大中型超市一般会选取有品牌、有实力、产品质量有保障的猪肉产品供应商作为合作对象，销售的一般是冷鲜肉。在合作之前，零售商会对肉食品供应商的养殖基地、运输设备等进行考察。在到货时也会进行"查证验物"。查证，即肉品检疫检验证、产地检疫合格证、品质合格证、车辆消毒证；验物，即验质量、验温度、验感观。零售商拥有自己的冷柜以控制猪肉产品的温度保持在 $0 \sim 4℃$，保证猪肉产品的质量。大中型超市在处理瑕疵猪肉产品上（即猪肉质量只是有小问题，如感官较差，但肉质没问题）的做法还有待改善。

# 小　结

从我国对整个猪肉产业链条的法规制定来看，在生产商、屠宰商和加工商环节政府制定了较为完善的约束性法规条款，而针对育种商、饲料生产商、兽医师、运送商和零售商环节的法规则比较缺乏；从已制定法规的执行情况看，即使在制定了相关法规的前提下，部分产业链环节上的企业在法规执行过程中仍让存在很大障碍，主要原因是企业为求自身利益不惜违背法律进行违规操作，做出损害社会其他利益相关者利益的行为，当然，作为执法者的政府职能部门监督不严也是造成这一问题的重要原因。从相关执法部门的监督执法情况看，一旦查出企业的违规操作行为，相关法规执法部门的处罚力度不够，一般仅给予有限金额的罚款，虽然部分条款明文规定"造成严重后果的，由原发证部门吊销许可证照"，但真正危及到违规企业从业资格的处罚很少，这就在一定程度上降低了部分企业违规操作的机会成本；对于相关法规的制定和执行的趋势，政府正在考虑对那些监管力度薄弱环节的法规进行完善，制定一套严格、可操作性强的法规体系，从源头开始提高猪肉产品的质量安全性和可追溯性，并在法规制定过程中添加有关环境保护及动物福利保护的强制性条款，提升各企业在这些法规执行方面的主动意识，改变我国目前动物福利与健康法规空白的现状，实现与世界主流趋势的接轨。

1. 最重要的发现

（1）在本案例中要求的产品质量安全、可追溯性、动物福利与健康以及环境等四个方面的法规制定上，我国政府对育种商、饲料生产商、兽医师、运送商以及零售商尚未制定较为严格的规定及相关的惩罚措施。

（2）在某些法律法规的具体执行方面，在产业链的个别环节仍存在普遍的不达标现象，如私人屠宰现象仍时有发生等。

（3）我国企业尚无统一的动物福利法规作为其执行依据，这与国际上的普遍做法存在较大差距。

2. 发展趋势

（1）未来几年，我国政府在育种商、饲料生产商、兽医师、运送商以及零售商等环节的法规制定上将有所完善，填补产业链条中法规的断点。

（2）我国肉类协会等组织已经就改善动物福利的问题开展讨论，在产业链各个环节出台有关动物福利与健康的条款正在考虑当中，在未来几年，我国将推出统一的动物福利与健康法律法规供企业遵照执行。

（3）在未来几年中，添加剂含量控制等标准的制定可能会列入到我国国家级标准计划范围之内。

（4）在未来几年中，大中型超市在处理瑕疵猪肉产品上的做法还有待改善。

（5）在质量安全、可追溯性、动物福利与健康以及环境四个方面的法规的执行上，各有关部门计划加强执法力度，严格规范产业链条上各企业行为，以达到相关目标。

3. 比较好的做法

（1）在质量和安全性法规的制定与执行方面，除育种商和运输商（生产—屠宰）以外，该猪肉产业链上从饲料生产商到零售商各环节均有可遵照执行的质量安全法律法规，尤其以屠宰商和加工商的法规内容最为全面和严格。主要包括《中华人民共和国农产品质量安全法》等。我国个别省份为满足消费者对于猪肉食品安全的进一步需要，已经开始实施《无公害猪肉质量标准》和《天然无抗猪肉标准》。

（2）在可追溯性法规的制定与执行方面，该猪肉产业链条的生产商、屠宰商、加工商、运送商（加工—零售）和零售商均有可遵照执行的可追溯性法律法规，一旦出现存在质量安全问题的猪肉产品，可即时做出反应并向上追溯。

（3）在动物健康和动物福利法规的制定与执行方面，我国政府尚无有关动物健康与福利的法规出台，我国肉类协会等组织已经就改善动物福利的问题开展讨论，个别省市（如海南省）正酝酿出台相关的动物福利保护法规。

（4）在环境法规的制定与执行方面，该产业链条上的饲料生产商、生产商、屠宰商和加工商已有可遵照执行的相关法规，它们对猪肉产品生产企业的行为加以约束，并规定了严格的惩罚措施。目前，该类法规在我国的执行情况良好。

4. 发展瓶颈

（1）在产品质量安全、可追溯性、动物福利与健康以及环境四个方面的法规制定上，我国政府对育种商、饲料生产商、兽医师、运送商以及零售商尚未制定较为严格的规定。

（2）目前我国猪肉质量安全的主要瓶颈就在于生猪养殖环节兽药使用不规范以及散养户提供生猪的质量无保障。

（3）由于目前我国生猪养殖单位普遍存在面积狭小、设备落后等问题，关于生猪养殖过程中动物福利与健康保护条款的制定与实施还存在很大障碍。

（4）部分法规的实际执行方面还存在较大的问题，目前我国部分猪肉食品企业的实践中并未达到相关规定的要求。

# 九、资源利用和废物处理

| | 运输，离上一环节的距离及类型 | 资料投入 | 能源和水的利用 | 其他投入 | 产出 | 废水及其他废物的处理 | 环境核算使用的工具 |
|---|---|---|---|---|---|---|---|
| 育种商 | 饲料生产商到育种者，汽车运输 200 公里 | 核心饲料、玉米、豆粕等 | 水、电 | | 年产 6 万头猪苗供养殖基地使用 | 主要是粪便处理 | 无 |
| 饲料生产商 | | 玉米、豆粕、鱼粉等 | 水、电 | | 年产饲料 1 万吨左右，包括预混料、浓缩料和全价料三种类型 | 基本没有污染，对啤酒精、棉籽饼等废弃物可回收再利用 | 无 |
| 生产商 | 饲料生产商到育种者，汽车运输 200 公里 | 年投入几十万吨核心饲料、玉米、豆粕等物料 | 年用水 54 万吨，年用电 120 万度 | | 年产生猪 25 万头 | 主要是粪便处理 | 无 |
| 屠宰商 | 养殖基地到屠宰场，卡车运输 250 公里 | 2000～2500 头生猪/天 | 平均屠宰 1 头猪需消耗 4.1 度电、0.6 吨水和 1 立方气 | | 2000～2500 头猪胴体/天，副产品包括心脏、肺、大肠、小肠、猪蹄、猪头、猪毛等 | 污水处理后达到国家标准后再进行排放，污水处理后进行循环利用来供应给冷冻设施 | 无 |

| | 运输，离上一环节的距离及类型 | 资料投入 | 能源和水的利用 | 其他投入 | 产出 | 废水及其他废物的处理 | 环境核算使用的工具 |
|---|---|---|---|---|---|---|---|
| 加工商 | 屠宰场到加工商，冷藏车运输300米 | 2007年投入800吨左右的冷鲜肉 | 1吨产品需消耗14吨水，220度电和0.3吨煤，已包括储藏设施的消耗量 | | 保质期6个月，保存温度在25℃以下的高档火腿肠1万吨/年 | 污水经专业处理厂处理后排放 | 无 |
| 零售商 | 加工商到零售商，冷藏车运输20～30公里 | | | | | | |

# 小 结

与同行相比，该产业链核心企业对能源利用、废弃物的利用与处理、环境保护方面，在同行业中处于领先地位。不仅有较强的意识，而且已经开始对能源、废弃物的利用进行核算，加大对环境保护、废弃物处理利用的投资，建立规范的环境评价体系是该产业链未来几年需要实施的战略。

1. 最重要的发现

该产业链核心企业已经认识到猪肉产业链对环境造成的污染相当严重，必须加大环境的保护与废弃物的回收与再利用。养殖基地不仅对猪粪便实施三级沉淀处理，在处理的同时也加大了对废弃物的能源利用。

2. 发展趋势

加大对环境保护、废弃物处理利用的投资，建立规范的环境评价体系是该产业链未来几年需要实施的战略。如产业链上养殖企业计划在新建的猪场实施"沼气工程"来供暖发电，残渣用于有机肥加工。

3. 比较好的做法

产业链核心企业已经开始对能源、废弃物的利用进行核算，相关信息在公司内部公开，在不同季节和时期制定有不同的指标以便于控制成本。如屠宰企业建成了 2000 吨污水处理厂，通过了 ISO14001 环境管理体系认证。

4. 发展瓶颈

（1）从制度层面来看，目前，我国企业对资源与环境成本的核算，仅处在探索阶段，且属于企业自愿行为；在整体生产体系核算中仅为企业的参考指标，并未对生产决策产生重要影响。

（2）从技术层面来看，目前，对资源与环境成本的核算方法与体系较为简单与片面，仍有许多不足之处。

# 参考文献

[1] Shavell S. Economic Analysis of Accident Law, Cambridge [M] . MA: Harvard Univ. Press, 1987.

[2] Theodore W. Schultz. The Value of the Ability to Deal with Disequilibia [J] . Journal of Economic Literature, 1975.

[3] Wozniak, Gregory D. Human Capital, Information and the Early Adoption of New Technology [J] . Journal of Human Resources, 1987 (22) .

[4] Hanemann W. M. , J. B. Loomis, B. J. Kaninnen. Statistical Efficiency of Double Bounded Dichotomous Choice Contingent Valuation [J] . Amer. J. Agri. Econ. , 1991 (73) .

[5] Abdelmoneim H. Elnagheeb, Wojciech J. Florkowski, Chung – Liang Huang and Catherine Halbrendt. Willingness to Pay for Treated Pork [J] . Agricultural Economics, Volume 8, Issue 1, December 1992.

[6] Jensen E. Marketing of Organic Products in the UK. Kooperativ [J] . Forskning Institut for Samfundsog Erhversudvikling, 1992 (26) .

[7] Kebede. Risk Behavior and New Agricultural Technologies: The Case of Producers in the Central Highlands of Ethiopia [J] . Quarterly Journal of International Agriculture, 1992 (31) .

[8] Briz J. et al. Marketing of Organic Products: the Results of a Study at the Retail Level in Spain [J] . Revista de Estudios Agro Sociales, 1993 (163) .

[9] Tregear A. et al. The Demand for Organically – grown Produce [J] . British Food Journal, 1994 (4) .

[10] D. F. Rose. Competing Through Supply Chain Management [J] . Chapman & Hall, 1995.

[11] Fox J. A. , Shogren J. F. , Hayes D. J. et al. Experimental Actions to Measure Willingness to Pay for Food Safety [M] . Edited by J. A. Caswell, Valuing Food

Safety and Nutrition [M] . Boulder: West view Press, 1995.

[12] Grunert S. C. , Juhl H. J. Values, Environmental Attitudes and Buying or Organic Foods [J] . Journal of Economic Psychology, 1995 (1) .

[13] Langford, Ian H. , Ian J. Bateman, and Hugh D. Langford. A Multilevel Modelling Approach to Triple - Bounded Dichotomous Choice Contingent Valuation [J] . Environmental and Resource Economics, 1996 (7) .

[14] Caswell J. A. Valuing the Benefit and Costs of Improved Food Safety and Snutrition [J] . The Australian Journal of Agricultural and Resource Economics, 1998, 42 (4) .

[15] Ritson C. and Li W. M. The Economics of Food Safety [J] . Nutrition and Food Science, 1998 (5) .

[16] Schwatz M. Extending the Supply Chain, Software Magezine, 1998, 18 (15) .

[17] Jensen H. H. & Unnevehr L. HACCP in Pork Processing: Cost and Benefits [M] . In: L. Unnevehr, Economic of HACCP: Studies of: Cost and Benefits. St. Paul MN: Eagan Press, 1999.

[18] Gerrit Willem Ziggers, Jacques Trienekens. Quality Assurance in Food and Agribusiness Supply Chains: Developing Successful Partnerships [J] . Int. J. Production Economics, 1999 (60 - 61) .

[19] Antle J. M. No Such Thing as a Free Safe Lunch: the Cost of Food Safety Regulation in the Meat Industry [J] . Amer. J. Agr. Econ, 2000 (5) .

[20] A. W. Browne, A. H. Hofny - Collins, N. Pasiecznik and R. R. Wallace. Organic Production and Ethical Trade: Definition Practice and Links [J] . Food Plicy, 2000 (25) .

[21] J. M. Gil. A. Gracia and M. Sanchez, Market Segmentation and Willingness to Pay for Organic Products in Spain [J] . International Food and Agribusiness Management Review, 2000 (3) .

[22] S. Salman Hussain. Green Consumerism and Ecolabelling: a Strategic Behavioural Model [J] . Journal of agriculture economics, 2000 (1) .

[23] Starbird S. A. Designing Food Safety Regulations: The Effect of Inspection Policy and Penalties for non - Compliance on Food Processor Behavior [J] . Journal of Agriculture and Resource Economics, 2000, 25 (2) .

[24] Doss R. C. Designing Agricultural Technology for African Women Farmers: Lessons from 25 Years of Experience [J] . World Development, 2001, 29 (12) .

［25］Henson S. & Hook N. H. Private Sector Management of Food Safety: Public regulation and the Role of Private Controls ［J］. The International Food and Agribusiness Management Review, 2001 (1) .

［26］Longworth J. W. , C. G. Brown and S. A. Walbdron. Beef in China: Agribusiness Opportunities And Challenges ［M］. University of Queensland Press, Box 6042, St. Lucia, Queensland 4067 Australia, 2001.

［27］Chenjun Pan & Jean Kinsey. The Suuply Chain of Pork: U. S. and China, Working Paper 2002 - 01, the Food Industry Center, University of Minnesota, 2002.

［28］Carolyn Dimitri and Catherne Greene. Recene Growth Patterns in the U. S. Organic Food Market ［A］. September 2002. Economic Research Serbice/USDA.

［29］Chatles S. Brennan and Victor Kuri. Relationship Between Sensory Attributes Hidden Attributes and Price in Influencing Consumer Perception of Organic Foods. Powell et al. (eds) . UK Organic Research 2002: proceedings of the COR Conference. 26 - 28th March 2002. Aberyatwyth.

［30］Georgina C. Holt and Richard B. Tranter. Comparison of Markets for oOrganic Food in Six EU states, Powell et al. (eds), UK Organic Research 2002: Proceedings of the COR Conference. 26 - 28th March 2002. Aberyatwyth.

［31］Goodwin J. R. & Shiptsova H. L. Changes in Market Equilibria Resulting from Food Safety Regulation in the Meat and Poultry Industries ［J］. International Food and Agribusiness Management Review, 2002, 5 (1) .

［32］H. R. Baerrett, A. W. Browne, P. J. C Harris and K. Cadoret. Organic Certification and the UK Market: Organic Imports From Developing Countries ［J］. Food Policy, 2002 (27) .

［33］Pan C. and J. Kinsey. The Supply China of Pork: U. S. and China ［M］. the Food Industry Center, University of Minnesota, 2002 (3) .

［34］Pan C. China's Meat Industry Overview ［M］. Food & Agribusiness Research, Rabobank International, 2003 (3) .

［35］Caroline Smith DeWaal. Safe Food from a Consumer Perspective ［J］. Food Control, 2003 (14) .

［36］David A. Hennessy. Jutta Roosen and Helen H. Jensen, Systemic Failure in the Provision of Safe Food ［J］. Food Polidy, 2003 (18) .

［37］Chen C. Supply Chain Management of the Pork Sector in China ［J］. Journal of Nanjing Agricultural University, 2003.

［38］Monique A. van der Gaag. Fred Vos, Helmut W. Saatkamp, Michiel van

Boven, Paul van Beek and Ruud B. M. Huirne, A State – transition Simulation Model for the Spread of Salmonella in the Pork Supply Chain [J] . European Journal of Operational Research, 2004, 156 (3) .

[39] R. C. Person, D. R. McKenna, J. W. Ellebracht, D. B. Griffin, F. K. McKeith, J. A. Scanga, K. E. Belk, G. C. Smith and J. W. Savell. Benchmarking Value in the Pork Supply Chain: Processing and Consumer Characteristics of Hams Manufactured from Different Quality Raw Materials [J] . Meat Science, 2005, 70 (1) .

[40] Fabiosa J. F. , D. Hu and C. Fang. A Case Sstudy of China's Commercial pork Value Chain, MATRIC Research Paper 05 – MRP 11, Iowa State University, 2005 (8) .

[41] Deng F. J. Big Industry, Big Market and Big Trade [J] . Sino – Foreign Food, 2005.

[42] Zhou S. D. and Y. C. Dai, Selection of Vertical Coordination Forms by the Hog Producers under the Supply Chain Management Context [J] . China Rural Economy , 2005 (6) .

[43] Euromonitor International, Packaged food in China [R] . Country Report, 2006 (3) .

[44] Han J. , J. Trienekens and S. W. F. Omta, Quality Management and Governance in Pork Processing industries in China [M] . Tropical Food Chains, governance regions for quality management, edited by R. Ruben, M. van Boekel, A. van Tilburg and J. Trienekens, Wageningen Academic Publishers, the Netherlands, 2006.

[45] Lu H. The Role of Guanxi in Buyer – seller Relationships in China, a Survey of Vegetable Supply Chains in Jiangsu Province [D] . PhD thesis, Wageningen Academic Publisher, 2006.

[46] Poon C. An Overview of China's Pork Industry, Embassy of the Kingdom of the Netherlands, Department of Agriculture [J] . Nature and Food Quality, 2006.

[47] Wu X. Studies on the Pork Quality and Safety Management Systems in China [D] . PhD thesis, Zhejiang University, 2006 (4) .

[48] Zhou G. The changing dynamic in China: the Development of Meat Industry and Consumers [A] . presentation at World Meat Congress in Brisbane, Australia, 2006 (4) .

[49] Deng F. J. Several Problems that the Chinese Meat Industry Faces [J] . Meat Research, 2007 (5) .

[50] USDA FAS. GAIN Report Livestock and Products Semi – Annual, 2005.

［51］USDA－FAS. Livestock and Poultry：World Markets and Trade，March，2006.

［52］USDA－FAS. Attaché Reports，Official Statistics，and Results of Office Research. 2007.

［53］Semi－Annual Report［R］. USDA Foreign Agricultural Service Gain Report Number：CH7014，2007.

［54］Bean C. and J. Zhang，China，People's Republic of China，Livestock and Products，2007.

［55］Report. General Description of Pork Chains in the Netherlands，Q－Pork Chains，2007.

［56］Case study：The Biological Pork Chain in the Netherlands with focus on the Groene Weg，2008.

［57］林毅夫. 制度、技术与中国农业发展［M］. 上海人民出版社，1994.

［58］夏英，牛若峰. 中外农业产业化经营发展道路与模式比较［M］. 中国统计出版社，2000.

［59］王济川，郭志刚. Logistic 回归模型——方法与应用［M］. 高等教育出版社，2001.

［60］A. 迈里克·弗里曼. 环境与资源价值评估——理论与方法［M］. 中国人民大学出版社，2002.

［61］王凯等. 中国农业产业链管理的理论与实践研究［M］. 中国农业出版社，2004.

［62］陈超. 猪肉行业供应链管理研究［M］. 中国大地出版社，2004.

［63］钟甫宁，宁满秀，邢鹏. 我国政策性种植业保险制度的可行性研究［M］. 经济管理出版社，2007.

［64］韩纪琴. 南京市蔬菜产业链管理研究［D］. 南京农业大学硕士学位论文，2000.

［65］陈超. 猪肉行业供应链管理研究［D］. 南京农业大学博士学位论文，2003.

［66］戴迎春. 猪肉供应链垂直协作关系研究——以江苏省为例［D］. 南京农业大学硕士学位论文，2003.

［67］王华书. 食品安全的经济分析与管理研究——对农户生产与居民消费的实证分析［D］. 南京农业大学博士学位论文，2004.

［68］霍丽玥. 我国食品安全管理与控制体系研究［D］. 南京农业大学硕士学位论文，2004.

［69］朱丽娟. 食品生产者质量安全行为研究［D］. 浙江大学硕士学位论

文，2004.

［70］周洁红．生鲜蔬菜质量安全管理问题研究——以浙江省为例［D］．浙江大学博士学位论文，2005.

［71］谢菊芳．猪肉安全生产全程可追溯系统的研究［D］．中国农业大学博士学位论文，2005.

［72］吴秀敏．我国猪肉质量安全管理体系研究——基于四川消费者、生产者行为的实证分析［D］．浙江大学博士学位论文，2006.

［73］彭晓佳．江苏省城市消费者对食品安全支付意愿的实证研究——以低残留青菜为例［D］．南京农业大学硕士学位论文，2006.

［74］张利国．安全认证食品管理问题研究［D］．南京农业大学博士学位论文，2006.

［75］刘万利．养猪户质量安全控制行为研究——以四川地区为例［D］．四川农业大学硕士学位论文，2006.

［76］戴化勇．产业链管理对蔬菜质量安全的影响研究［D］．南京农业大学博士学位论文，2007.

［77］徐萌．江苏省猪肉行业企业实施 HACCP 体系的意愿研究［D］．南京农业大学硕士学位论文，2007.

［78］李佳芮．我国政府食品安全监管职能研究［D］．东北师范大学硕士学位论文，2007.

［79］季晨．基于质量安全的猪肉产业链管理研究［D］．南京农业大学硕士学位论文，2008.

［80］张姝楠．冷却猪肉供应链跟踪与追溯系统的研究［D］．中国农业科学院硕士学位论文，2008.

［81］梁振华，张存根．我国生猪区域产销的变动趋势与发展的思考［J］．中国农村经济，1998（1）．

［82］李建平，张存根．加入 WTO 对我国养猪业的影响及对策［J］．农业经济问题，2000（4）．

［83］王秀清，李德发．生猪生产的国际环境与竞争力研究［J］．中国农村经济，1998（8）．

［84］麻书城，唐晓青．供应链质量管理特点及策略［J］．计算机集成制造系统——CIMS，2001（9）．

［85］夏英，宋伯生．食品安全保障：从质量标准体系到供应链综合管理［J］．农业经济问题，2001（11）．

［86］谢敏，于永达．对中国食品安全问题的分析［J］．上海经济研究，

2002（1）．

[87] 王凯，韩纪琴．农业产业链管理初探［J］．中国农村经济，2002
（5）．

[88] 周德翼，杨海娟．食物质量安全管理中的信息不对称与政府监管机制
［J］．中国农村经济，2002（6）．

[89] 周应恒，耿献辉．信息可追踪系统在食品质量安全保障中的应用
［J］．农业现代化研究，2002（6）．

[90] 陈超，罗英姿．创建中国肉类加工食品供应链的构想［J］．南京农业
大学学报，2003（1）．

[91] 卢凤君，叶剑，孙世民．大城市高档猪肉供应链问题及发展途径
［J］．农业技术经济，2003（2）．

[92] 卢凤君，孙世民，叶剑．高档猪肉供应链中加工企业与养猪场的行为
研究［J］．中国农业大学学报，2003（2）．

[93] 张晟义．涉农供应链浅析［J］．物流技术，2003（3）．

[94] 方敏．论绿色食品供应链的选择与优化［J］．中国农村经济，2003
（4）．

[95] 王志刚．食品安全的认知与消费决定：关于天津市个体消费者的实证
分析［J］．中国农村经济，2003（4）．

[96] 孙世民，卢凤君，叶剑．高档猪肉供应链内部协商价格的研究［J］．
农业系统科学与综合研究，2003（5）．

[97] 李生，李迎宾．国外农产品质量安全管理制度概况［J］．世界农业，
2003（6）．

[98] 盛文伟，陈明亮．HACCP 在生猪屠宰加工企业中的应用［J］．肉类工
业，2003（8）．

[99] 王凯．我国农业产业链管理发展的战略与对策［J］．科技与经济，
2004（1）．

[100] 曹芳，王凯．农业产业链管理的理论与实践综述［J］．农业经济问
题，2004（1）．

[101] 张云华，马九杰等．农户采用无公害和绿色农药行为的影响因素分
析——对山西、陕西和山东15县（市）的实证分析［J］．中国农村经济，2004
（1）．

[102] 张小勇，李刚，张莉．中国消费者对食品安全的关切——对天津消费
者的调查与分析［J］．中国农村经济，2004（1）．

[103] 金发忠．关于我国农产品检测体系的建设与发展［J］．农业经济问

题，2004（1）．

［104］李功奎，应瑞瑶．"柠檬市场"与制度安排——一个关于农产品质量安全保障的分析框架［J］．农业技术经济，2004（3）．

［105］周洁红，钱峰燕，马成武．食品安全管理问题研究与进展［J］．农业经济问题，2004（4）．

［106］孙世民，卢凤君，叶剑．优质猪肉供应链中养猪场的行为选择机理及其优化策略研究［J］．运筹与管理，2004（5）．

［107］张志刚．HACCP 在生猪屠宰加工中的应用［J］．肉品卫生，2004（9）．

［108］孙世民，卢凤君，叶剑．我国优质猪肉生产组织模式的选择［J］．中国畜牧杂志，2004（11）．

［109］周应恒，霍丽玥，彭晓佳．食品安全：消费者态度、购买意愿及信息的影响——对南京市超市消费者的调查分析［J］．中国农村经济，2004（11）．

［110］周洁红．消费者对蔬菜安全的态度、认知和购买行为分析——基于浙江省城市和城镇消费者的调查统计［J］．中国农村经济，2004（11）．

［111］方昕．中国食品冷链的现状与思考［J］．物流技术与应用，2004（11）．

［112］王爱国．瑞典养猪业与疾病控制［J］．国际信息，2005（3）．

［113］董银果，徐恩波．德国猪肉安全控制系统及对中国的启示［J］．世界农业，2005（5）．

［114］阚保东，张子群．荷兰农产品质量安全管理体系［J］．中国检验检疫，2005（5）．

［115］梁田庚．职业兽医制度初步研究［J］．农业经济问题，2005（6）．

［116］周曙东，戴迎春．供应链框架下生猪养殖户垂直协作形式选择分析［J］．中国农村经济，2005（6）．

［117］胡浩，应瑞瑶，刘佳．中国生猪产地移动的经济分析——从自然性布局向经济性布局的转变［J］．中国农村经济，2005（12）．

［118］李桦，郑少锋．我国生猪规模养殖生产成本变动因素分析［J］．农业技术经济，2006（1）．

［119］范崇东．我国生猪屠宰和肉制品加工行业变革与发展趋势分析［J］．肉类工业，2006（2）．

［120］王锡昌，惠心怡，陶宁萍．食品流通领域及其安全保障体系的建立［J］．食品工业，2006（2）．

［121］戴迎春，朱彬，应瑞瑶．消费者对食品安全的选择意愿——以南京市

有机蔬菜消费行为为例 [J] . 南京农业大学学报, 2006 (3) .

[122] 孙世明 . 基于质量安全的优质猪肉供应链建设与管理探讨 [J] . 农业经济问题, 2006 (4) .

[123] 王元宝, 卢凤君 . 基于食品安全保障的生猪养殖组织形态及其演化分析 [J] . 畜禽业, 2006 (4) .

[124] 张晓辉 . 中国生猪生产结构、成本和效益比较研究 [J] . 中国畜牧杂志, 2006 (4) .

[125] 冯永辉 . 我国生猪规模化养殖及区域布局变化趋势 [J] . 中国畜牧杂志, 2006 (4) .

[126] 李正明 . 连锁超市保障零售环节食品安全的实证研究 [J] . 食品工业科技, 2006 (5) .

[127] 周发明 . 中外农产品流通渠道的比较研究 [J] . 经济社会体制比较, 2006 (5) .

[128] 邵世义, 刘德贵 . 我国种猪市场现状及发展趋势 [J] . 中国畜牧杂志, 2006 (6) .

[129] 周应恒, 彭晓佳 . 江苏省城市消费者对食品安全支付意愿的实证研究——以低残留青菜为例 [J] . 经济学季刊, 2006 (7) .

[130] 王志刚 . 浅谈食品加工企业实施 HACCP 认证 [J] . 中国食品质量报, 2006 (9) .

[131] 贺文慧, 马四海, 杨秋林 . 农户畜禽防疫服务需求分析 [J] . 中国畜牧杂志, 2006 (24) .

[132] 刘万利, 齐永家, 吴秀敏 . 养猪农户采用安全兽药行为的意愿分析 [J] . 农业技术经济, 2007 (1) .

[133] 李晓红 . 猪肉产品质量形成的影响因素及对猪肉产业链经营的启示 [J] . 农村经济, 2007 (1) .

[134] 马洪宝 . 兽药残留对动物性食品安全的影响 [J] . 中国动物检疫, 2007 (2) .

[135] 刘玉满, 尹晓青, 杜吟棠, 王磊 . 猪肉供应链各环节的食品质量安全问题——基于山东省某市农村的调查报告 [J] . 中国畜牧杂志, 2007 (2) .

[136] 满广富, 孙世民, 高爱霞 . 对山东省猪肉供应链有关问题的调查与分析 [J] . 华中农业大学学报 (社科版), 2007 (3) .

[137] 王可山, 郭英立, 李秉龙 . 北京市消费者质量安全畜产食品消费行为的实证研究 [J] . 农业技术经济, 2007 (3) .

[138] 徐晔, 韩宇 . 中国水果产业链管理的实践研究 [J] . 世界农业,

2007（3）.

　［139］叶海燕．我国农产品冷链物流现状分析及优化研究［J］．商品储运与养护，2007（3）.

　［140］贺文慧，高山，马四海．农户畜禽防疫服务支付意愿及其影响因素分析［J］．技术经济，2007（4）.

　［141］张志刚．猪肉食品安全监控与认证体系的创建［J］．肉类工业，2007（5）.

　［142］仝新顺．基于过程控制的食品冷链管理探索［J］．商品储运与养护，2007（5）.

　［143］仇焕广，黄季焜，杨军．政府信任对消费者行为的影响研究［J］．经济研究，2007（6）.

　［144］何坪华，焦金芝，刘华楠．消费者对重大食品安全事件信息的关注及其影响因素分析——基于全国9市（县）消费者的调查［J］．农业技术经济，2007（6）.

　［145］何志文，唐文金．名山县茶业产业链管理创新探讨［J］．全国商情，2007（7）.

　［146］光有英．当前农村动物防疫中存在的问题及对策［J］．中国动物检疫，2007（8）.

　［147］吴秀敏．养猪户采用安全兽药的意愿及其影响因素——基于四川省养猪户的实证研究［J］．中国农村经济，2007（9）.

　［148］鲍长生．冷链物流系统内食品安全保障体系研究［J］．现代管理科学，2007（9）.

　［149］许志华，崔志贤．关于黑龙江省猪肉市场安全状况的探讨［J］．肉类工业，2007（9）.

　［150］章红兵，李君荣．浅谈猪的健康养殖［J］．家畜生态学报，2007（11）.

　［151］胡凯，甘筱青，阮陆宁．我国生猪供应链的现状、问题与发展趋势［J］．安徽农业科学，2007（12）.

　［152］李海芳．动物疫病防治重视健康养殖的必要性及其发展方向［J］．科技信息，2007（22）.

　［153］徐萌，陈超，展进涛．猪肉行业企业实施HACCP体系的意愿研究——基于江苏省调查数据的分析［J］．安徽农业科学，2007（23）.

　［154］丁声俊．中国发展生鲜品"冷链"物流的必要性分析［J］．中国食物与营养，2007（12）.

［155］王素霞．农产品质量安全长效机制问题研究［J］．农业经济问题（增刊），2007．

［156］张成林．HACCP 体系在生猪屠宰加工企业中的应用［J］．中国动物检疫，2008（1）．

［157］李艳霞．HACCP 在"从农田到餐桌"食品供应链中的应用［J］．检验检疫科学，2008（1）．

［158］曾银初，刘媛媛，于晓华．分层模型在食品安全支付意愿研究中的应用——以北京市消费者对月饼添加剂支付意愿的调查为例［J］．农业技术经济，2008（1）．

［159］赵文，王中东，冉彦中，董绍捷．制约我国食品冷藏物流发展的因素分析及对策研究［J］．物流经济，2008（1）．

［160］季晨，杨兴龙，王凯．澳大利亚猪肉产业链管理的经验及启示——基于质量安全的角度［J］．世界农业，2008（4）．

［161］韩纪琴，王凯．猪肉加工企业质量管理、垂直协作与企业营运绩效的实证分析［J］．中国农村经济，2008（5）．

［162］韩青，袁学国．消费者生鲜食品的质量信息认知和安全消费行为分析［J］．农业技术经济，2008（5）．

［163］周应恒，王晓晴，耿献辉．消费者对加贴信息可追溯标签牛肉的购买行为分析——基于上海市家乐福超市的调查［J］．中国农村经济，2008（5）．

［164］靳明，赵昶．绿色农产品消费意愿和消费行为分析［J］．中国农村经济，2008（5）．

［165］金盛楠．冷链物流分析及其在食品中的应用现状［J］．现代食品科技，2008（10）．

［166］汤晓艳，钱永忠．我国肉类冷链物流状况及发展对策［J］．食品科学，2008（10）．

［167］刘召云，孙世民，王继永．优质猪肉供应链中屠宰加工企业对猪肉质量安全的保障作用分析［J］．中国食物与营养，2008（11）．

［168］陈新平，徐洪斌．供应链质量管理问题研究［J］．商场现代化，2008（11）．

［169］李尚．浅谈我国地方动物检疫工作中存在的问题及对策［J］．山东畜牧兽医，2008（29）．

［170］华经天众．中国肉制品行业发展研究报告［R］．2005．

［171］中国食品工业协会统计信息部．中国肉制品及副产品加工业月度数据报告［R］．2006．

# 后　记

　　本书是在博士论文的基础上修订完成的。研究生学习阶段，导师教导学生科研选题必须符合四个要求，第一是感兴趣，第二是科学问题，第三是可研究，第四是有社会价值。当时，食品安全事件日渐曝光，如何保障食品安全有效供给成为研究的热点与难点。食品安全是消费者的基本需求，保障食品安全即是保障消费者的基本权利。诚如阿玛蒂亚森在《以自由看待发展》中的论述，"人的实质自由是发展的最终目的和重要手段"，保障食品安全供给需要同时从制度和技术层面进行创新与整合。导师长期从事农业产业链管理研究，探讨"从田间到餐桌"的食品供给系统，当时正主持欧盟第六框架合作课题"基于质量的猪肉产业链管理"。参与课题研究后，逐渐萌生了科研的兴趣，于是在课题研究的基础上确定博士论文选题，并修订，形成此书。因此，本书也是导师课题研究成果的一部分。

　　本书能够出版，首先要感谢我的母校——南京农业大学。在南京农业大学求学九年，母校情深似海，师恩义薄云天。母校秉承诚朴勇毅、厚德的优良作风，"诚信做人、朴实做事、勤学近知、力行近仁"。经济管理学院素以科研规范、严谨著称，鼓励"厚德博学、创新进取"，能在此学府学习、成才是人生幸事。现在虽然工作了，但仍在农林高校系统，常能利用工作会议便利之际继续接受母校的教育。

　　衷心感谢我的导师王凯教授。本书是导师课题研究成果的一部分，从提出构想、开题到调研、实际写作、初稿、定稿，无不凝聚着王老师的智慧和心血。有幸师从王凯教授五年，聆听王老师的教诲，受益终生。清晰地记得2004年9月硕士入学，王老师微笑着对我们同级五人说："我对你们的要求就是对小学生的要求，即'思想好、身体好、学习好'，希望你们能做到。"看似最低要求，其实是最高标准！恩师之风范淡定从容、雅量高致、中和通达，做人、做事、做学问，言传身教、身体力行，弟子莫不为恩师的魅力所折服。从师以来，王老师对弟子的关心、爱护和培养，一点一滴，无一不深深地刻在弟子们的心中。在此，谨向恩师致以最崇高的敬意和最衷心的感谢！

衷心感谢经管学院的各位老师，他们是钟甫宁教授、徐翔教授、周应恒教授、陈东平教授、应瑞瑶教授、朱晶教授、周曙东教授、王树进教授、陈超教授等，他们以不同的方式、途径给予我教诲和指导，其学术思想、学术造诣、人格精神深深地影响着我；尤其感谢钟甫宁教授、周应恒教授、应瑞瑶教授和陈超教授在选题、撰写、答辩、修订过程中所提出的宝贵修改建议；感谢经管学院科研办、资料室等机构的老师在日常学习、科研过程中给予的无私支持和帮助。

衷心感谢韩纪琴教授。韩老师是我的师长，也是我的师姐，能与韩老师共同合作完成课题是我的幸运。本书得以顺利完成，离不开韩老师及课题组的帮助、支持与指导。课题组在两年时间里采取访谈式调研方法，以核心主体为中心，延产业链上下游追溯，完成多条猪肉产业链的调研。对产业链调研的工作量大、难度高，在此要衷心感谢在调研过程中曾经帮助、接待课题组的单位和负责人，限于保密原则，这里不能一一向他们致谢，但我深知调研成果来之不易，他们给我的帮助很大。

特别感谢西北农林科技大学经济管理学院院长霍学喜教授。霍学喜教授是我的师长、工作领导和朋友，在生活上亲切关怀、学习上勤勉鼓励、科研上栽培促进，多方面培养与爱护。能成为科研团队一员，并时常聆听霍学喜教授的教诲是人生的幸运。霍学喜教授多次建议，在博士论文研究的基础上，进一步拓展、凝练研究选题，持续纵向深入钻研。但限于疏懒，也未能做出实质性的深入研究，深感有愧，有负于霍老师期望！同时，衷心感谢西北农林科技大学经济管理学院郑少锋教授、王征兵教授、姚顺波教授、赵敏娟教授、孔荣教授、朱玉春教授、夏显力教授、刘天军副教授等老师给予我的成长帮助与关怀；感谢西部农村发展研究中心和现代苹果产业经济研究室团队的协作与友谊。

感谢与同门师兄、师弟、师妹多年来共同度过的美好时光和在书稿写作过程中给予的鼓励、批评及建设性修改意见。特别感谢冷建飞、杨兴龙、吕美晔、战炤磊等师兄对我长期以来的关心和帮助；感谢与刘宏杰、蔡岩、凌华、姜昭以及李响、季晨、石朝光、王勇、陈志富、巫鹏、马园园、张昆、代云云、王海涛、李蒙、张亚鹏、冷金丹等师弟师妹共同生活、学习的美好回忆。忘不了同级硕、博士同学五年来一起生活、一起奋斗的日子，他们为我的南京求学生活增添了无限的乐趣。

最后，特别向我的父母表示深深的敬意和谢意。父母出身工农，时代和家庭的缘故让二老没有享受到受教育的权利与机会，如同他们这一代的多数人一样，务农、当兵、从工，用坚韧、勤劳、质朴和博爱撑起了社会的最基层。父母受教育少，工作和生活自然倍加艰辛，也正因如此，父母更加深知教育的重要性。自有记忆起，父母无时无刻不把子女的教育放在首位。父母为子女教育付出太多太多，念及往事，不免含泪。工作后，常疏于看望父母，竟未能用实际行动报答养育之恩之万一。如今，父母看到儿子署名出书，高兴程度可想而知，本书亦算是对父母养育之恩的微薄回报。

父母几十年如一日对子女深沉而博大的爱永远铭记我心！值此书付样之时，以此献给我爱和爱我的人！

刘军弟

2012 年 9 月于陕西杨凌